——低碳绿色炼铁技术丛书——

氢冶金初探

张建良　李克江　刘征建　杨天钧　编著

北　京

冶金工业出版社

2023

内 容 提 要

本书主要介绍了氢冶金的前沿理论和工艺技术，集中探讨了铁矿石还原过程中氢的行为和作用。具体内容包括制氢与储氢技术、氢气直接还原铁氧化物技术、氢气熔融还原铁氧化物技术、等离子氢还原铁氧化物理论、氢气在高炉炼铁和烧结工艺中的行为等。本书从基础理论、可行性分析、实验研究和工业应用等层面，对氢冶金涉及的理论和工艺技术进行了全面的、详细的阐述。

本书可供冶金工程、钢铁冶金专业，以及有志于氢冶金、低碳冶金相关领域的高校师生、科研人员、工程技术人员和企业工作人员阅读参考。

图书在版编目（CIP）数据

氢冶金初探/张建良等编著 .—北京：冶金工业出版社，2021.4
（2023.12 重印）

（低碳绿色炼铁技术丛书）

ISBN 978-7-5024-8838-3

Ⅰ.①氢…　Ⅱ.①张…　Ⅲ.①氢还原—应用—化学冶金　Ⅳ.①TF111.13

中国版本图书馆 CIP 数据核字（2021）第 100876 号

氢冶金初探

出版发行	冶金工业出版社	**电　话**	（010）64027926
地　址	北京市东城区嵩祝院北巷 39 号	**邮　编**	100009
网　址	www.mip1953.com	**电子信箱**	service@ mip1953.com

责任编辑　卢　敏　美术编辑　彭子赫　版式设计　孙跃红
责任校对　李　娜　责任印制　禹　蕊
北京捷迅佳彩印刷有限公司印刷
2021 年 4 月第 1 版，2023 年 12 月第 3 次印刷
710mm×1000mm　1/16；20.75 印张；403 千字；318 页
定价 **128.00** 元

投稿电话　（010）64027932　投稿信箱　tougao@cnmip.com.cn
营销中心电话　（010）64044283
冶金工业出版社天猫旗舰店　yjgycbs.tmall.com
（本书如有印装质量问题，本社营销中心负责退换）

前　言

2020 年，我国在第七十五届联合国大会一般性辩论会上提出："中国将提高国家自主贡献力度，采取更加有力的政策和措施，二氧化碳排放力争于 2030 年前达到峰值，努力争取 2060 年前实现碳中和"。中国生态环境部于 2021 年 1 月发布的《关于统筹和加强应对气候变化与生态环境保护相关工作的指导意见》（环综合〔2021〕4 号）提出，在钢铁等行业开展大气污染物和温室气体协同控制试点示范，预示着我国钢铁行业在碳减排方面的力度将达到前所未有的高度。近年来，国内外格外关注氢冶金技术的发展，本书旨在探讨铁矿石还原过程中氢的行为和作用，论述高炉富氢低碳冶炼和造块过程中富氢的作用，以及氢基直接还原和氢基熔融还原的原理和应用。

目前，钢铁行业的 CO_2 年排放量占全球总排放的 6.7%，其中炼铁系统能耗和排放占据钢铁全流程总能耗和总排放的 70% 左右。炼铁行业面临着节能减排的重要挑战，而传统炼铁流程的节能减排几乎已到极限。世界各国正在逐步实施各项全新的低碳炼铁新工艺减排计划。氢能作为 21 世纪的绿色能源，在全球范围内均被作为未来的发展方向。目前，发达国家的低碳炼铁工艺均以实现"氢冶金"为目标，旨在从根本上降低或消除 CO_2 的排放。氢气作为清洁炼铁能源和还原剂，与碳冶金相比，能源消耗和碳排放可大幅降低，氢冶金目前已经成为世界各国钢铁行业从源头实现减排的首要选择。

　　目前，国内外钢铁企业基本上都已经将氢冶金作为未来的发展目标。国内氢冶金近几年发展迅速，宝武集团与清华大学、中核集团签署《核能—制氢—冶金耦合技术战略合作框架协议》，携手开发核能制氢耦合冶金技术；河钢集团与意大利特诺恩集团签署了谅解备忘录，着手搭建全球首例氢冶金示范工程，以 Energiron 工艺为基础搭建全球首座以焦炉煤气为还原剂的直接还原炼铁工艺炉；建龙集团以巨额投资在内蒙古乌海建设并开发氢基熔融还原 CISP 炼铁新工艺，我们有幸参加了该研发工作；山西中晋集团建设并开发 CSDRI 氢基直接还原新流程，我们会同石油大学团队共同参加了该研发工作。国际上，日本 COURSE50 低碳炼铁项目已经开展 10 余年，氢还原炼铁法是其关键核心技术；欧盟钢铁业也于 2004 年开始启动 ULCOS 项目，目标是研究出新的低碳炼钢技术，使 2050 年吨钢 CO_2 排放量减少 50%；瑞典也正在实施 HYBRIT "突破性氢能炼铁技术" 项目；德国迪林根和萨尔钢铁投资 1400 万欧元建设氢气炼钢工厂；韩国政府也已经将氢还原炼铁法指定为国家核心产业技术，将氢冶金作为未来的发展方向。总之，国内外诸多钢铁企业适应潮流，大力开展氢冶金技术的研发。

　　本书是我国第一部专门介绍氢冶金技术的专著，集中探讨了铁矿石还原过程中氢的行为和作用，目的是为了加快氢冶金研究在国内的发展，促进中国钢铁工业的低碳进程，弥补国内在相关领域书籍的空白。本书第 1 章介绍了全球低碳冶金和氢冶金的发展趋势，论述了碳冶金向氢冶金转变的必要性，介绍了全球在碳排放方面的政策与制度。第 2 章介绍了氢气的种类以及目前的制氢方法，以冶金工业为背景，对氢能源的认知进行了总览，从氢的制取、存储以及运输角度分析了氢气在应用方面的要求。第 3 章介绍了我们参加国内首座氢基直接还原 CSDRI 工艺研发成果。第 4 章介绍了我们由实验室研究出发，参加国内首座氢基熔融还原 CISP 工艺工业化研发成果，包括氢气在熔融还原过程中的行为、热力学以及动力学分析。第 5 章在传统氢冶金的基础上进行延伸，介绍了等离子态氢冶金新工艺，详细介绍了等离子体的基本性质，等离子态氢还原的机理、等离子态氢熔融还原的工业实践过程。第 6 章根据多年教学和研究心得，论述了目前高炉炼铁过程中氢气的行为，特别涉及氢气在高炉中的还原行为，提出了未来低碳高炉的方向。第 7 章从我们的科研工作出发，论述了氢气在烧结过程中的行为、烧结过程中氢气的反应机理，对比了烧结过程的氢碳行为，进而总结了烧结富氢工艺的国内外进展。

这里我们首先要感谢多年来殷瑞钰院士的指引，我们多次聆听关于工程哲学的报告，仔细研读"冶金流程工程学"的书籍和论文，激励我们不断进行新的探索。

感谢德国古登纳教授（H. W. Gudenau）生前关于欧洲研究工作的介绍；感谢日本有山达郎教授关于日本研究工作的进展介绍和指导；感谢奥地利雷奥本大学申克教授（Johannes Schenk）的密切合作，提供机会，使我们有两位年轻学者有幸参加了等离子体氢冶金的研究工作。

感谢王筱留教授，刘云彩、项仲庸、吴启常、沙永志等专家提供的资料和宝贵的建议，感谢炼铁界诸多同仁的协助和建议。

感谢建龙集团张志祥董事长高屋建瓴、精心支持和指导氢冶金新流程的研发工作；感谢在赛思普（CISP）科技公司总经理徐涛博士领导下，由周海川先生、张协兵先生、张勇博士等组成的团队，他们勇于实践、锲而不舍的奋斗精神，是我们学习的榜样。

感谢中晋集团巨世峰董事长精心策划、全力支持氢基直接还原新工艺的研发工作，感谢在鲁庆、范晋锋、吴志军先生等领导下，中晋集团克服困难、敢于创新；感谢石油大学周红军教授团队的密切合作，在我们的共同努力下，国内第一套氢基直接还原新工艺取得重大进展。

感谢河钢集团、中钢国际、中冶京诚在国内氢基直接还原新工艺领域做出的努力，此项工艺将进一步弥补我国氢冶金发展的空白，预祝全球首套喷吹焦炉煤气的 Energiron 新工艺取得成功！

李洋、姜春鹤、王桂林、毕枝胜、李思达、马淑芳、黄建强、梁曾、卜雨杉、廖昊添、王腾飞、卢绍锋等研究生同学参与了本书许多资料收集、翻译和编辑工作。同学们经过多次的读书会、研讨会，为本书的编辑工作增添了光彩。对同学们的辛勤劳动，在此专致谢忱。

阈于学识、水平所限，书中许多认识还尚浅薄，不足之处恳请各位专家、读者不吝批评指正。

2021 年 3 月

目　　录

1 绪论 ·· 1
  1.1 全球低碳发展趋势 ·· 1
    1.1.1 碳排放现状与影响 ··· 1
    1.1.2 低碳减排目标与政策 ······································· 3
  1.2 全球氢能发展趋势 ·· 8
  1.3 碳冶金向氢冶金的转变 ··· 12
    1.3.1 钢铁行业低碳化趋势 ······································· 12
    1.3.2 氢冶金概念的提出 ··· 14
  1.4 钢铁行业氢冶金研究现状 ······································· 16
    1.4.1 氢冶金发展现状 ··· 16
    1.4.2 氢冶金面临的挑战 ··· 21
  1.5 小结 ··· 22
  参考文献 ··· 23

2 氢气的制备和存储 ·· 26
  2.1 自然界中氢的分布 ··· 26
    2.1.1 氢的发现 ··· 26
    2.1.2 氢和它的同位素家族 ······································· 27
    2.1.3 氢在自然界的分布 ··· 28
  2.2 氢的制取方法 ··· 29
    2.2.1 化石燃料制氢 ··· 30
    2.2.2 甲醇制氢 ··· 36
    2.2.3 生物法制氢 ··· 40
    2.2.4 电解水制氢 ··· 45
    2.2.5 核能制氢 ··· 51
    2.2.6 以氢冶金为目的的各类制取方法优劣对比 ····················· 56
  2.3 氢气的存储和运输 ··· 58
    2.3.1 管道输送 ··· 58
    2.3.2 高压气体钢瓶 ··· 60

2.3.3　水封储气罐 ································· 61

2.3.4　液态氢 ····································· 62

2.3.5　物理吸附储氢材料 ······················· 63

2.4　氢气安全 ·· 71

2.4.1　氢气存在的安全隐患 ····················· 71

2.4.2　氢安全基础知识 ························· 72

2.4.3　氢气燃烧和爆炸 ························· 73

2.4.4　高压氢气和液态氢气 ····················· 77

2.4.5　氢脆引起的安全问题 ····················· 79

2.4.6　储氢合金的安全问题 ····················· 80

2.5　小结 ·· 82

参考文献 ·· 83

3　氢气直接还原铁氧化物 ······························ 88

3.1　氢气直接还原工艺热力学分析 ······················ 88

3.1.1　氢气直接还原氧化铁热力学反应机制 ········· 88

3.1.2　气体成分对还原反应的热力学影响 ··········· 88

3.1.3　气基直接还原反应吉布斯自由能原理 ········· 90

3.1.4　氢气还原铁氧化物的热力学平衡 ············· 92

3.1.5　不同温度条件下浮氏体的成分组成 ··········· 95

3.2　氢气直接还原工艺动力学分析 ······················ 97

3.2.1　氢气直接还原氧化铁动力学反应机制 ········· 97

3.2.2　氢气直接还原氧化铁动力学理论模型 ········· 98

3.2.3　还原动力学限制性环节的影响因素 ··········· 102

3.3　不同参数对直接还原反应的影响 ···················· 103

3.3.1　反应温度对还原速率的影响 ················· 103

3.3.2　压力对还原速率的影响 ···················· 104

3.3.3　气体浓度对还原速率的影响 ················· 105

3.3.4　颗粒粒度及孔隙率对还原速率的影响 ········· 105

3.3.5　铁矿石种类对还原速率的影响 ··············· 106

3.3.6　水蒸气的生成对还原速率的影响 ············· 108

3.4　氢碳还原铁氧化物过程的差异分析 ·················· 110

3.4.1　氢碳还原铁氧化物过程热力学差异 ··········· 110

3.4.2　氢碳还原铁氧化物过程动力学差异 ··········· 111

3.5　氢碳耦合工业直接还原过程分析 ···················· 112

3.5.1　氢碳耦合直接还原工艺工业化生产现状 ·············· 112

3.5.2　氢碳耦合直接还原工艺化学反应 ·············· 114

3.5.3　工业直接还原过程中还原气的需求量分析 ·············· 115

3.5.4　还原温度和还原气氛中 H_2/CO 对煤气利用率的影响 ·········· 118

3.6　氢气直接还原工业实践 ·············· 121

3.6.1　氢气直接还原工艺经济效益分析 ·············· 121

3.6.2　氢气直接还原工艺发展现状 ·············· 124

3.6.3　氢气直接还原工艺发展趋势 ·············· 127

3.7　小结 ·············· 128

参考文献 ·············· 130

4　氢气熔融还原铁氧化物 ·············· 133

4.1　热力学分析 ·············· 133

4.1.1　熔融还原热力学分析 ·············· 133

4.1.2　高温氢还原热力学计算 ·············· 135

4.1.3　$C-H_2-O_2-H_2O-CO-CO_2$ 体系平衡成分计算 ·············· 138

4.2　动力学分析 ·············· 140

4.2.1　氢气还原熔融态铁氧化物动力学研究 ·············· 140

4.2.2　氢气与其他还原剂对比 ·············· 153

4.3　氢在熔融铁氧化物中的行为 ·············· 158

4.3.1　高温氢冶金模式 ·············· 158

4.3.2　氢在熔融铁氧化物中的溶解 ·············· 162

4.3.3　氢在渣中的溶解 ·············· 163

4.4　氢气熔融还原工业实践 ·············· 165

4.4.1　半工业化试验 ·············· 165

4.4.2　工业化实践 ·············· 170

4.5　小结 ·············· 171

参考文献 ·············· 172

5　等离子体氢还原铁氧化物 ·············· 174

5.1　等离子体的基本性质 ·············· 174

5.1.1　等离子体的定义 ·············· 174

5.1.2　等离子气体的性质 ·············· 174

5.1.3　等离子体的分类 ·············· 178

5.2　等离子体氢还原金属氧化物 ·············· 179

　　5.2.1　热等离子体氢 ·························· 179

　　5.2.2　冷等离子体氢 ·························· 182

　5.3　等离子氢还原热力学分析 ·················· 184

　　5.3.1　热等离子体氢还原热力学 ·············· 184

　　5.3.2　冷等离子体氢还原热力学 ·············· 191

　5.4　等离子氢还原动力学分析 ·················· 199

　　5.4.1　热等离子体氢还原动力学 ·············· 199

　　5.4.2　冷等离子体氢还原动力学 ·············· 209

　5.5　等离子氢还原工业实践 ···················· 214

　5.6　小结 ··································· 217

　参考文献 ································· 218

6　氢气在高炉炼铁过程中的行为 ·············· 222

　6.1　现代高炉的进展和挑战 ···················· 222

　　6.1.1　低碳高炉炼铁技术的提出 ·············· 223

　　6.1.2　富氢高炉冶炼的发展 ·················· 224

　6.2　氢气在高炉内反应的热力学 ················ 226

　　6.2.1　热力学分析 ························ 227

　　6.2.2　还原热力学 ························ 227

　　6.2.3　H_2 和 CO 耦合反应的热力学 ·········· 230

　　6.2.4　不同 H_2-CO 配比时还原氧化铁的热力学行为 ······· 231

　6.3　氢气在高炉内的反应动力学 ················ 236

　　6.3.1　动力学分析 ························ 236

　　6.3.2　高炉内氢气还原铁氧化物的机理 ········ 236

　　6.3.3　氢气还原动力学计算 ·················· 236

　　6.3.4　H_2-CO 混合气体还原铁氧化物动力学模型 ··· 241

　6.4　富氢对高炉冶炼状态的影响 ················ 248

　　6.4.1　富氢对高炉温度场及浓度场的影响 ······ 248

　　6.4.2　富氢对高炉炉料性能的影响 ············ 253

　　6.4.3　高炉喷煤中 H_2 含量对高炉的影响 ······ 257

　　6.4.4　富氢气体还原对高炉操作的影响 ········ 261

　　6.4.5　富氢高炉存在的一些问题 ·············· 262

　6.5　富氢高炉冶炼的探索和实践 ················ 264

　　6.5.1　日本 COURSE50 新技术 ················ 264

　　6.5.2　德国高炉喷氢 ························ 269

　　　6.5.3　俄罗斯高炉喷吹天然气 ················· 270

　　　6.5.4　中国高炉喷吹天然气 ··················· 272

　　6.6　小结 ······························· 273

　　参考文献 ······························· 275

7　氢在烧结过程中的行为 ····················· 278

　　7.1　烧结过程氢冶金技术概要 ··················· 278

　　　7.1.1　超级烧结技术（Super-SINTER）发展历程 ······· 278

　　　7.1.2　工艺原理 ························· 279

　　7.2　富氢对烧结过程影响的机理 ·················· 284

　　　7.2.1　气体燃料喷入方法对烧结性能的影响 ········· 284

　　　7.2.2　气体燃料喷入方法对烧结料层温度分布的影响 ···· 285

　　　7.2.3　气体燃料喷入对料层中孔隙的影响 ·········· 286

　　　7.2.4　气体燃料喷入对透气性的影响 ············ 288

　　7.3　烧结过程氢碳行为对比 ···················· 289

　　　7.3.1　烧结料层影响 ······················ 289

　　　7.3.2　烧结矿矿相 ······················· 289

　　　7.3.3　烧结经济技术指标 ··················· 294

　　　7.3.4　富氢气氛下含铁炉料的还原行为 ··········· 299

　　7.4　烧结过程富氢实践 ······················ 304

　　　7.4.1　国内烧结富氢实践 ··················· 304

　　　7.4.2　烧结用氢最新发展 ··················· 308

　　7.5　小结 ······························· 311

　　参考文献 ······························· 312

8　未来展望 ··························· 314

1 绪 论

1.1 全球低碳发展趋势

1.1.1 碳排放现状与影响

全球变暖加剧了气候系统的不稳定性，CO_2作为温室气体中最主要的组成部分，已然成为节能减排的重点。作为世界人口最多，同时也是世界碳排放量最大的国家，应对全球气候变化既是中国实现社会主义现代化的最大挑战，也是实现绿色工业化、城镇化、农业农村现代化的最大机遇。2020 年 11 月 3 日，中共十九届五中全会通过《中共中央关于制定国民经济和社会发展第十四个五年规划和二〇三五年远景目标的建议》[1]，其中明确提出支持绿色技术创新、推进重点行业和重要领域绿色化改造，以及降低碳排放强度、制定 2030 年前碳排放达峰行动方案。建立健全绿色低碳循环发展经济体系、促进经济社会发展全面绿色转型、有效控制温室气体排放、统筹推进高质量发展和高水平保护将是我国当前和未来一段时间遵循的准则。

据国际能源署（IEA）公布的数据（图 1-1[2]），自第二次世界大战以来，与能源消耗相关的全球碳排放总量迅猛增长。2020 年全球疫情导致的能源需求降低使得 CO_2 排放出现较大幅度的降低。但不可避免的是，在疫情稳定各行业恢复

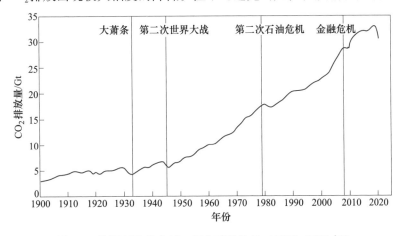

图 1-1 能源相关的全球二氧化碳排放量（1900~2020 年）

平稳运行后，世界范围内碳排放量必将反弹。近些年来，从全球范围内看，工业在能源消耗与 CO_2 排放量当中所占比例分别为 33% 和 40%，其中钢铁工业 CO_2 排放占工业总排放的比例非常高，大约为 33.8%，石化工业 CO_2 排放占工业排放的比例约为 30.5%[3]。图 1-2、图 1-3[4] 所示分别为世界范围内按行业划分的 CO_2 排放量以及中国在 2018 年各行业 CO_2 排放量占比（数据来自国际能源署（IEA）更新至 2018 年的最新数据），可以看出火力发电行业一直是二氧化碳排放的最大贡献者，工业在总排放量的相对占比有降低的趋势。就碳排放而言，中国、美国和欧盟在世界所有的国家和地区中排名前三，且其碳排放总量之和已超过世界总排放量的一半，占比分别为 28.6%、14.7% 和 11.9%[5]。在中国，近年来对碳排放限制政策及对传统工业的转型升级已经起到了一定成效，但工业对 CO_2 排放的贡献量仍占据相当大的份额。

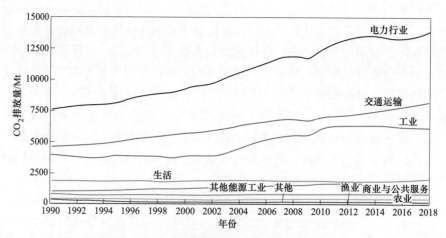

图 1-2　世界各领域 CO_2 排放（1990~2018 年）

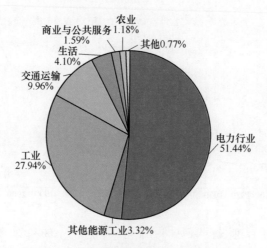

图 1-3　中国各领域 CO_2 排放占比（2018 年）

科学研究表明，二氧化碳、甲烷和其他温室气体可能会给地球带来惊人的生态灾难。图 1-4 所示为最近 10 年世界各地平均温度与 50 年前的差异，全球变暖趋势已非常明显。在目前全球升温仅 1.5℃ 左右的情况下，气候变化的许多影响已经非常显著，包括极端天气事件，冰川退缩[6]，季节性事件时间的变化（如植物较早开花）[7]，海平面上升和北极海冰范围的下降[8]。自 20 世纪 80 年代以来，海洋已吸收了人类产生的大气二氧化碳的 20%~30%，导致海洋酸化[9]。海洋也在变暖，自 1970 年以来，海洋已吸收了气候系统 90% 以上的多余热量[9]。以上变化已严重影响生态系统与人类生计，加剧了世界许多地区的荒漠化和土地退化，使许多地方的粮食无法得到保障的状况恶化，淡水供应压力增大。

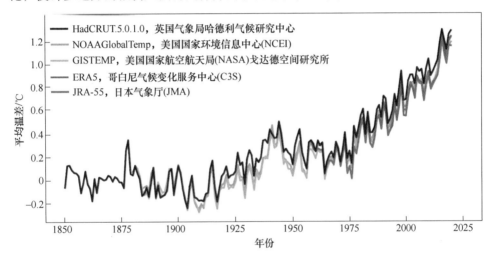

图 1-4 对比工业化前（1850~1900 年）后的全球年平均温差
（资料来自五种数据库）

由于气候变化造成的环境问题呈逐年上升的趋势，并且通过使用常规能源所产生的温室气体排放量有增无减，因此，稳定气候问题的关键在于减少正在大量使用的常规能源，比如典型的煤炭资源。

联合国《2020 年排放差异报告》[10]指出，全球温室气体排放量自 2010 年起平均每年增长 1.4%，21 世纪末全球升温趋势将超过 3℃，远高于巴黎协定原定计划的 2℃ 以内目标，未来 10 年全球碳排放量每年需下降 7.6%。随着近年来中国、印度等人口密集的发展中国家经济发展进入能源密集阶段，对能源需求量进一步增加，我们面临的环境问题更为严峻。在全球不断增长对化石能源需求的情况下，新能源产业的发展以及低碳工艺的开发符合低碳经济概念和环境保护要求。

1.1.2 低碳减排目标与政策

1992 年，联合国气候变化专门委员会通过了《联合国气候变化框架公约》[11]，并于 1997 年在日本京都通过了该公约的第一个附加协议，即《京都议定书》。《京都议定书》[12]提出将市场机制作为解决温室气体减排问题的一种路径，即把 CO_2 排放权作为一种商品，形成 CO_2 排放权交易，简称碳交易。从 2005 年 1 月 1 日开始欧盟将《京都议定书》下的减排目标分配给各成员国，各国根据国家计划将排放配额分配给各企业，各企业达到减少 CO_2 排放的要求后，可将用不完的排放权卖给未完成减排目标的企业，此即欧盟排放交易体系（European U-nion Emission Trading Scheme，EU-ETS)[13]。从欧盟排放交易体系实施的第二阶段（2008 年）开始，交易市场覆盖二氧化碳占比达 45%，总温室气体接近 40% 占比，现已成为全球最大的碳排放权交易市场[14]。目前，全球正运行的碳排放交易体系达到 21 个，覆盖的碳排放约占全球排放总量的 10%。截至 2019 年末，碳市场累计筹资逾 780 亿美元，全球碳金融市场每年交易规模超过 600 亿美元。

《巴黎协定》[15]于 2016 年 11 月生效，成为继《联合国气候变化框架公约》《京都议定书》之后的第三个国际法律文本。其建议从 2023 年开始，实行每 5 年对各国行动的效果进行定期评估的约束机制，把世界平均气温升幅控制在 1.5~2.0℃ 以内作为温升目标。2019 年 11 月，德国通过了《气候保护法》，首次以法律形式确定了德国中长期温室气体减排目标——到 2050 年实现温室气体净零排放，将碳中和视为其作为工业大国和欧盟经济最强成员国的特殊责任。欧盟委员会 2020 年 3 月提交的《欧洲气候法》草案也以立法形式明确了到 2050 年实现碳中和的目标。以欧盟为代表的欧洲发达国家普遍提出以 2050 年为目标年，而芬兰、冰岛等北欧国家在碳中和行动中表现更突出，把目标年提前到 2035~2040 年。在分阶段目标方面，碳中和目标的实现还需各国提出中期减排目标，如欧盟提出将强化其 2030 年减排目标，由比 1990 年减少 40% 提升到减少 55%。突如其来的新冠肺炎疫情影响，也进一步触发了全球对气候变化和生态环保的反思，世界各国在致力于恢复经济的同时，也将重振气候治理、建设可持续社会作为一项重要任务。表 1-1 为世界各国已公开的碳中和目标，截至目前，已有 30 个国家和地区明确了碳中和目标。其中苏里南和不丹两个国家已实现"碳中和"，瑞典、英国等 7 个国家已立法，欧盟（作为整体）及其他 3 个国家和地区处于立法状态，中国、日本等 15 个国家发布了政策宣示文档。

表 1-1　全球各国碳中和目标汇总

国家或地区	目标日期	承诺性质	说　明
中国	2060 年	政策宣示	中国在 2020 年 9 月 22 日向联合国大会宣布，努力在 2060 年实现碳中和，并采取"更有力的政策和措施"，在 2030 年之前达到排放峰值
奥地利	2040 年	政策宣示	奥地利联合政府在 2020 年 1 月宣誓就职，承诺在 2040 年实现气候中立，在 2030 年实现 100% 清洁电力，并以约束性碳排放目标为基础

续表1-1

国家或地区	目标日期	承诺性质	说　明
不丹	目前为碳负,并在发展过程中实现碳中和	《巴黎协定》下自主减排方案	不丹人口不到100万人,收入低,周围有森林和水电资源;平衡碳账户比大多数国家容易;但经济增长和对汽车需求的不断增长,正给排放增加压力
美国加利福尼亚	2045年	行政命令	加利福尼亚的经济体量是世界第五大经济体。前州长杰里·布朗在2018年9月签署了碳中和令,同时通过了一项法律,计划在2045年前实现电力100%可再生能源,但其他行业的绿色环保政策还不够成熟
加拿大	2050年	政策宣示	特鲁多总理于2019年10月连任,其政纲是以气候行动为中心,承诺净零排放目标,并制定具有法律约束力的五年一次的碳预算
智利	2050年	政策宣示	皮涅拉总统于2019年6月宣布,智利努力实现碳中和。2020年4月,智利政府向联合国提交了一份强化的中期承诺,重申了其长期目标。已经确定在2024年前关闭28座燃煤电厂中的8座,并在2040年前逐步淘汰煤电
哥斯达黎加	2050年	提交联合国	2019年2月,总统奎萨达制定了一揽子气候政策,12月向联合国提交的计划确定2050年净排放量为零
丹麦	2050年	法律规定	丹麦政府在2018年制定了到2050年建立"气候中性社会"的计划,该方案包括从2030年起禁止销售新的汽油和柴油汽车,并支持电动汽车。气候变化是2019年6月议会选举的一大主题,获胜的"红色集团"政党在6个月后通过的立法中规定了更严格的排放目标
欧盟	2050年	提交联合国	根据2019年12月公布的"绿色协议",欧盟委员会正在努力实现整个欧盟2050年净零排放目标,该长期战略于2020年3月提交联合国
斐济	2050年	提交联合国	作为2017年联合国气候峰会COP23的主席,斐济为展现领导力做出了额外努力。2018年,这个太平洋岛国向联合国提交了一份计划,目标是在所有经济部门实现净碳零排放
芬兰	2035年	执政党联盟协议	芬兰五个政党于2019年6月同意加强该国的气候法。预计这一目标将要求限制工业伐木,并逐步停止燃烧泥炭发电
法国	2050年	法律规定	法国国民议会于2019年6月27日投票将净零目标纳入法律。在2020年6月的报告中,新成立的气候高级委员会建议法国必须将减排速度提高3倍,以实现碳中和目标
德国	2050年	法律规定	德国第一部主要气候法于2019年12月生效,这项法律表示德国将在2050年前"追求"温室气体排放实现中和

国家或地区	目标日期	承诺性质	说　明
匈牙利	2050 年	法律规定	匈牙利在 2020 年 6 月通过的气候法中承诺到 2050 年气候中和
冰岛	2040 年	政策宣示	冰岛已经从地热和水力发电获得了几乎无碳的电力和供暖，2018 年公布的战略重点是逐步淘汰运输业的化石燃料、植树和恢复湿地
爱尔兰	2050 年	执政党联盟协议	在 2020 年 6 月敲定的一项联合协议中，3 个政党同意在法律上设定 2050 年的净零排放目标，在未来 10 年内每年减排 7%
日本	21 世纪后半叶尽早的时间	政策宣示	日本政府于 2019 年 6 月在主办 20 国集团领导人峰会之前批准了一项气候战略，主要研究碳的捕获、利用和储存，以及作为清洁燃料来源的氢的开发。值得注意的是，逐步淘汰煤炭的计划尚未出台，预计到 2030 年，煤炭仍将供应全国 1/4 的电力
马绍尔群岛	2050 年	提交联合国的自主减排承诺	在 2018 年 9 月提交给联合国的最新报告提出了到 2050 年实现净零排放的愿望，但仍没有具体的政策来实现这一目标
新西兰	2050 年	法律规定	新西兰最大的排放源是农业。2019 年 11 月通过的一项法律为除生物甲烷（主要来自绵羊和牛）以外的所有温室气体设定了净零目标，到 2050 年，生物甲烷将在 2017 年的基础上减少 24%~47%
挪威	2050 年/2030 年	政策宣示	挪威议会是世界上最早讨论气候中和问题的议会之一，会议确定努力在 2030 年通过国际抵消实现碳中和，2050 年在国内实现碳中和。但这个承诺只是政策意向，而不是一个有约束力的气候法
葡萄牙	2050 年	政策宣示	葡萄牙是呼吁欧盟通过 2050 年净零排放目标的成员国之一。于 2018 年 12 月发布了一份实现净零排放的路线图，概述了能源、运输、废弃物、农业和森林的战略
新加坡	在 21 世纪后半叶尽早实现	提交联合国	新加坡同日本一样避免承诺明确的脱碳日期，但将其作为 2020 年 3 月提交给联合国的长期战略的最终目标。到 2040 年，内燃机车将逐步淘汰，取而代之的是电动汽车
斯洛伐克	2050 年	提交联合国	斯洛伐克是第一批正式向联合国提交长期战略的欧盟成员国之一，目标是在 2050 年实现"气候中和"
南非	2050 年	政策宣示	南非政府于 2020 年 9 月公布了低排放发展战略（LEDS），概述了到 2050 年成为净零经济体的目标

国家或地区	目标日期	承诺性质	说 明
韩国	2050 年	政策宣示	韩国民主党在 2020 年 4 月的选举中以压倒性优势重新执政。选民们支持其"绿色新政",即在 2050 年前实现低碳经济,并结束煤炭市场融资。这是东亚地区第一个此类承诺,对全球第七大二氧化碳排放国来说也是一件大事。韩国约 40% 的电力来自煤炭,一直是海外煤电厂的主要融资国
西班牙	2050 年	法律草案	西班牙政府于 2020 年 5 月向议会提交了气候框架法案草案,设立委员会来监督进展情况,并立即禁止新的煤炭、石油和天然气勘探许可证
瑞典	2045 年	法律规定	瑞典于 2017 年制定了净零排放目标,根据《巴黎协定》,将碳中和的时间表提前了 5 年。至少 85% 的减排要通过国内政策来实现,其余由国际减排来弥补
瑞士	2050 年	政策宣示	瑞士联邦委员会于 2019 年 8 月 28 日宣布,打算在 2050 年前实现碳净零排放,深化了《巴黎协定》规定的减排 70%~85% 的目标。议会正在修订其气候立法,包括开发技术来去除空气中的二氧化碳(瑞士这个领域最先进的试点项目之一)
英国	2050 年	法律规定	英国在 2008 年已经通过了一项减排框架法,因此设定净零排放目标很简单,只需将 80% 改为 100%。议会于 2019 年 6 月 27 日通过了修正案。苏格兰的议会正在制定一项法案,在 2045 年实现净零排放,这是基于苏格兰强大的可再生能源资源和在枯竭的北海油田储存二氧化碳的能力
乌拉圭	2030 年	《巴黎协定》下的自主减排承诺	根据乌拉圭提交联合国公约的国家报告,加上减少肉牛养殖、废弃物和能源排放的政策,预计到 2030 年,该国将成为净碳汇国

早在 2009 年 9 月,时任国家主席胡锦涛在出席联合国气候变化峰会时便首次提出中国 2020 年相对减排目标[16],即争取到 2020 年单位国内生产总值二氧化碳排放比 2005 年下降 40%~45%,非化石能源占一次能源消费比重达到 15% 左右,森林面积比 2005 年增加 4000 万公顷,森林蓄积量比 2005 年增加 13 亿立方米,大力发展绿色经济,积极发展低碳经济和循环经济。同时,他也指出,我国是发展中国家,不可能承担超出我国能力或发展水平的绝对量化减排指标。2014 年 11 月和 2015 年 9 月,习近平主席与时任美国总统奥巴马两次发表中美元首气候变化联合声明[17],宣布了中美两国各自 2020 年后应对气候变化行动。根据这些声明,2015 年 11 月,习近平主席在第二十一届联合国气候变化大会(COP21)的首脑峰会上,代表拥有 14 亿人口的中国阐述了对巴黎气候大会的期

待以及对于全球治理的看法。在这里，中国第二次提出 2030 年相对减排行动目标，即二氧化碳排放在 2030 年左右达到峰值并争取尽早达峰，单位国内生产总值二氧化碳排放比 2005 年下降 60%~65%，非化石能源占一次能源消费比重达到 20% 左右，森林蓄积量比 2005 年增加 45 亿立方米左右。习近平主席多次指出，应对气候变化是我国可持续发展的内在要求，也是负责任大国应尽的国际义务，这不是别人要我们做，而是我们自己要做。

国家的政治承诺体现在实际的治理实践当中，而成效见之于今朝。到 2019 年，我国单位国内生产总值二氧化碳排放比 2015 年和 2005 年已经分别下降约 18.2% 和 48.1%[18]，超过了我国对国际社会承诺的 2020 年下降 40%~45% 的目标，基本扭转了温室气体排放快速增长的局面，提前并超额完成 2020 年气候行动目标。此外，我国非化石能源占一次能源消费比重从 2005 年的 7.4% 提高到 2019 年的 15.3%；可再生能源总消费量占世界比重从 2005 年的 2.3% 上升至 2019 年的 22.9%，这已经超过美国的比重（20.1%）。森林面积比 2005 年增加了 4500 万公顷，森林蓄积量也增加了 51 亿立方米。

正如习近平主席所言，应对气候变化的《巴黎协定》代表了全球绿色低碳转型的大方向，是保护地球家园需要采取的最低限度行动，各国必须迈出决定性步伐。为此，中国带头于 2020 年 9 月提出 2030 年前碳排放达峰、2060 年前碳中和目标[19]，并于 2020 年 12 月 12 日在气候雄心峰会上进一步提高国家自主贡献力度的新目标[20]：到 2030 年，中国单位国内生产总值二氧化碳排放将比 2005 年下降 65% 以上，非化石能源占一次能源消费比重将达到 25% 左右，森林蓄积量将比 2005 年增加 60 亿立方米，风电、太阳能发电总装机容量将达到 12 亿千瓦以上。这是世界上最为雄心勃勃的"2030 年中国碳减排目标"。

1.2 全球氢能发展趋势

从各国对低碳技术的部署来看，能源系统低碳转型是碳中和行动的重要方向。

氢能作为新兴的战略能源，具有来源丰富、热效率较高、能量密度大、使用清洁、可运输、可储存、可再生等特点，已被许多国家列入国家能源战略部署中，在未来全球能源结构变革中占有重要地位。2020 年 6 月 22 日国家能源局发布的《2020 年能源工作指导意见》[21]指出，制定实施氢能产业发展规划，组织开展关键技术装备攻关，积极推动应用示范。

目前氢能已经成为我国优化能源消费结构和保障国家能源供应安全的战略选择。在氢能和燃料电池发展方面，我国现阶段紧随世界发达国家的脚步，目前基本形成了燃料电池、电堆、氢燃料电池配套的研发体系和生产制造能力，并陆续开展了客运、物流等以商用车型为主的示范运行。我国是氢气生产消费大国，

2016 年以能源形式利用的氢气产能已达到 700 亿立方米/年。2016 年 10 月 28 日，中国标准化研究院和全国氢能标准化技术委员会联合编制《中国氢能产业基础设施发展蓝皮书（2016）》，首次提出了我国氢能产业的基础设施发展路线图和技术发展路线图，并就加快发展氢能产业基础设施提出政策建议。据预测，我国氢能行业总产值 2030 年将达到约 10000 亿元，同时氢气总产能为 1000 亿立方米/年，氢能产业将成为新的经济增长点和新能源战略的重要组成部分；2050 年氢能行业总产值约 40000 亿元，氢能成为能源结构的重要组成部分，氢能产业成为我国产业结构的重要组成部分。国家高度重视氢能产业的发展以及相关配套设施的建设，2019 年，首次将氢能写进了《政府工作报告》，要求"推动充电、加氢等设施建设"，之后氢能产业发展速度显著加快。

与此同时，从国家部门到地方政府，许多推动氢能发展的政策与规划已被制订，氢能相关管理政策与目标同样正在不断推进中（表 1-2）。政策重点主要集中于交通领域，包括氢燃料电池车技术研发、关键设备制造和加氢站建设等，而轨道交通则是未来氢燃料电池技术的发展重点之一。同时，氢能冶金成为新的氢能产业应用领域，许多冶金企业正在引进国外先进氢冶金新工艺，这将有助于实现中国钢铁行业革命性的绿色化转型。绿氢煤化工、绿氢贸易、民用液氢等也将是氢能产业未来发展的重要方向。

表 1-2 2019~2020 年国家与地方氢能产业政策[22, 23]

序号	地区/部门	时间	政策名称	主要内容
1	国家发展改革委等 7 部门	2019 年 2 月 14 日	绿色产业指导目录（2019 年版）	鼓励发展氢能利用设施建设和运营，燃料电池装备以及在新能源汽车和船舶上的应用
2	国务院	2019 年 4 月 9 日	落实《政府工作报告》中重点工作部门分工意见	将继续执行新能源汽车购置优惠政策，推动充电、加氢等设施建设
3	国家发展改革委联合 14 个部门	2019 年 11 月 15 日	关于推动先进制造业和现代服务业深度融合发展的实施意见	加强新能源生产使用和制造业绿色融合，推动氢能产业创新、集聚发展，完善氢能制备、储运、加注等设施和服务
4	国家统计局	2019 年 11 月	能源统计报表制度	氢气和煤炭、天然气、原油、电力、生物燃料等一起纳入 2020 年能源统计
5	教育部、国家发展改革委、国家能源局	2020 年 1 月 19 日	储能技术专业学科发展行动计划（2020—2024 年）	重点推进燃料电池、相变储能、储氢、相变材料等基础理论研究
6	科技部	2020 年 3 月 19 日	国家重点研发计划"制造基础技术与关键部件"等重点专项 2020 年度项目申报指南	共部署 38 个重点研究任务，2020 年拟在氢能、太阳能、风能、可再生能源耦合与系统集成 4 个技术方向启动 14~28 个项目，拟安排国拨经费总概算为 6.06 亿元

序号	地区/部门	时间	政策名称	主要内容
7	国家能源局	2020 年 4 月 10 日	中华人民共和国能源法（征求意见稿）	将氢能作为能源种类之一列入意见稿
8	国家能源局	2020 年 5 月 19 日	关于建立健全清洁能源消纳长效机制的指导意见（征求意见稿）	将探索建立清洁能源就地消纳模式。清洁能源富集地区，鼓励推广电制氢等应用，采取多种措施提升电力消费需求，扩大本地消纳空间
9	青海省	2020 年 1 月 15 日	2020 年青海省政府工作报告	建设国家清洁能源示范省，研究规划氢能核能利用项目
10	天津市	2020 年 1 月 21 日	天津市氢能产业发展行动方案（2020—2022年）	到 2022 年，氢能产业总产值突破 150 亿元，建成至少 10 座加氢站、打造 3 个氢燃料电池车辆试点示范区，开展至少 3 条公交或通勤线路示范运营，建成至少 2 个氢燃料电池热电联供示范项目
11	茂名市	2020 年 3 月 4 日	茂名市氢能产业发展规划（征求意见稿）	提出"一个目标、两大核心区、三大应用领域、百亿产值"的氢能产业发展战略，提出 2022 年氢能产业总产值预计达到 30 亿元，2025 年达到 100 亿元，2030 年突破 300 亿元的"三步走"目标
12	张家口市	2020 年 3 月 6 日	张家口氢能保障供应体系一期工程建设实施方案	氢气产能：2022 年冬奥会前，氢气产能实现 10000t/a；加氢站：一期工程建设 16 座，其中，2020 年底前建成 10 座，2021 年 6 月底前建成 6 座
13	山东省	2020 年 3 月 26 日	济青烟国际招商产业园建设行动方案（2020—2025 年）	建设济南"中国氢谷"、青岛"东方氢岛"两大高地，涉及氢燃料电池整车制造等领域
14	河北省	2020 年 4 月 24 日	河北省人民政府办公厅关于加快推动首都"两区"建设重点突破的意见	推动氢能产业创新中心建设，编制修订一批氢能产业国家、行业和企业标准，推进氢燃料电池发动机、大规模风光储互补制氢、氢燃料电池大巴车项目投产，加氢站总量达到 10 座，加快打造氢能产业生态园区
15	铜陵市	2020 年 4 月 28 日	铜陵氢能产业发展规划纲要	在 2022 年，培育聚集氢能企业超过 20 家，氢能相关产值达到 15 亿～30 亿元；在 2025 年培育企业超过 30 家，产值达到 80 亿～100 亿元；而到 2030 年，达到 300 亿～500 亿元

　　聚焦国外，世界主要国家氢能产业发展导向同样包括明确的氢能产业发展战略及产业定位、政府相关部门分工、制氢技术路线，以及推进氢燃料电池试点示范与多领域应用、持续的氢燃料电池技术研发支持、不断完善的氢能产业政策体系等方面。美国能源部在2002年便发布了"国家氢能路线图"，提出了以氢能经济为基础的发展蓝图，并提出2040年要全面实现氢经济的目标。其在2005年将氢能列入主流能源选择之一，在2015年提出推动氢能大规模生产与应用。日本政府在2014年《第四次能源基本计划》中明确提出了建设和发展氢能社会的战略方向。韩国政府于2018年发布了关于韩国建立氢能经济社会的方案，目标是利用可再生能源、天然气、水等制取氢气，建立一个以氢能为主要能源的可持续、低碳社会。

　　2020年6月10日，德国敲定了国家氢能战略[24]，确认了"绿氢"的优先地位，明确了氢能的主要应用领域。德国官方数据显示，目前，德国生产的氢能约占全球总量的20%。2019年7月，德国经济部长Peter Altmaier宣布，德国希望成为氢能技术领域的"世界第一"。德国政府已经公布了1300亿欧元规模的经济复苏计划，其中提出至少投入90亿欧元发展氢能。根据此次确定的氢能战略，德国的氢能将主要应用于船运、航空、重型货物运输、钢铁和化工行业。最晚在2040年前，德国将在国内建成10吉瓦（GW）的电解"绿氢"产能，其中一半将在2030年以前建成，包括建设制氢所需的额外可再生能源装置。另外，德国大部分的"绿氢"需求将通过进口得以满足。其中，北海和波罗的海周边的欧洲国家，以及南欧国家将是德国潜在的"绿氢"供应国。与此同时，在"转型期"内，利用化石燃料制造但结合碳捕捉技术的"蓝氢"将被允许投入使用。

　　2020年7月9日，欧盟委员会副主席蒂莫曼斯（Frans Timmermans）正式对外公示了酝酿已久的《欧盟氢能战略》[24, 25]。这份24页的计划被视为欧洲未来能源业的重要蓝图之一，也是欧盟在新冠疫情爆发后经济刺激计划中的重要一环。欧盟委员会称其氢能开发将分三个阶段进行[26]：

　　第一阶段（2020~2024年），在欧盟境内建造一批单个功率达100MW的可再生氢电解设备。2024年前全欧的可再生氢制备总功率达到6000MW，年产量超过100万吨。

　　第二阶段（2025~2030年），在继续加大可再生氢制备产能的基础上，建成多个名为"氢谷"（hydrogen valleys）的地区性制氢产业中心。通过规模效应以较低廉的价格为人口聚集区供氢，这些氢谷也是未来泛欧氢能网络的骨架。

　　第三阶段（2031~2050年），氢能在能源密集产业的大规模应用，典型代表是钢铁和物流行业。

　　为保证该战略的实施，欧盟计划未来10年内向氢能产业投入5750亿欧元（约合人民币4.56万亿元）。其中，1450亿欧元以税收优惠、碳许可证优惠、财政补贴等形式惠及相关氢能企业，剩余的 4300 亿欧元将直接投入氢能基础设施建设。氢能基建的具体规划是：2030 年前，投入 240 亿~420 亿欧元用于绿氢电解设施的建设，2200 亿~3400 亿欧元用于增建 80~120GW 风力与太阳能互补的风光发电。

作为新的氢能产业应用领域，氢能冶金将在不远的将来有着广阔的发展空间，这对中国碳中和的战略目标，对钢铁行业的绿色化转型都将产生革命性影响。

1.3 碳冶金向氢冶金的转变

1.3.1 钢铁行业低碳化趋势

中国实现碳中和，要求在一定时间内（一般指一年）由人为活动直接和间接排放的 CO_2 通过碳捕集与封存，或植树造林等固碳技术吸收后，达到 CO_2 的"零排放"。与欧洲、美国等发达国家相比，中国实现碳中和目标，面临时间紧任务重的严峻挑战，需要用比发达国家更短的时间去实施更大体量的碳中和。

在全球"脱碳"大潮的背景下，以减少碳足迹、降低碳排放为中心的传统钢铁冶金工艺技术变革，已成为钢铁行业绿色发展的新趋势。

我国是世界上最大的钢铁生产国，最近 10 年我国粗钢产量连年增加（图 1-5）。2020 年一季度受疫情影响钢铁需求明显萎缩，然而二季度随着国家复工复产、经济刺激政策的逐步发力，经济稳定复苏，下游需求逐步恢复，带动钢铁企业生产积极性高涨，钢铁产量同比上升。数据显示，2020 年 1~12 月全国生

图 1-5 中国粗钢产量（国家统计局数据，2010~2019 年）

铁、粗钢和钢材产量分别为 8.88 亿吨、10.65 亿吨和 13.25 亿吨，同比分别增长 4.3%、5.2% 和 7.7%，粗钢产量首次突破 10 亿吨。党的十九大以来，我国钢铁产业从高产量时期向高质量时期迈进，我国钢铁产能严重过剩问题得到明显的缓解，但由于钢铁行业总产量巨大，行业总排放量依然居高不下。我国钢铁行业战略重点将由减少产能转向产业结构优化升级，以满足日益严格的环境污染物排放标准要求，打赢污染防治攻坚战。

尽管钢铁工业的快速发展为中国经济做出了巨大贡献，但同时也引起了严重的环境问题。粗钢生产工艺中，高炉—转炉法（BF-BOF）、直接还原铁—电弧炉法（DRI-EAF）和基于废钢的电弧炉冶炼法（Scrap-based EAF）三种工艺生产的粗钢占全球粗钢产量的 95%，其中高炉—转炉法（BF-BOF）产量约占全球粗钢产量的 70%。而高炉—转炉法约 89% 的能源投入来自煤炭，如图 1-6 所示。

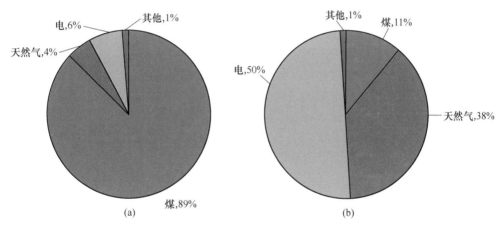

图 1-6　不同工艺路线的能源投入结构
（a）高炉—转炉；（b）电弧炉

根据国际能源组织提供的全球统计数据，钢铁行业是主要的温室气体排放贡献者之一，占全球温室气体人为排放总量的 4%~7%[27]。有关数据显示，钢铁行业已成为中国第三大二氧化碳排放者，仅次于电力和建筑材料行业，占我国二氧化碳总排放量的 15% 左右。同时，钢铁行业的其他大气污染物排放在中国工业污染物排放中所占比例也很高，SO_2、NO_x 和大气颗粒物（PM）分别占 11.2%、8.8% 和 29.0%[28]。钢铁行业一直面临着越来越大的减少二氧化碳排放的压力，减少二氧化碳排放以及减少和发展低碳经济是钢铁行业未来发展的重要先决条件。

生态环境部 2018 年 5 月发布《钢铁行业超低排放改造工作方案（征求意见稿）》，要求新建（含搬迁）钢铁项目要全部达到超低排放水平，其排放限值远低于 2012 年环保部发布的《钢铁烧结、球团工业大气污染物排放标准》等特别排放限值标准。2019 年 4 月生态环境部等五部委联合印发《关于推进实施钢铁行业超低排放的意见》[29]，提出到 2020 年底前，重点区域钢铁企业超低排放改造取得明显进展，力争 60% 左右的钢铁产能企业完成超低排放改造；到 2025 年底前，重点区域钢铁企业基本完成环保改造，力争 80% 以上比例的钢铁产能企业达到超低排放要求[30]。2017 年 12 月，全国碳排放交易系统正式启动[31]，强制性减排 CO_2 将倒逼钢铁企业发展低碳技术，目前很多企业已在研发或尝试使用非一次性能源。根据中国节能协会冶金工业节能专业委员会和冶金工业规划研究院共同编制的《中国钢铁工业节能低碳发展报告（2020）》，中国钢铁工业节能减排已取得积极进展，2019 年重点统计钢铁企业吨钢综合能耗为 553.7kg 标准煤，较 2015 年下降 3.2%，提前完成《工业绿色发展规划（2016—2020）》能效指标任务。

2021 年 1 月 4 日，工业和信息化部发布《关于推动钢铁工业高质量发展的指导意见（征求意见稿)》，提出到 2025 年钢铁工业基本形成产业布局合理、技术装备先进、质量品牌突出、智能化水平高、全球竞争力强、绿色低碳可持续的发展格局。在绿色低碳的发展目标中明确要求行业超低排放改造完成率达到 80% 以上，重点区域内企业全部完成超低排放改造，污染物排放总量降低 20% 以上，能源消耗总量和强度均降低 5% 以上，水资源消耗强度降低 10% 以上，水的重复利用率达到 98% 以上。目前来看，低碳化已成为当前中国钢铁行业发展的大趋势，同时也是行业面临的重要挑战。

1.3.2 氢冶金概念的提出

徐匡迪院士[32]于 1999 年北京第 125 次香山科学会议与 2002 年冶金战略论坛上多次提出了氢冶金的技术思想。2018 年干勇院士[33]指出，"21 世纪是氢时代，氢冶金就是氢代替碳还原生成水，不但没有排放，而且反应速度极快"。我们多年来致力氢冶金研究，集中在铁矿石还原及冶炼过程中主要用气体氢作为还原剂的领域。

传统炼铁工艺大量使用碳作为热源和还原剂，是排放温室气体（CO_2）的重点工序之一。表 1-3 为高炉—转炉法（BF-BOF）、直接还原铁—电弧炉法（DRI-EAF）和基于废钢的电弧炉冶炼法（Scrap-based EAF）三种工艺生产粗钢的碳排放强度。其中直接排放是指钢铁企业自身化石燃料和熔剂等消耗产生的 CO_2 排放；间接排放指钢铁生产活动使用但排放发生在其他实体控制的排放源上，如电力，其排放是由电力生产部门燃烧矿物燃料产生的，在钢铁企业使用外购电时计算的 CO_2 排放即为间接排放。

目前，钢铁行业 90% 以上为传统高炉—转炉工艺流程，除了碳排放之外，前

表 1-3 不同工艺生产粗钢的碳排放强度 (t/t)

来　源	高炉—转炉	基于天然气的直接还原铁—电弧炉	基于废钢的电弧炉
国际能源署（直接排放）	1.2	1.0	0.04
国际能源署（间接排放）	1.0	0.4	0.26
国际能源署（直接+间接）	2.2	1.4	0.3
世界钢铁协会	2.2	1.4	0.3

置工序（烧结、球团、炼焦等矿煤造块工序）因碳引起的系列污染问题也给炼铁流程带来生存的危机，开发低碳炼铁技术是解决生存问题的关键。

相关计算[34]表明，在整个长流程过程中，炼铁系统（包括焦化、烧结、球团和高炉炼铁工序）碳排放量占钢铁企业长流程总排放量的82.79%，其中高炉炼铁占67.02%，烧结占8.54%，焦化占6.13%。

碳冶金在冶炼过程中不仅会产生大量CO_2，含碳原料还往往伴生存在许多有害元素，伴随产生SO_x、NO_x以及二噁英等有害污染物[35]，而氢气还原产生的H_2O可与大自然和谐共存：

$$C + Fe_xO \longrightarrow CO_2 + Fe \tag{1-1}$$

$$H_2 + Fe_xO \longrightarrow H_2O + Fe \tag{1-2}$$

并且，碳冶金是固体碳（焦炭等）在不完全燃烧条件下转化成CO，进行还原反应，而气体氢直接参与还原反应而不需任何转换。因此，理论上氢冶金在还原效率与还原速率方面均有较大优势[36]。大力发展富氢冶金，对减少CO_2排放、保证钢铁行业的可持续发展有着重要意义。工信部在2021年1月4日发布的《关于推动钢铁工业高质量发展的指导意见（征求意见稿）》中明确指出，支持建设钢铁低碳冶金创新联盟，加强对氢能冶炼、非高炉炼铁以及碳捕获、利用与封存等低碳冶炼技术的研发应用力度。目前看来，我国氢冶金已逐渐具备发展的基本条件，钢铁冶金行业已经在碳冶金向氢冶金转变的道路上迈开了步伐。

氢冶金工艺目前主要包括高炉富氢炼铁新技术[37, 38]、氢基直接还原工艺[39~41]、氢基熔融还原工艺、氢基等离子直接炼钢工艺[42, 43]等。

高炉中富氢还原技术是将含氢介质注入高炉中，从而减少煤/焦炭的使用和二氧化碳的排放；同时，就热力学和动力学而言，氢作为氧化铁的还原剂，比一氧化碳具有更多的优势。因此，通过将高氢含量的介质注入高炉，来实现富氢还原已成为研究的热点。图1-7所示为富氢还原的示意图，该技术主要包括将废塑料、天然气（NG）和焦炉气（COG）注入到高炉中。

直接还原工艺的产物是直接还原铁（DRI），也称海绵铁。还原反应是通过

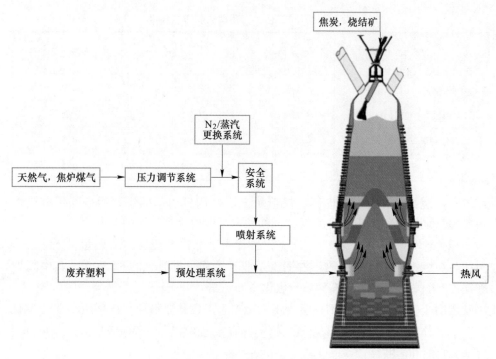

图 1-7 高炉富氢还原示意图[44]

与反应气体 CO 和 H_2 进行一系列气固相反应而发生的。工艺的反应器通常是立式竖炉，其还原气体（CO、H_2 混合物）通过天然气重整获得。相比高炉流程，在高炉中用 H_2 取代 C，取代率将受到限制。即使在风口处注入的煤粉（碳的 1/3）可以被 H_2 大量替代，但为了高炉煤气流的分布和炉况顺行，仍需要保留焦炭的骨架作用（碳的 2/3）。据报道，就二氧化碳减排而言，预期收益为 20%[45]。相反，如果使用直接还原竖炉，则可以设想用 H_2 代替 100%的碳（一氧化碳）的可能性。这就是为什么国内外很多项目优先考虑在竖炉中使用纯氢进行铁矿石还原的原因。

1.4　钢铁行业氢冶金研究现状

1.4.1　氢冶金发展现状

欧洲研究计划 ULCOS（超低二氧化碳炼钢，2004~2010 年）的"氢"子项目是已知的氢基炼钢最早的综合研究。该项目研究了两种通过氢气还原铁矿石的方法。第一种是在多级流化床中还原细矿粉，用氢气代替重整天然气，这是唯一将纯氢气用作还原剂的直接还原工艺，该工艺曾在商业上运行[46]，这里氢气是通过天然气蒸气重整产生的，该过程最终因经济原因而退役。第二种是在立式竖炉中直接还原铁矿石球团或块状物。根据这些研究提出的整个炼钢路线如图 1-8 所示。

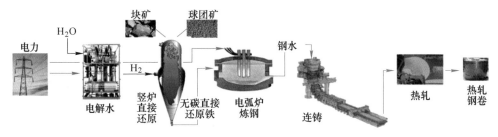

图 1-8 ULCOS 氢基炼钢流程

近两年国内外的氢冶金发展动态见表 1-4 与表 1-5。

表 1-4 国外氢冶金发展态势

序号	单位名称	投资	进展	氢来源
1	日本 COURSE50 项目	150 亿日元	2008 年启动, 2030 年实现实际应用	焦炉煤气制氢
2	浦项核能制氢	1000 亿韩元	2010 年 6 月	核能制氢
3	瑞典 HYBRIT 项目	10 亿~20 亿瑞典克朗	2016 年成立, 2018 年 6 月~2024 年进行中试研究, 2035 年实现商业化运行	由清洁生产能源发电产生的电力电解水产生
4	奥钢联 H2FUT-URE（绿氢）项目	1800 万欧元	2017 年初, 通过研究突破性氢气。2050 年减排 80% 二氧化碳	电解水制氢, 用作 H_2 燃料电池
5	安赛乐米塔尔建设氢能炼铁实证工场	6500 万欧元	2019 年 9 月开工	天然气、高炉顶煤气变压吸附制氢（95%），未来可再生能源氢
6	德国蒂森克虏伯氢炼铁技术（Carbon2Chem 项目）	100 亿欧元	2019 年 11 月	由法国液化空气公司提供
7	德国迪林根和萨尔钢氢炼铁技术开发	1400 万欧元	2020 年实施	富氢焦炉煤气
8	萨尔茨吉特低二氧化碳炼铜项目（SALCOS）	5000 万欧元	2020 年投用	风电制氢。可逆式固体氧化物电解工艺生产氢气和氧气

表 1-5 国内氢冶金发展态势

序号	单位名称	时间	进 展	备 注
1	宝武集团、中核集团和清华大学	2019 年 1 月 15 日	签订《核能—制氢—冶金耦合技术战略合作框架协议》	开展超高温气冷堆核能制氢的研发，并与钢铁冶炼和煤化工工艺耦合，实现钢铁行业的二氧化碳超低排放和绿色制造
2	河钢集团、中国工程院战略咨询中心、中国钢研、东北大学	2019 年 3 月	组建"氢能技术与产业创新中心"	氢能应用研究和科技成果转化平台，成为京津冀地区最具代表性和示范性的绿色、环保、可持续能源的倡导者和实施者
3	酒钢集团	2019 年 9 月	氢冶金研究院	创立了"煤基氢冶金理论""浅度氢冶金盛化焙烧理论"和"磁性物料风磁同步联选理论"，研发出相对应的前沿创新成果
4	天津荣程集团、陕鼓、西安翰海、韩城市政府	2019 年 10 月	西部氢都、时代记忆、能源互联岛	国家级氢能源开发与供应基地，氢能源应用技术研发基地和国际国内氢能源技术交流与合作中心，中国氢能源之都
5	河钢集团与特诺恩集团签署谅解备忘录（MOU）	2019 年 11 月	建设全球首例 120 万吨规模氢冶金示范工程	对分布式绿色能源、低成本制氢、焦炉煤气净化、气体自重整、氢冶金、成品热送、二氧化碳脱除等全流程进行创新研发
6	中晋太行焦炉煤气氢基直接还原铁项目（CSDRI）	2020 年底调试	干重整制还原气生产直接还原铁	干重整技术优势：定制合成气（合理 H_2/CO 比值）
7	建龙集团内蒙古乌海赛思普科技氢基熔融还原流程（CISP）	2021 年初调试	高纯生铁项目	30 万吨氢基熔融还原流程生产高纯铸造生铁项目，实现氢冶金
8	氢能源开发和利用工程示范项目工厂设计	2020 年 12 月 7 日	氢能源开发和利用	拟议

　　在富氢高炉炼铁研究方面，中国宝武已与中核基团、清华大学于 2019 年 1 月 15 日签订《核能—制氢—冶金耦合技术战略合作框架协议》，共同打造世界领先的核冶金产业联盟[47]，宝武低碳冶金技术路线如图 1-9 所示。其思路是利用核能制氢实现氢冶金，目标为基本解决炼铁燃煤限制问题，降低 CO_2 排放 30%，形

成宝武特有的低碳炼铁技术。在国外，日本 COURSE50 炼铁工艺[48]、韩国 POSCO 氢还原炼铁工艺[3]、德国蒂森克虏伯公司氢基炼铁项目[49]等的技术路线都是在高炉内使用部分氢气代替焦炭，实现部分氢还原，大幅减少 CO_2 排放量。

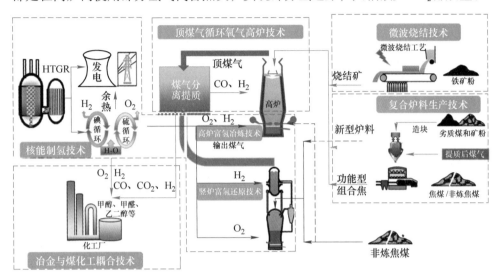

图 1-9　宝武低碳冶金技术路线图[50]

　　图 1-10 所示为日本 COURSE50 流程简图，此项目启动于 2008 年，研究内容包括两部分[51]。第一是以氢直接还原铁矿石的高炉减排 CO_2 技术，主要包括氢还原铁矿石的技术，增加氢含量的焦炉煤气改质技术，以及高强度高反应性焦炭

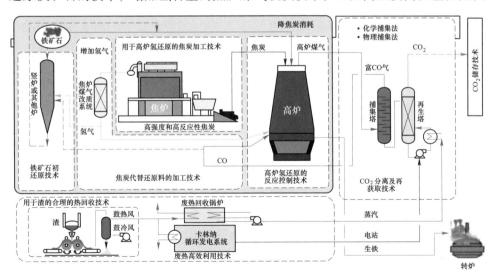

图 1-10　COURSE50 项目流程[48]

的生产技术，此项目标是实现 10% 的 CO_2 减排。第二是高炉煤气中 CO_2 的分离、回收技术，包括 CO_2 在高炉煤气中的分离和捕集技术，利用钢厂废热能源对 CO_2 进行分离和捕集，此项技术目标是减排 20% CO_2[52]。

日本新能源产业技术综合开发机构（NEDO）委托日本制铁、JFE、神户制钢、日新制钢、新日铁工程公司等 5 家公司进行实验，预计 2030 年实现 1 号机组工业生产，2050 年普及到日本国内所有高炉。

另外，德国蒂森克虏伯集团与液化气公司合作，计划到 2050 年投资 100 亿欧元，开发将氢气大量喷入高炉的氢基炼铁技术。2019 年 11 月 11 日，蒂森克虏伯正式将氢气注入杜伊斯堡厂 9 号高炉进行氢基炼铁试验。氢气通过其中一个风口注入到 9 号高炉，这标志着该项目一系列测试的开始。蒂森克虏伯计划逐步将氢气的使用范围扩展到 9 号高炉全部的 28 个风口。此外，蒂森克虏伯还计划从 2022 年开始，将该厂其他三座高炉都使用氢气进行钢铁冶炼，降低生产中的 CO_2 排放，降幅可高达 20%。

2020 年 8 月，德国迪林根和萨尔钢铁进行了高炉喷吹富氢焦炉煤气的操作，投资额为 1400 万欧元。他们认为，未来高炉利用氢作为还原剂在技术上是可行的，但前提条件是应该拥有绿氢。更长远的技术路线是，如果绿氢能在数量上满足需求，则在成本上具有竞争力的前提下，未来萨尔州的钢铁生产将走氢基直接还原铁—电炉的技术路线。研究人员计划下一步在两座高炉中进行使用纯氢的试验。同时，该公司宣布，在德国支持氢能源发展重大举措的条件下，计划到 2035 年将碳排放量减少 40%。

气基直接还原技术的发展同样引人注目。河钢集团已经与意大利特诺恩集团（Tenova）签署了谅解备忘录（MOU），以利用世界最先进的制氢和氢还原技术，并联手中冶京诚工程技术有限公司共同研发、建设全球首例 120 万吨规模的氢冶金示范工程。河钢集团与特诺恩于 2020 年 11 月 23 日签订合同，建设高科技的氢能源开发和利用工程，包括一座年产 60 万吨的 ENERGIRON 直接还原厂，这将是全球首座使用富氢气体的直接还原铁工业化生产厂。与此同时，山西中晋科技集团[40]于 2020 年 12 月 20 日宣布其氢基还原铁项目点火试车，标志氢基直接还原铁项目（CSDRI）工艺正式开始工业应用阶段，CSDRI 工艺简图如图 1-11 所示。CSDRI 工艺突破了焦炉煤气改质的关键技术，包括气体转化和净化技术，特别是低压深度脱硫净化技术。2020 年 6 月，古普塔家族联盟（GFG 联盟）与罗马尼亚政府及相关单位签署了一系列协议，包括采用现代钢铁生产技术，大幅减少二氧化碳排放，增加对低碳能源的利用，并创造更灵活、更具竞争力的运行模式，以推动公司实现绿色生产钢材的愿景。他们的计划包括建设一座年产 250 万吨的直接还原铁厂。该厂最初以天然气作为还原剂，之后随着氢还原技术开发成功，将采用氢气作为还原剂，而且炼钢工艺将从转炉转向电弧炉，以将吨钢二氧化碳排放量减少 80%，一旦直接还原铁厂全部采用氢气，其碳排放量将几乎降至零。

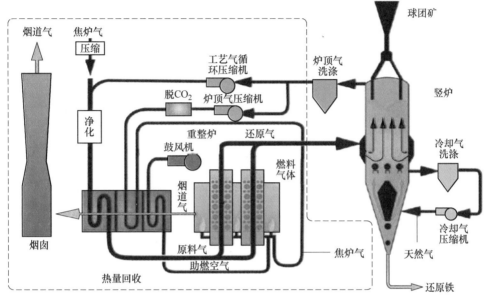

图 1-11　CSDRI 还原工艺[53]

除上述富氢高炉与气基还原竖炉两方面的研究外，建龙内蒙古赛思普运用氢基熔融还原新工艺，强化对焦炉煤气的综合利用，发起了年产 30 万吨氢基熔融还原项目。

目前来看，氢能源与钢铁产业的合作是双赢的结果：氢能源帮助钢铁企业节能减排、延伸业务、完成转型，钢铁企业为氢能源提供了更多的落地应用，促进其发展。氢能源和钢铁工业是一个互相促进的产业组合。然而，氢冶金的概念无论在理论还是实践都还处于起步阶段，目前仍然面临重重困难。

1.4.2　氢冶金面临的挑战

"氢冶金"是一个全新的概念，需要正确认识其核心的内容，避免盲目地、不切实际地追求所谓的"热点"，一哄而起迷失决策的方向。应该认识到，氢冶金目前仍处于起步阶段，在实质性的研发与工业应用方面仍面临巨大挑战。

首先，制氢技术路线的经济性和低碳性便是氢冶金面临的第一大挑战。钢铁行业巨大的生产规模使其不得不面对氢的来源问题。目前世界氢气生产总量的 95% 仍以石化能源制氢为主[33]，而石油类燃料采用裂解转化、氧化等制氢和煤炭气化转化等方法。这些技术使用的是高碳能源，仍然无法避免 CO_2 排放问题；同时，还涉及转化效率问题，因此目前还不适合氢冶金。除此之外，利用燃煤发电—水电解制氢[32]也是当前常用的制氢路线，由于当前中国电能同样以燃煤发电为主，CO_2排放问题仍然无法得到解决。因此，这些技术路线在能耗与碳排放方面并不占优势，低成本制取"绿氢"依然面临严峻的技术挑战。另外，成熟的储氢技术比如高压气态储氢和深冷液化储氢同样是氢能源大规模高效利用的关键。

其次，国内外氢冶炼技术在项目布局与研发层面刚刚起步，大部分钢铁企业仅处于签署合作协议、规划未来目标的初期阶段；并且大部分企业还是以利用焦炉煤气、化工副产品等作为氢源进行冶炼为项目目标，只有少数企业设立了以清洁能源生产氢气作为冶炼能源的目标。同时，目前主流的两种富氢冶金技术（包括在高炉风口加氢代替喷煤和焦炭，以及非高炉氢气直接还原技术）都还面临关键技术突破问题。

最后，从国家与地方政策角度来看，我国目前氢能发展的政策还主要体现在交通领域，例如新能源汽车、加氢站、氢储存和运输、燃料电池等方面，与氢冶金配套的专项规划、政策体系、标准体系、安全规范仍然亟待顶层设计。我国氢冶炼技术的研发仍然需要国家层面的规划和定位，确定可行的技术路线图，只有在政策支持下，才能实现氢能源和钢铁冶炼产业的合作共赢。

我国近年来不断致力于推进生态文明建设，碳中和目标的实现与氢冶金的突破归根结底需要依赖科技进步。薛其坤院士于2021年3月在中国发展高层论坛上提出未来太阳能发展对能源结构调整的重要性，并强调太阳能发电在未来氢气制取流程中将扮演重要角色。对于氢冶金的未来，最理想状况是使用清洁能源（太阳能发电、水电、核电等）制氢，解决氢气成本问题，在此前提下，可以进一步考虑高炉加氢以及竖炉全氢冶炼的经济可行性。在此之前，利用焦炉煤气或者高挥发性煤分解得氢，使用两步法还原铁，或利用煤制气-气基还原，有可能在一定规模上部分实现氢冶金，但有关的反应机理、不同规模的中试工作还需要大量的投入和研发。

1.5　小结

二氧化碳是温室气体主要组成成分，在全球气候变化的今天，控制碳排放已经成为全球共识。从联合国的气候变化公约开始，世界各国和地区已经纷纷制定相关政策与发展目标，中国也带头提出了最具雄心的2030年实现碳达峰、2060年实现碳中和的减排目标。在这场低碳化变革狂潮中，我国结合自身国情，本着可持续发展的内在要求，已经主动承担起节能减排的国际责任，在实现世界减碳目标上发挥先导作用。

随着低碳化发展要求的逐渐明确，各行业也纷纷制定转型升级策略。碳排放交易系统的推行，进一步倒逼有关行业发展低碳技术，推进企业转型进程。其中，钢铁行业作为排放大户必须率先做出行动。

氢冶金概念最早提出于 20 世纪，以氢气代替碳进行还原铁矿石，将从源头彻底降低污染物与二氧化碳的排放量，是实现目前零碳排放的最重要的一种途径。但 20 世纪钢铁行业，包括国家氢能产业仍处于初期发展阶段，氢冶金并不适应于当时的内在环境。近几年，钢铁行业已经从最初追求产量的大规模发展时期，向当前的产能结构优化、环境友好型企业转型，与此同时，氢能的发展也得到了前所未有的重视。从国家到地方，从国内到国外，大力发展氢能已经落实到政策上，氢冶金的发展已经具备基本条件。

目前主流的氢冶金技术路线为高炉富氢冶炼与气基直接还原竖炉两种技术路线。国内宝武、河钢、中晋集团、建龙集团赛思普等较多企业已经制定了氢冶金的发展路线与目标，而日本 COURSE50、德国蒂森克虏伯集团、韩国 POSCO 等钢铁联合企业也纷纷开始了研发以及开展相关的中试工作。

氢冶金面临的最大挑战仍然是低成本制氢的问题，目前钢铁企业大多以利用焦炉煤气等作为氢源冶炼项目目标，相关的研发工作方兴未艾，制氢工艺以及氢冶金技术呼唤关键技术的突破，氢冶金的未来仍需不断探索。与此同时，国家层面氢能政策目前还主要集中在交通领域，氢冶金技术的发展还要进一步规范和高屋建瓴的顶层设计。

参 考 文 献

[1] 中共中央关于制定国民经济和社会发展第十四个五年规划和二〇三五年远景目标的建议 [N]. 2020-11-04.

[2] IEA. Global energy-related CO_2 emissions [DB]. Paris；IEA. https：//www. iea. org/.

[3] 赵沛，董鹏莉. 碳排放是中国钢铁业未来不容忽视的问题 [J]. 钢铁，2018，53（08）：1~7.

[4] Explore energy data by category, indicator, country or region. [DB] IEA. https：//www. iea. org/.

[5] Total CO_2 emissions, World 1990-2018 [DB]. 2018. IEA. https：//www. iea. org/.

[6] Cramer W，Yohe G，Field C B. Detection and attribution of observed impacts [M]. Cambridge University Press，2014.

[7] Field C B，Van aalst M，Adger W N，et al. Part A：Global and Sectoral Aspects：Volume 1, Global and Sectoral Aspects：Working Group II Contribution to the Fifth Assessment Report of the Intergovernmental Panel on Climate Change [M]. Climate change 2014：impacts, adaptation, and vulnerability. IPCC. 2014：1~1101.

[8] Bahgat M，Khedr H. Reduction kinetics, magnetic behavior and morphological changes during reduction of magnetite single crystal [J]. Materials Science & Engineering B，2007.

[9] IPCC SROCC Summary for Policymakers [J]. 2019.

[10] 联合国环境规划署.2020 年排放差距报告［R］.2020.https：//wedocs.unep.org/20.500.11822/34426.

[11] 全国人民代表大会常务委员会关于批准《联合国气候变化框架公约》的决定［N］.中华人民共和国国务院公报,1992（28）：1195.

[12] 李威.从《京都议定书》到《巴黎协定》：气候国际法的改革与发展［J］.上海对外经贸大学学报,2016,23（5）：62～73,84.

[13] 欧盟碳排放交易体系［EB/OL］.http：//www.tanpaifang.com/tanguwen/2016/1009/56943.html.

[14] 诸思齐,蔡晶晶.提前公告的减排政策是否会导致绿色悖论?——来自欧盟碳排放权交易体系的证据［J］.环境经济研究,2020,5（4）：11～29.

[15]《巴黎协定》［EB/OL］.https：//baike.so.com/doc/57459241874-33.html.201.

[16] 胡锦涛.携手应对气候变化挑战——在联合国气候变化峰会开幕式上的讲话［J］.资源与人居环境,2009（20）：14～15.

[17] 中美元首气候变化联合声明［N］.2016-04-02.

[18] 生态环境部.生态环境部举办积极应对气候变化政策吹风会［EB/OL］.（2020-09-27）［2021-01-20］.http：//www.mee.gov.cn/ywdt/hjywnews/202009/t20200927_800752.shtml.

[19] 习近平.在第七十五届联合国大会一般性辩论上的讲话［N］.2020-09-23.

[20] 习近平.继往开来,开启全球应对气候变化新征程——在气候雄心峰会上的讲话［J］.中华人民共和国国务院公报,2020（35）：7.

[21] 国家能源局.2020 年能源工作指导意见［EB/OL］.2020.http：//www.nea.gov.cn/2020-06/22/c_139158412.htm.

[22] 孟翔宇,顾阿伦,邬新国,等.中国氢能产业高质量发展前景［J］.科技导报,2020,38（14）：77～93.

[23] 孟翔宇,顾阿伦,邬新国,等.2019 年中国氢能政策、产业与科技发展热点回眸［J］.科技导报,2020,38（3）：172～183.

[24] 周礼.全球氢能高质量加速,"绿"色先行［J］.产城,2020（8）：28～31.

[25] 董一凡.欧盟氢能发展战略与前景［J］.国际石油经济,2020,v.28（10）：31～38.

[26] 李北陵.欧盟"氢能战略"：既为当前,也为长远［J］.中国石化,2020（8）：69～71.

[27] Patisson F, Mirgaux O. Hydrogen Ironmaking：How It Works［J］. Metals-Open Access Metallurgy Journal, 2020, 10（7）：922.

[28] Wang Y, Zuo H, Zhao J. Recent progress and development of ironmaking in China as of 2019：an overview［J］. Ironmaking & Steelmaking, 2020（5）：1～10.

[29] 中华人民共和国环境保护部,国家质量监督检验检疫总局.GB 28662—2012 钢铁烧结球团工业大气污染物排放标准.北京：中国环境科学出版社,2012.

[30] 邢奕,张文伯,苏伟,等.中国钢铁行业超低排放之路［J］.工程科学学报,2021,43（1）：1～9.

[31] 冯家丛,冯泽青,田辉建,等.碳排放权价格的影响因素研究——基于我国碳排放权试点的实证分析［J］.商业会计,2018,（2）：14～17.

[32] 郑少波.氢冶金基础研究及新工艺探索［J］.中国冶金,2012,22（7）：1～6.

[33] 唐珏，储满生，李峰，等．我国氢冶金发展现状及未来趋势［J］．河北冶金，2020（8）：1~6，51.

[34] 那洪明，何剑飞，袁喻兴，等．钢铁企业不同生产流程碳排放解析［J］．第十届全国能源与热工学术年会，中国浙江杭州，2019.

[35] 李莎．钢铁行业大气污染物减排措施探析［J］．工业安全与环保，2020，46（6）：82~84.

[36] 王太炎，王少立，高成亮．试论氢冶金工程学［J］．鞍钢技术，2005（1）：4~8.

[37] 王广，王静松，左海滨，等．高炉煤气循环耦合富氢对中国炼铁低碳发展的意义［J］．中国冶金，2019，29（10）：1~6.

[38] 郭同来．高炉喷吹焦炉煤气低碳炼铁新工艺基础研究［D］．沈阳：东北大学，2015.

[39] 李峰，储满生，唐珏，等．非高炉炼铁现状及中国钢铁工艺发展方向［J］．河北冶金，2019（10）：8~15.

[40] 陶江善，洪益成．我国非高炉炼铁现状及展望［N］．2020-01-07.

[41] 郭汉杰，孙贯永．非焦煤炼铁工艺及装备的未来（2）——气基直接还原炼铁工艺及装备的前景研究（下）［J］．冶金设备，2015（4）：1~9，33.

[42] Dipl. I, ng. Jan Friedemann. Plaul, Dipl. I, ng. Dr. mont. Wilfried Krieger. 氢等离子熔融还原——未来的一种炼钢技术［C］．第一届中德（欧）冶金技术研讨会，中国北京．2004.

[43] 朱兴营，陈峰，周法，等．氢等离子体熔融还原炼铁系统［J］．2017.

[44] Zhao J, Zuo H, Wang Y, et al. Review of green and low-carbon ironmaking technology［J］. Ironmaking & Steelmaking, 2020, 47（3）：296~306.

[45] Yilmaz C, Wendelstorf J, Turek T. Modeling and simulation of hydrogen injection into a blast furnace to reduce carbon dioxide emissions［J］. Journal of Cleaner Production, 2017, 154（JUN. 15）：488~501.

[46] Nuber D, Eichberger H, Rollinger B, Circored fine ore direct reduction-the future of modern electric steelmaking［J］. Stahl und Eisen, 2006, 126：47~51.

[47] 侯艳丽．核能制氢的新尝试［J］．能源，2020，140（9）：68~71.

[48] 魏侦凯，郭瑞，谢全安．日本环保炼铁工艺 COURSE50 新技术［J］．华北理工大学学报（自然科学版），2018，40（3）：26~30.

[49] 德国正式宣布"以氢代煤"炼铁［J］．铸造工程，2020，44（1）：76.

[50] 毛晓明．宝钢低碳冶炼技术路线，第十二届中国钢铁年会炼铁与原料分会场报告［C］，2019.

[51] Higuchi K, Matsuzaki S, Shinotake A, et al. 高炉喷吹改质焦炉煤气减少 CO_2 排放的技术发展［J］．世界钢铁，2013，13（4）：5~9.

[52] 胡俊鸽，周文涛，董刚．创新炼铁工艺 兼顾环保与经济［N］．2015-07-09.

[53] 气基竖炉还原铁 CSDRI 技术［EB/OL］．山西冶金工程技术有限公司．http://www.sxyjgc.cn/? cn-about-71. html.

2 氢气的制备和存储

2.1 自然界中氢的分布

氢（Hydrogen）作为元素周期中的第一个元素，其化学符号为 H，原子量为 1.00794，是元素周期表中最轻的元素。单原子氢（H）是宇宙中最常见的化学物质，占宇宙总质量的 75%，其余部分主要是氦，而重元素（指原子序数较高，相对原子质量较大的元素）只占据约 1%。不论是物质结构、生命组成还是化学反应层面，氢元素都具有特殊的地位。

2.1.1 氢的发现

早在 16 世纪，瑞士的一名医生就发现了氢气。他说："把铁屑投到硫酸里就会产生气泡，像旋风一样腾空而起。"他还发现这种气体可以燃烧，然而他没有时间去做进一步的研究。

17 世纪时又有一位医生发现了氢气，但那时人们认为不管什么气体都不能单独存在，既不能收集，也不能进行测量。这位医生认为氢气与空气没有什么不同，很快就放弃了研究。

最先把氢气收集起来并进行认真研究的是英国的一位化学家卡文迪什。卡文迪什非常喜欢化学实验，1766 年，在一次实验中，他不小心把一个铁片掉进了盐酸中，他正在为自己的粗心而懊恼时，却发现盐酸溶液中有气泡产生，这个情景一下子吸引了他。他又做了几次实验，把一定量的锌和铁投到充足的盐酸和稀硫酸中（每次用的硫酸和盐酸的质量是不同的），发现产生的气体量是固定不变的。这说明这种新的气体的产生与所用酸的种类没有关系，与酸的浓度也没有关系。

卡文迪什用排水法收集了新气体，他发现这种气体既不能帮助蜡烛的燃烧，也不能帮助动物的呼吸，如果把它和空气混合在一起一遇火星就会爆炸。卡文迪什经过多次实验终于发现了这种新气体与普通空气混合后发生爆炸的极限。他在论文中写道：如果这种可燃性气体的含量在 9.5% 以下或 65% 以上，点火时虽然会燃烧，但不会发出震耳的爆炸声。

随后不久他测出了这种气体的密度，接着又发现这种气体燃烧后的产物是水，无疑这种气体就是氢气了。卡文迪什的研究已经比较细致，他只需对外界宣布他发现了一种氢元素并给它起一个名称就行了。但卡文迪什受了"燃素说"

的影响，坚持认为水是一种元素，不承认自己无意中发现了一种新元素。

后来拉瓦锡听说了这件事，他重复了卡文迪什的实验，认为水不是一种元素而是氢和氧的化合物。1787 年，拉瓦锡正式提出"氢"是一种元素，因为氢燃烧后的产物是水，因而便用拉丁文把它命名为"水的生成者"（Hydrogen）[1]。

2.1.2 氢和它的同位素家族

同位素（Isotope）是在化学元素周期表中占据同一位置，质子数目相同而中子数目不同的元素[2]。氢原子[1]H 代表了最基本的原子结构：原子核仅由 1 个质子组成，不含中子，核外也只有 1 个电子，因此氢原子是研究原子结构的模型体系。迄今为止，已发现的 H 的同位素有 7 种，分别用[1]H ~[7]H 来表示，它们的质子数均为 1，但原子核内中子数为 1 ~ 6 不等。氢的常见同位素有氕（[1]H）、氘（[2]H）、氚（[3]H），原子结构如图 2-1 所示，它们的性质对比见表 2-1。

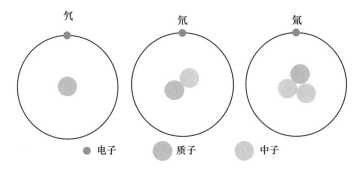

图 2-1　氕、氘、氚原子结构示意图

表 2-1　氢的常见同位素

符　号	[1]H（P）	[2]H（D）	[3]H（T）
英文名称	Protium	Deuterium	Tritium
中文名称	氕	氘	氚
相对原子质量	1.007825	2.01410	3.01005
丰度/%	99.985	0.015	核反应产物
质子数	1	1	1
中子数	0	1	2

氕和氘两种同位素在化学性质上相似，氘可以在任何一种含氢化合物中代替氢原子，但是原子质量差距较大，因此这两种同位素在反应速度和反应平衡位置差异较大，但在催化反应中，两种同位素反应速度差距不大，因此在研究许多反应机理的工作中，常用氘作为示踪原子。氚在核聚变反应中有重要的应用，例如

氘和氚的聚变反应，速率快且释放大量能量。除此以外重水在核反应中也作为中子的减速剂，以提高核裂变反应引发的几率。

原子核中含有 2 个中子的 H 的同位素称为氚（Tritium，T）。氚是一种不稳定的同位素，可通过 B 衰变成为 $_2^3$He，半衰期约 12.32a。氚于 1934 年由 Ernst Rutherford、Mark Oliphant 和 Paul Harteck 由氘制得。氚可以通过锂的同位素与中子的核反应得到，也可以利用氘和中子的反应得到。在"冷战"期间美国用于核武器的氚是 Savannah River Site 利用一个特殊的重水反应器得到的，在 2003 年重启氚制造之后主要通过利用中子照射同位素制备得到。

氚的主要用途是在核聚变中，氚与氘的聚变反应可放出 17.6MeV 的能量：

$$_1^3T + _1^2D \longrightarrow _2^4He + _0^1n \tag{2-1}$$

氚有一定的放射性危害，但由于其半衰期较短，在人体内仅为 14 天左右，因此危害性较小。在一些分析化学研究中氚经常作为放射性的标记物。特别地，在全面禁止核试验条约签署之前大量的核武器试验产生的氚为海洋学家研究海洋环境和生物的演化提供了一个很好的示踪元素。

除此之外，^{4}H、^{5}H、^{6}H、^{7}H 为在实验室中合成的不稳定的放射性同位素。

2.1.3　氢在自然界的分布

氢在构成宇宙的物质中约占 75%。图 2-2 所示为各元素在宇宙中的占比。与宇宙中占比不同，在构成地球的物质中，重元素占主要部分，但氢仍占据着不容小觑的地位，在地球上的储量排名第三。可以说，氢元素是自然界最丰富的元素，无处不在。

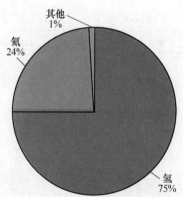

图 2-2　宇宙中各元素质量占比

宇宙中最丰富的元素就是氢，占宇宙总质量的 75%、原子总数的 90% 以上。氢是恒星和巨行星的主要成分之一，并通过质子-质子链反应和碳氮氧循环核聚变反应为恒星提供能量。太阳系中的恒星-太阳就是由氢及其同位素组成的。

地球上也存在着大量的氢，在自然界中氢元素大多以化合物形式存在，常见的典型氢化合物包括以下 4 种。

一是氢氧化合物。水就是由氢、氧两种元素组成的无机物，在常温常压下为无色无味的透明液体。水是地球上最常见的物质之一，是包括人类在内所有生命生存的重要资源，也是生物体最重要的组成部分。水在生命演化中起到了重要的作用。植物体内除了存在水外，还存在过氧化氢等氢氧化合物。

二是碳氢化合物，是碳和氢两种元素组成的有机化合物，又叫烃。烃的种类很多，结构已知的烃有 2000 种以上。烃是所有有机化合物的母体，可以说所有有机化合物都不过是用其他原子取代烃中某些原子的结果。碳氢化合物来源于石化燃料煤、石油和天然气等原始天然气体混合物。沼气的主要成分是甲烷 CH_4 和硫化氢 H_2S 等，甲烷也是一种碳氢化合物。

三是碳氢氧聚合物，包括只有碳、氢、氧组成的无机物和有机物，如组成生物体的蛋白质和糖类等。

四是酸类，氢常以草酸盐形式存在于植物（如伏牛花、羊蹄草、酢浆草和酸模草）的细胞膜中，几乎所有的植物都含有草酸钙。

在地壳中氢的丰度（地壳的重量组成百分数）是较高的，在地壳的 1km 范围内（包括海洋和大气），化合态氢的重量组成约占 1%，原子组成约占 15.4%。化合态氢的最常见形式是水和有机物（如石油、煤炭、天然气和生命体等）；在较少的情况中（如在火山气和矿泉水中）为与氮、硫或卤素的化合物。

氢气单质较为少见，在大气中仅占约千万分之一。它常存在于火山气中，有时夹藏在矿物中，有时出现在天然气中和某些少数绝氧发酵产物中。由于氢分子有高的扩散速度（平均扩散速度为 1.84km/s），所以氢气会很快逃出大气而逸散到外层空间里去。

火山爆发时喷发出的气体中含有大量氢气，打深井有时也会有氢气喷出。有报道说，在冰岛已发现几处有氢气自由地从地球深处向地面喷出，因此，有地质学家提出地核结构的新假说。他们认为，像其他星球一样，氢是组成地球的最广泛物质之一。地核是由金属氢化物组成的，在高压下氢能溶入金属中，溶入氢气的体积可以超过金属本身体积的几百倍到几千倍，不仅生成金属氢化物，而且在地核的超高压下，氢化物又金属化，成为超高密度和高导电性的金属相。

2.2 氢的制取方法

氢气与传统的化石燃料不同，它不能经过长时间的聚集而天然存在。氢气作为二次能源，必须通过一定方法才能将它制备出来。制备氢气的方法很多，传统的制氢方法主要有化石燃料的重整、电解水制氢和工业副产氢气等；新的制氢方法主要有生物质制氢、光催化制氢等。

2.2.1　化石燃料制氢

化石燃料（煤炭、石油、天然气等）是世界上丰富的一次能源，如果利用化石燃料制氢，原料丰富且成本低廉，但是化石燃料在制氢过程中会排放出大量的 CO_2。如果可以解决化石燃料清洁、高效利用以及产生的 CO_2 的捕集和储存等问题，化石燃料制氢应该成为一次能源储量丰富的国家实现"氢经济"战略的首选工艺。

目前化石燃料的清洁高效利用已经得到了我国的重视，其研究已经取得了一些成果，但是仍然存在很多问题，比如，期待国家对于新能源的开发和使用出台激励性的政策和措施；现有的化石燃料制氢技术比较落后，能源的转换率比较低，不足 50%，生产成本较高；能源技术研究和开发的高水平人才短缺等。因此，在我国实现化石燃料的清洁高效利用任重道远。

2.2.1.1　煤气化制氢

煤炭制氢是以煤炭为还原剂，水蒸气为氧化剂，在高温下将煤炭和水蒸气转化为以 CO 和 H_2 为主的合成气，然后经过煤气净化、CO 转化以及 H_2 提纯等主要环节制备氢气的工艺。化学反应过程为：

$$C + H_2O \longrightarrow CO + H_2 \tag{2-2}$$

此反应过程为吸热过程，重整过程需要额外的热量，煤炭与空气燃烧放出的热量提供了反应所需要的热量。产物中 CO 通过水气转移反应被进一步转化为 CO_2 和 H_2：

$$CO + H_2O \longrightarrow CO_2 + H_2 \tag{2-3}$$

煤气化制氢技术已经相当成熟，煤气化制氢是先将煤炭气化得到以氢气和一氧化碳为主要成分的气态产品。工艺过程一般包括煤的气化、煤气净化、CO 的变换以及 H_2 提纯等主要生产过程。煤气化制备合成气的主要生产设备是煤气化炉，在煤气化炉中原料为煤炭和气化剂（氧气、水蒸气等），产出为粗合成气。煤气化制氢的工艺流程如图 2-3 所示。

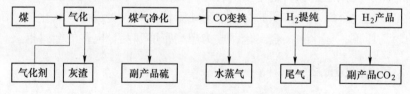

图 2-3　煤气化制氢技术工艺流程[3]

通常煤气化又可以按煤与气化剂在气化炉内流动过程中的接触方式不同，分为固定床气化、流化床气化及熔融床气化等工艺。在固定床气化工艺的气化过程中，煤由气化炉顶部加入，气化剂由气化炉底部加入，煤料与气化剂逆流接触，相对于气体的上升速度而言，煤料下降速度很慢，甚至可视为固定不动，因此称为固定床[4]。流化床气化以粒度为 0.5~5mm 的小颗粒煤为气化原料，在气化炉内使其悬浮分散在垂直上升的气流中，煤粒在沸腾状态下进行气化反应；同时，反应温度一般低于灰烬熔化温度（900~1050℃）。当气流速度较高时，整个床层就会像液体一样形成明显的界面，煤粒与流体之间的摩擦力和它本身的重力相平衡，这时的床层状态叫流化床。熔融床气化是将粉煤和气化剂以切线方向高速喷入温度较高且高度稳定的熔池内，把一部分动能传给熔渣，使池内熔融物做螺旋状的旋转运动并气化。目前此气化工艺已不再发展。

利用煤制取氢气的工艺研究得比较早，发展比较成熟。德国于 20 世纪 30~50 年代研究开发出了第一代气化工艺，包括固定床的碎煤加压汽化 Lurgi 炉、流化床的常压 Winkler 炉、气流床的常压 KT 炉。70 年代各国又研究出了第二代气化炉，如 BGL、HTw、Texaco、Shell、KRW 等。第一代炉型以纯氧为气化剂，可以实现连续操作，具有较高的气化强度和效率；第二代炉型增加了加压操作。第三代炉型使用的外部能源不同，包括煤的催化气化、煤的等离子体气化、煤的太阳能气化、煤的核能余热气化等[5]。不同的气化工艺对原料性质的要求不同，主要包括煤的反应性、黏结性、结渣性、热稳定性、机械强度、粒度组成以及水分、灰分和硫分含量等。表 2-2 为一些典型地面煤气化工艺及其主要特征。

表 2-2　一些典型地面煤气化工艺及其主要特征[3]

气化技术	床型	煤料	气化剂	排渣	压力	温度
煤气发生炉	固定床	块煤	空气/水蒸气	固态	常压	<ST
水煤气炉	固定床	块煤	空气/水蒸气	固态	常压	<ST
Lurgi	固定床	块煤	氧气/水蒸气	固态	加压	<ST
BG/L	固定床	块煤	氧气/水蒸气	液态	加压	>ST
Winkler	流化床	碎煤	空气/水蒸气	固态	常压	<ST
HTW	流化床	碎煤	空气/水蒸气	固态	常压	<ST
U-Gas	流化床	碎煤	空气/水蒸气	团聚	加压	>ST
KRW	流化床	碎煤	空气/水蒸气	团聚	加压	>ST
K-T	气流床	煤粉	氧气/水蒸气	液态	常压	>ST
Texaco	气流床	水煤浆	氧气/水蒸气	液态	加压	>ST
Shell	气流床	煤粉	氧气/水蒸气	液态	加压	>ST
Destee	气流床	水煤浆	氧气/水蒸气	液态	加压	>ST
Prenflo	气流床	煤粉	氧气/水蒸气	液态	加压	>ST
GSP	气流床	煤粉	氧气/水蒸气	液态	加压	>ST

注：ST 为标准温度。

我国是一个以煤炭为主要一次能源的煤炭生产国和消费国。煤炭的清洁高效利用关系到我国能源战略全局。虽然我国的煤炭资源相对丰富，但是石油和天然气的储量相对贫乏，因此，煤气化制氢是我国的主要制氢途径。

随着环境和能源的需求发展，煤气化制氢技术需要满足新的发展对产量、效率及环境保护等方面的要求。因此，整体煤气化联合循环发电技术（Integrated Gasification Combined Cycle，IGCC），作为一种将煤气化技术与高效联合循环有机结合起来的先进动力系统在近几年得到迅速发展。该系统可在完成发电、供热、制冷等功能的同时，利用各种能源资源生产出清洁燃料——氢气及其他副产品，满足多领域功能需求。

IGCC 技术主要采用煤或渣油、石油焦等作为燃料，经过气化炉将其转化为煤气，并经除尘、脱硫等净化工艺，使之成为洁净的煤气，供给燃气轮机燃烧做功。燃气轮机排气余热和气化岛显热回收热量经余热锅炉加热给水产生过热蒸汽，带动蒸汽轮机发电，从而实现煤气化联合循环发电过程。典型 IGCC 的系统构成如图 2-4 所示[6]。

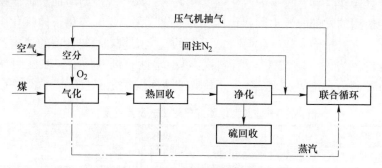

图 2-4　典型 IGCC 系统的构成[6]

IGCC 联产系统中能流、物流的优化配置如图 2-5 所示，由于煤基物质生产和煤炭发电的有机集成，从而可实现电能和液体燃料、化工品多产品联合生产，达到能源高效利用。

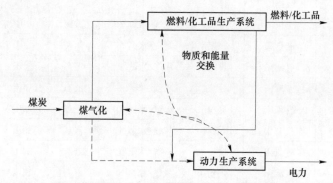

图 2-5　联产系统中能流、物流的优化配置[6]

2.2.1.2 天然气制氢

天然气制氢主要采用以下 3 种不同的化学处理过程。

A 甲烷水蒸气重整（Steam Methane Reforming，SMR）

水蒸气重整法自 1962 年第一次应用至今，已成为目前工业上最成熟的制氢技术。主要原理为甲烷和水蒸气吸热转化为 H_2 和 CO。

主要的化学反应过程为：

$$CH_4 + H_2O \longrightarrow CO + 3H_2 \tag{2-4}$$

$$CO + H_2O \longrightarrow CO_2 + H_2 \tag{2-5}$$

反应所需热量由甲烷燃烧产生的热量来供应。发生反应（2-4）的过程所需温度为 700~850℃，反应产物为 CO 和 H_2 气体，其中 CO 气体占总产物的 12% 左右；CO 再通过水气转移反应进一步转化为 CO_2 和 H_2。

B 部分氧化（Partial Oxidation，POX）

天然气部分氧化制氢过程就是通过甲烷与氧气的部分燃烧释放出 CO 和 H_2。化学反应过程为：

$$CH_4 + 1/2O_2 \longrightarrow CO + 2H_2 \tag{2-6}$$

这个过程为放热反应，需要经过严密的设计，反应器不需要额外的供热源，反应产生的 CO 会进一步转化为 H_2，如化学反应过程（2-5）所示。

C 自热重整（Autothermal Reformer，ATR）

自热重整是结合水蒸气重整过程和部分氧化过程，总的反应是放热反应。反应器出口温度可以达到 950~1100℃。反应产生的 CO 再通过水气转移反应转化为 H_2。自热重整过程产生的氢气需要经过净化处理，大大增加了制氢的成本。表 2-3 为三种化石燃料制氢方法的优劣对比。

表 2-3 三种化石燃料制氢法的对比

制氢技术	优 点	缺 点
甲烷水蒸气重整	应用最为广泛；无需氧气；过程温度最低；对制氢而言，具有最佳的 H_2/CO 比例	通常需要过多的水蒸气，且设备投资较大；能量需求高
自热重整	需要低能量；比部分氧化的过程温度低；H_2/CO 比例很容易受到 CH_4/O_2 比例影响	商业应用有限；通常需要氧气

制氢技术	优 点	缺 点
部分氧化	给料直接脱硫不需要蒸汽；低的 H_2/CO 比例，对于比例小于 20 混合气的应用很有利	低的 H_2/CO 比例对于需求比例大于 20 的应用不利；过程操作温度很高；通常需要氧气

天然气是一种石油化工燃料资源，世界上目前已经探明的天然气储量有 230 万亿立方米，没有被探明的天然气储量也相当可观。利用天然气资源进行优化制氢可以减少温室气体的排放，对于节约能源和保护环境具有双重意义。

利用甲烷为原料进行制氢的方法有：通过制备 H_2 和 CO 的混合气后得到 H_2；通过甲烷的直接分解得到 H_2。传统的方法（SMR、POX、ATR）等在生成氢气的同时也产生了大量 CO，为了得到纯 H_2，需要将合成气中的 CO 去除，这对于整个过程而言不够经济。甲烷裂解反应可以直接得到氢气，这个反应的主产物是氢气，副产物是碳。

其中甲烷水蒸气重整法（SMR）是最为成熟的工业制氢技术之一，因此在这里重点对其进行工业生产技术方面的介绍。甲烷水蒸气重整反应是吸热的可逆反应，但是即使在 1000℃下，它的反应速率也很慢，因此需要采用催化剂来加快反应。在甲烷蒸气重整催化反应过程中催化剂是决定操作条件、设备尺寸的关键因素之一。

由于反应的操作温度要求高，工业上通常为了提高甲烷转化率而采用两段转化工艺。一段转化的工艺温度通常在 600~800℃，第二段蒸气转化温度达到 1000~1200℃。这种高温的操作条件很容易使催化剂的晶粒长大。因此，为了得到高活性的催化剂，需要把活性组分分散在耐热的载体上。此外，还需要添加助剂以提高催化剂的抗硫、抗积碳性能，进一步改善催化剂的性能。表 2-4 为常见催化剂的种类及其性能。

表 2-4 甲烷制氢催化剂种类及性能

催化剂种类	催化剂性能
ⅧB 族复合金属氧化物或负载在 MgO、Al_2O_3、SiO_2、Yb_2O_3 和独石上的负载型催化剂	Fe、Co、Ni 具有良好的催化活性，稳定性好、价格低，现大规模应用于工业生产；NiO 的负载量范围为 7%~79%（质量分数），一般在 15%（质量分数），如果 Ni 的含量高，在反应时容易有积碳形成。Ni 基稀土氧化物催化剂在反应温度为 573~1073K 时具有活性
负载在 MgO、Al_2O_3、SiO_2、ZrO_2 和独石上的贵金属，及其与稀土金属氧化物形成的复合氧化物	贵金属催化剂比 Ni 基催化剂具有更高的活性，但是其价格比较贵；贵金属中 Rh 比 Pt 好，Ru 和 Rh 最稳定，Ru 在贵金属中价格比较便宜，比 Ni 稳定，在高蒸气压下不会形成羰基

甲烷水蒸气重整的整个工艺流程如图 2-6 所示。该流程主要由原料气处理、蒸气转化（甲烷蒸气重整）、CO 变换和氢气提纯四大单元组成。

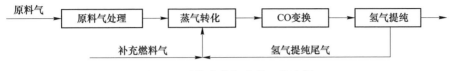

图 2-6 甲烷水蒸气重整工艺流程

原料气经脱硫等预处理后进入转化炉中进行甲烷水蒸气重整反应。该反应是一个强吸热反应，反应所需的热量由天然气的燃烧供给。由于重整反应是强吸热反应，为了达到高的转化率需要在高温下进行。重整反应条件为温度维持在750~920℃。

甲烷水蒸气转化制得的合成气，进入水汽变换反应器，经过两段温度的变换反应，转化为二氧化碳和氢气，可提高氢气产率。高温变换温度一般在 350~400℃，中温变换操作温度低于 300~350℃。氢气提纯的方法包括物理过程的冷凝-低温吸附法、低温吸收-吸附法、变压吸附法（PSA）、钯膜扩散法和化学过程的甲烷化反应等方法。

天然气甲烷制氢已经实现了工业化，国际上具有影响力的制氢公司有美国空气化工产品公司（Air Production）、法国的德希尼布（Tcchnip）、德国的鲁奇（Lurgi）、林德（Linde）等公司[7]。我国在天然气制氢方面取得了一定的发展成果，特别是在天然气制氢催化剂方面，在工业应用中取得了一定的成果。当前国内的一些大中型企业在天然气制氢方面，很多是引进国外技术，尤其一些核心技术（例如蒸气转化程序），主要采用国外先进技术。国内目前也取得了一些成果，PSA 技术在工业领域已经得到了应用[8]。变压吸附（PSA）利用了同一压力下高沸点杂质组分易被吸附、低压下被吸附介质易被解吸的特点，将含杂质的原料氢送入吸附剂床层，在高压下通过吸附层时，将杂质吸附在吸附剂层内，高纯度的氢气经过吸附层从出口流出，从而对氢气进行提纯；在低压下将吸附层内吸附的杂质解吸、再生，从而达到吸附剂的吸附和再生循环。整个过程无需其他介质，不需换热设备，操作均在常温下进行，吸附剂利用率高、循环周期短、能耗较低[9]。随着变压吸附制氧技术一些关键性问题得以解决（如高效锂基吸附剂稳定生产、径向床吸附器的研发、可靠的高频率以及大口径蝶阀开发等），国内变压吸附制氧技术的产氧规模逐年增大，氧气电耗逐渐降低，装置的可靠性稳步提升。装置规模也从单套两塔制氧装置的不足 1000m³/h 发展到了如今的 6000m³/h，多塔并联后规模达到 30000m³/h 以上。单位制氧电耗降低到 0.32kW·h/m³ 以下。制氧装置的年开工率达到 98% 以上。仅 2018 年，国内规模超过 1000m³/h 以上的变压吸附制氧装置建设套数就超过 70 套。国内如北大先锋科技有限公司、上海恒业分子筛股份有限公司和天一科技等企业通过不断努力改变了变压吸附制氧分子筛依赖进口的局面，同时在锂分子筛等产品领域取得了突破，实现了新型分子筛产品的工业化应用。随着变压吸附制氧技术的发展与完善，相比深冷制氧技术，变压吸附制氧技术逐渐形成许多独特优势，进一步推动了变压吸附制氧技术在国内众多行业的广泛应用[10]。

与煤制氢装置相比，天然气制氢投资低，CO_2排放量、耗水量小，氢气产率高，是化石原料制氢路线中理想的制氢方式。我国化石资源禀赋特点是"富煤缺油少气"，2018年原油对外依存度已经超过73%，天然气对外依存度已经超过43%，在此能源供给现状的大背景下，采用基于石油资源的重油制氢已经不具经济性，实际生产中也很少采用；采用天然气制氢更存在气源供应无法保障、天然气价格高企的现实问题，但从长远看，由于我国非常规天然气资源（页岩气、煤层气、可燃冰等）十分丰富，随着未来非常规天然气开采技术进步、开采成本降低，必将迎来天然气大发展的时期，届时采用天然气制氢预计要比煤制氢更具优势。

2.2.2 甲醇制氢

甲醇是由氢气和一氧化碳加压催化合成的。同样，甲醇也可以根据需要催化分解产生氢气。甲醇制氢可以采用甲醇水蒸气重整制氢、甲醇裂解制氢、甲醇部分氧化制氢以及甲醇部分氧化重整制氢等方法。甲醇水蒸气重整制氢是甲醇和水蒸气在催化剂存在的条件下重整产生 H_2 和 CO_2 以及少量 CO 的过程。甲醇裂解制氢也称热分解制氢，指甲醇蒸气在催化剂作用下直接热分解为 H_2 和 CO 的过程。甲醇部分氧化制氢是甲醇蒸气和氧气反应生成 H_2 和 CO_2 的过程。部分氧化重整是甲醇蒸气与水蒸气和 O_2 重整生成 H_2 和 CO_2 的过程。以上各制氢工艺产生的气体都需经过变压吸附（PSA）进一步分离和提纯得到氢气。

2.2.2.1 甲醇水蒸气重整制氢

早在20世纪70年代 Johnson-Matthey 公司[11]就开始在实验室中进行甲醇水蒸气制备氢气。目前甲醇水蒸气重整制氢技术已经趋于成熟。与其他制氢方法相比，甲醇水蒸气重整制氢具有以下特点[12]：

（1）甲醇水蒸气重整制氢由于反应温度低（200~300℃），因而燃料消耗也低，而且不需要考虑废热回收。与同等规模的天然气或轻油转化制氢装置相比，甲醇水蒸气重整制氢的能耗仅是前者的50%，适合中小规模制氢。

（2）与电解水制氢相比，甲醇水蒸气重整制氢单位氢气成本较低。电解水制氢一般规模较小，但由于它的电耗高，因此，甲醇水蒸气重整制氢装置的单位氢气成本比电解水制氢要低得多。

（3）由于所用的甲醇原料纯度高，不需要再进行净化处理，反应条件温和，流程简单，易于操作。

（4）甲醇原料易得，运输、储存方便。

（5）其制氢的装置可做成组装式或可移动式的装置，操作方便、搬运灵活。

甲醇水蒸气催化重整制氢是目前人们研究最为广泛，被认为最有希望用于质子交换膜燃料电池氢源的制氢方式之一。从"原子经济"角度来看，甲醇水蒸气催化重整制氢是甲醇重整制氢体系中制氢含量最高的反应，等摩尔的甲醇和水在催化剂的作用下，生成 1mol CO_2 和 3mol H_2：

$$CH_3OH + H_2O \longrightarrow CO_2 + 3H_2 \qquad (2-7)$$

甲醇水蒸气重整制氢体系的主要优点在于反应条件温和，产物中氢含量高，CO 含量较低，但仍达不到质子膜燃料电池所需的标准。同时甲醇水蒸气重整制氢体系也存在一定的缺点，该反应为强吸热反应，原料的气化和反应的进行都需要吸收热量，这部分热量需要由原料本身或其他燃料供给，导致为燃料电池供氢时，整体效率降低。因此，开发新型重整催化剂是核心问题之一。甲醇水蒸气重整制氢工艺流程如图 2-7 所示。甲醇和脱盐水按照一定比例混合后经过换热器预热后进入汽化塔，汽化后的甲醇水蒸气经过换热器后进入反应器，在催化剂床层进行催化裂解和变换反应，从反应器出来后含有约74%氢气和24%二氧化碳，经过换热、冷却冷凝后进入水洗塔，塔釜收集未转化的甲醇和水供循环使用，塔顶气送变压吸附装置提纯氢气。根据对产品氢气纯度和微量杂质组分的不同要求，可采用四塔或者四塔以上变压吸附流程，氢气纯度可达到99.9%~99.999%。

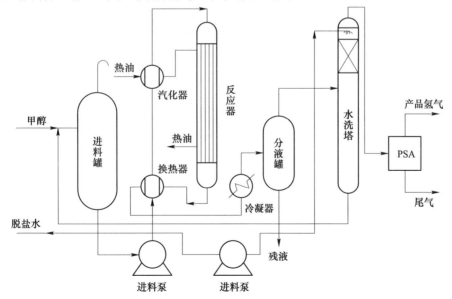

图 2-7　甲醇水蒸气重整制氢工艺流程[12]

目前应用于甲醇重整制氢的催化剂主要有两类：一类是非贵金属催化剂，主要包括铜基催化剂（如 $CuO/ZnO/Al_2O_3$）和非铜基催化剂（如 Zn-Cr）；另一类是贵金属催化剂（如 Pd/ZnO）。与贵金属催化剂相比，铜基催化剂的低温重整活性较好，在适宜的条件下可高选择性地生成氧气和二氧化碳，因此被广泛应用于甲醇水蒸气重整制氢技术。

2.2.2.2 甲醇裂解制氢

甲醇裂解制氢是甲醇制氢方式之一。甲醇在催化剂的作用下直接分解为 CO 和 H_2，裂解气中 H_2 约占 60%，CO 约占 30% 以上，其中 CO 可采用低温水汽变换进一步转变为 H_2，然后再经过低温选择性氧化可以得到 CO 含量低于 100×10^{-6} 的高纯 H_2。

甲醇裂解的方程式如下：

$$CH_3OH \longrightarrow CO + 2H_2 \tag{2-8}$$

甲醇裂解制氢最初用于汽车燃料使用，如图 2-8 所示。利用引擎工作产生的废热将液态甲醇蒸发并裂解，裂解气进入引擎与空气中的 O_2 反应，即作为引擎的燃料。该过程充分利用了引擎排放的废气，实现了能量的循环利用；而且，采用 H_2 和 CO 作为引擎燃料比用甲醇燃烧得更彻底。

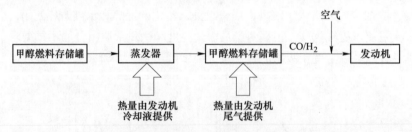

图 2-8 汽车甲醇作为燃料使用示意图[13]

近年来对甲醇裂解反应机理的研究主要集中于甲醇在催化剂表面的吸附与脱附。一些研究者认为 $HCOOCH_3$ 是甲醇裂解反应的中间产物，低温时 CH_3OH 先脱氢生成 $HCOOCH_3$，随着温度的升高，$HCOOCH_3$ 再进一步分解，生成 CO 和 CH_3OH。

$$2CH_3OH \longrightarrow HCOOCH_3 + 2H_2 \tag{2-9}$$

$$HCOOCH_3 \longrightarrow CH_3OH + CO \tag{2-10}$$

另一些研究者则认为 CH_2O 为甲醇裂解的中间裂解产物，CH_3OH 先脱氢生成 CH_2O，然后 CH_2O 可能通过两种途径反应：一是直接裂解为 H_2 和 CO，二是生成 $HCOOCH_3$，再按照上述的反应生成 CH_3OH 和 CO。

$$CH_3OH \longrightarrow CH_2O + H_2 \tag{2-11}$$

$$CH_2O \longrightarrow CO + H_2 \tag{2-12}$$

$$2CH_2O \longrightarrow HCOOCH_3 \tag{2-13}$$

CuO 基催化剂是催化甲醇裂解的低温催化剂，使用温度一般在 200~275℃；Zn/Cr 催化剂使用温度在 300℃ 左右；Pt 族催化剂为高温催化剂，使用温度一般在 400℃ 以上。氯化铜类催化剂使用温度一般在 350℃。掺杂 Mn、Ba、SiO$_2$ 或者碱土金属的 Cu/Cr 催化剂具有低温高活性的特点，其催化活性高于普通的 Cu/ZnO 催化剂[14]。

工业上最典型的甲醇裂解流程如图 2-9 所示。

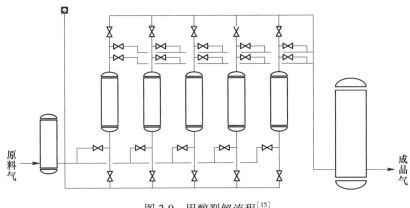

图 2-9　甲醇裂解流程[15]

2.2.2.3　甲醇部分氧化制氢

甲醇部分氧化制氢（Methanol Partial Oxidation，MPO）是在进料中通入甲醇蒸气和氧气经反应生成 H$_2$ 和 CO$_2$ 的过程。反应式如下：

$$CH_3OH + \frac{1}{2}O_2 \longrightarrow CO_2 + 2H_2 \tag{2-14}$$

同甲醇水蒸气重整、甲醇分解制氢相比，甲醇部分氧化制氢具有非常明显的优势。该优势主要体现在该反应是强放热反应，因此从开始到正式发生反应的时间要比吸热反应的蒸气重整和分解反应快得多。

Surcia Mascarosc[16] 研究了从水滑石前驱体得到的 Cu/ZnO/Al$_2$O$_3$ 催化剂催化甲醇的部分氧化反应，提出了甲醇部分氧化反应中包含甲醇的热氧化与甲醇的热分解和甲醇的重整反应。其中甲醇热氧化和热分解是平行反应，同甲醇重整反应构成连续反应。三个反应式如下所示：

$$CH_3OH + 1.5O_2 \longrightarrow 2H_2O + CO_2 \tag{2-15}$$

$$CH_3OH \longrightarrow CO + 2H_2 \tag{2-16}$$

$$CH_3OH + H_2 \longrightarrow CO_2 + 3H_2 \tag{2-17}$$

控制进料气体中 O_2/CH_3OH 摩尔比在 0.3~0.4 之间。甲醇的热氧化和热分解被认为是反应初期的主要反应。当 O_2 完全消耗后，甲醇转化率增加，超过了按照部分氧化计算的化学量，产物气体中 H_2 的化学选择性（H_2 所消耗的反应物的量占总的反应物和量的比例）增加，CO 的选择性并无明显增加。因此，研究者提出了后续反应是甲醇同副产物 H_2O 发生重整反应的机理。

Rabe 和 Vogel 等[17] 研究了商用 $Cu/ZnO/Al_2O_3$ 催化剂，在热重分析仪（TGA）上进行催化甲醇部分氧化体系研究，采用傅里叶转换红外线光谱进行分析，发现如果进料中 O_2 含量较高，产物中会出现甲醛和 H_2O，甲醛可能继续反应生成 H_2 和 CO_2。虽然整个反应的机理并不明确，但是确认 CO_2 是体系的初期产物，而不是后续步骤 CO 的氧化产生的。

2.2.2.4　甲醇部分氧化重整制氢

甲醇部分氧化重整（Methanol Partial Oxidation Reforming）是将甲醇部分氧化和甲醇水蒸气重整反应结合的反应过程。甲醇蒸气和体系中的水蒸气与氧气反应生成 H_2 和 CO_2 的过程如下：

$$CH_3OH + (1 - 2n)H_2O + nO_2 \longrightarrow CO_2 + (3 - 2n)H_2 \quad (0 < n < 0.5)$$

$$(2-18)$$

由于反应体系是由吸热的甲醇水蒸气重整和放热的甲醇部分氧化反应构成，体系由甲醇部分氧化供热，故其理论摩尔甲醇产氢量介于甲醇水蒸气重整和甲醇部分氧化之间。影响产物气体组成的主要因素为反应器气体进口温度和水醇摩尔比。较高的水醇摩尔比和气体进口温度可以防止甲醇同氧气发生氧化反应，而且产物中 H_2 含量高，可以降低催化剂的积炭[18]，但也应该考虑能耗升高因素。

2.2.3　生物法制氢

生物法制氢是指利用微生物将有机废水、废料通过生物降解得到氢气。该过程既可以得到氢气，又可以对废水废料进行处理，因而在近几年得到重视。实际上关于生物制氢的研究早在很久以前就已经开始了。

早在 19 世纪人们就已经认识到细菌和藻类具有产生氢气分子的特性，在微生物的作用下，通过发酵蚁酸钙可以从水中制取氢气。1942 年，科学家在观察一些藻类的生长时发现，减少 CO 的供应，绿藻在光合作用下停止释放氧气，转而生成了氢气。1958 年科学家发现藻类可以直接通过光解产氢，而不需要借助 CO_2 的固定作用。1966 年 Lewis 最早提出生物制氢课题，其研究主要集中在绿藻、蓝细菌、光合细菌的光解产氢和发酵产氢两个方面。1974 年，Benemann 等[19] 发现蓝藻-项圈藻在氩气中保存几小时后能同时产生氢气和氧气。

20 世纪 70 年代能源危机的发生引起了人们对生物质制氢的广泛关注。美国

PNL（Pacific Northwest Laboratory）最初对生物质制氢的研究主要集中在生物质的高温汽化、从生物质中提取液体燃料及合成气，并对其动力学特性和催化剂进行初步研究；随后又对临界水中生物质汽化系统进行了研究，主要分析高温受压缩流体和超临界流体中生物质反应的化学特性，包括催化剂的选用、连续流动反应器试验及碳的气化过程等。20 世纪 90 年代初，美国夏威夷大学开始采用超临界技术进行生物质汽化制氢，以活性炭为催化剂，研究多种生物质在超临界水中汽化的影响，并利用高压水作为 CO 吸收剂；目前正致力于研究如何延长催化剂的活性，并完成生物质重整流动反应器的设计和安装制造，为进一步完成新反应器系统的中试做准备[20, 21]。

生物质制氢就是以碳水化合物为供氢体，利用光合细菌或厌氧细菌来制备氢气，并用微生物载体、包埋剂等细菌固定化手段将细菌固定下来，实现产氢。根据生物在制氢过程中需要的微生物种类、产氢原料及产氢机理不同，生物发酵制氢可以分为光合生物制氢、暗厌氧发酵制氢、光合-发酵复合生物制氢等几类。

2.2.3.1　光合生物制氢

光合细菌能在厌氧光照或好氧黑暗条件下利用有机物作供氢体兼碳源，进行光合作用的细菌，而且具有随环境条件变化而改变代谢类型的特性。能够实现光生物制氢的微生物有 3 类：好氧型绿藻、蓝绿藻和厌氧型光合作用细菌。这些光氧生物将光作为能源，充分利用太阳能进行放氢活动。光合细菌产氢条件温和，能利用多种有机废弃物作底物进行产氢，实现能源生产和废弃物利用双重效果，故光合细菌制氢被认为是未来能源供给的重要形式和途径。光合生物制氢包括光解水生物制氢技术和光发酵生物制氢技术。

Gaffron、Rubin 和 Spruit 同时报道了利用光生物过程进行产氢和氧，即利用太阳能和光合微生物进行有效产氢的过程。自从 Gest 首次证明光合细菌可利用有机物作为供氢体，实现光合作用产氢以来，光合产氢机制的研究始终是研究的热点和难点。

光合微生物的生理功能和新陈代谢作用是多样化的，因此其具有不同的产氢路径。以光解水生物制氢技术为例，其制氢路径如图 2-10 所示。蓝藻和绿藻通过直接和间接光合作用都可以产生氢气。

蓝藻和绿藻的直接光合作用产氢过程是利用太阳能直接将水分解生成氢气和氧气，在捕获太阳能方面显示出类似高等植物一样的好氧光合作用，其中包含两个光合系统（PS Ⅰ 和 PS Ⅱ）。当氧气不足时，氢化酶也可以利用来自铁氧化还原蛋白中的电子将质子还原，产生氢气。在光反应器中，细胞的光合系统 PS Ⅱ 受到部分抑制会产生厌氧条件，因为只有少量水被氧化生成氧气，残余的氧气通过呼吸作用被消耗了。

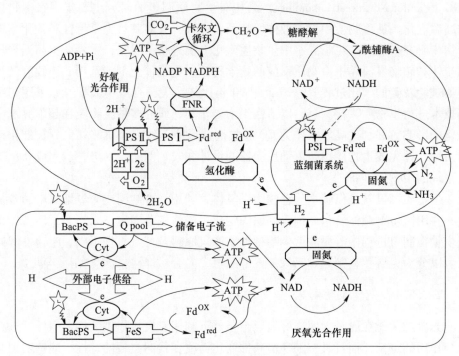

图 2-10 光合生物制氢路径[22]

Fd^{OX}—铁氧化还原蛋白（氧化态）；Fd^{red}—铁氧化还原蛋白（还原态）

化学反应式为：

$$2H_2O + h\nu \longrightarrow O_2 \uparrow + 4H^+ + Fd^{red}4e \longrightarrow Fd^{red}4e + 4H^+ \longrightarrow Fd^{OX} + 2H_2$$

$$(2-19)$$

间接的生物光合作用是将氧气与氢气有效分开的过程，尤其在蓝藻中最常见。存储的碳水化合物被氧化，而产生氢气，化学反应式为：

$$12H_2O + 6CO_2 \longrightarrow C_6H_{12}O_6 + 6O_2 \qquad (2-20)$$

$$C_6H_{12}O_6 + 12H_2O \longrightarrow 12H_2 + 6CO_2 \qquad (2-21)$$

为了提高生物制氢的产氢率，人们设计了各种光生物反应器。在光生物反应器中，光能被转化为生物化学能。光生物反应器区别于其他普通反应器的最基本的因素是：反应器是透明的，可使光最大限度地透过；能源是瞬时的，不能存储于反应器中；细胞发生自身遮蔽，自身遮蔽导致额外吸收的能量发生损失，荧光和热会使温度升高，生物反应器需要附加冷却系统。反应器的厚度通常较小，从而增加反应器面积与体积比，避免细胞自我遮蔽的影响。

各种光生物反应器都有各自的优缺点，比如在管式光反应器中可以得到较大的光辐照面积，但是由于光合作用产生的溶解氧浓度较高以及泵输入的能量也较多，使得这种反应器的规模化受到了限制。在立柱式的光生物反应器中，光的辐照面积较小，但是由于其形状小巧、价格低廉、容易操作以及可以用鼓泡的方法进行搅拌等，在微藻类和光合作用细菌进行制氢时仍然得到了广泛应用。在平板式光反应器中，光合作用效率高、气压可控，与其他反应器相比成本低，但是其在制氢过程中却很难保持培养温度的恒定以及适当的搅动。

除了光生物反应器的形状对制氢效率的影响之外，光生物反应器的物理化学参数也影响着氢气的产生，例如溶液的 pH 值、温度、光强、光穿透的深度、溶解氧、溶解 CO_2、搅动、气体交换、碳源和氮源以及两者的比例等。

2.2.3.2 暗厌氧发酵制氢

暗厌氧发酵生物质制氢是在厌氧微生物氮化酶或氢化酶的作用下将有机物降解而获得氢气，此过程不需要光能。能够进行暗厌氧发酵产氢的微生物包括一些专性厌氧细菌、兼性厌氧细菌及少量好氧细菌。

目前，暗厌氧发酵制氢主要分 3 种类型：纯菌种与固定化技术相结合，其发酵制氢的条件相对比较苛刻，现处于实验阶段；利用厌氧活性污泥对有机废水进行发酵制氢；利用高效产氢菌对碳水化合物、蛋白质等物质进行生物发酵制氢。

生物发酵制氢所需的反应器和技术都相对比较简单，使生物制氢成本大大降低。经过多年研究发现，产氢的菌种主要包括肠杆菌属（*enterobacter*）、梭菌属（*clostridium*）、埃希氏肠杆菌属（*escherichia*）和杆菌属（*bacillus*）。除了对传统菌种的研究和应用之外，人们还试图寻找到具有更高产氢效率和更宽底物利用范围的菌种，但是在过去的 10 年间鲜有新的产氢生物报道，生物发酵制氢量也没有明显的提高。

生物发酵制氢过程不依赖光源，底物范围较宽，既可以是葡萄糖、麦芽糖等碳水化合物，也可以用垃圾和废水等。其中葡萄糖是发酵制氢过程中首选的碳源，发酵产氢后生成乙酸、丁酸和氢气，具体化学反应如下：

$$C_6H_{12}O_6 + 2H_2O \longrightarrow 2CH_3COOH + 2CO_2 + 4H_2 \qquad (2-22)$$
$$C_6H_{12}O_6 + 2H_2O \longrightarrow CH_3CH_2COOH + 2CO_2 + 2H_2 \qquad (2-23)$$

传统的生物发酵制氢工艺有活性污泥生物制氢法、发酵细菌固定化制氢法；目前又研究出了生物发酵与微生物电解电池相结合的生物制氢法。

A 活性污泥生物制氢法

活性污泥生物制氢法是利用驯化的厌氧污泥发酵有机废水来制取氢气。经过发酵后末端的产物主要为乙醇和乙酸。利用活性污泥生物制氢的设备工艺相对比较简单，成本较低，但是产生的氢气比较容易被活性污泥中混有的耗氢菌消耗掉，从而影响产氢效率。

我国在活性污泥生物制氢方面取得了一定的进展，2005 年任南琪教授完成了世界上首例"废水发酵生物制氢示范工程"，采用的生物制氢装置（CSTR 型）

有效容积为 65m³，日产氢能力为 350m³，成功完成了与氢燃料电池耦合发电工程示范，日产氢量可以满足 60~80 户居民使用。

B　发酵细菌固定化制氢法

在发酵制氢的研究中发现，较高的细菌浓度可以使细菌的产氢能力充分发挥出来。人们为了增加细菌在反应器中的生物持有量，通常利用细胞固定化技术使发酵细菌有效地聚集起来。发酵细菌固定化制氢法是将发酵产氢菌固定在木质纤维素、琼脂、海藻盐等载体上，再将其进行培养，最后用于发酵制氢。研究表明，固定化细胞与非固定化细胞相比，能耐较低的 pH 值，持续产氢时间长，能抑制氧气扩散速率等。虽然固定化技术使单位体积反应器的产氢速率以及运行稳定性得到了很大提高，但是所用的载体对发酵细菌具有不同程度的毒性，载体占据的较大空间限制了产氢细菌浓度的提高，同时存在机械强度和耐用性差的缺点。

C　生物发酵与微生物电解电池组合法

生物发酵与微生物电解电池结合起来可以提高总体系统的产氢量。首先通过生物发酵作用使细菌将木质纤维素等生物质转化为甲酸、乙酸、乳酸、乙醇、二氧化碳、氢气；然后通过微生物电解电池再将酸类和醇类转化为氢气。这样的组合可以大大提高发酵制氢的产氢率。

影响生物发酵制氢反应器工艺运行的因素很多，例如温度、溶液的 pH 值、底物、水利停留时间等。

限制生物制氢工业化规模的主要因素是发酵制氢过程中较低的产氢率，按照目前产氢能力，如果工业化的话，就需要一个超大体积的反应器。有研究表明，利用生物发酵法，在室温条件下氢气的产生速率为 2.7L/h，为小型质子交换膜燃料电池提供 1kW 电量的生物反应池的最小体积为 198L。处于实验规模的反应器，通常采用分批处理反应器，具有容易操作和灵活等优点，但到目前为止，还没有建立起工业化规模的反应器。在德国，大部分的生物制氢反应装置通常为立式连续搅拌的反应槽，并附带各种类型的搅拌器。这种类型的反应器，有一半多被单层或双层的膜所覆盖，用来保存生物质。

2.2.3.3　光合-发酵复合生物制氢

利用厌氧暗发酵产氢细菌和光发酵产氢细菌的优势和互补协同作用，将二者联合起来组成的产氢系统称为光合发酵复合生物制氢技术。

光合发酵复合技术不仅可以减少所需光能，而且可以增加氢气产量，同时也彻底降解了有机物，因此该技术成为生物制氢技术的发展方向。非光合生物可降解大分子物质产氢，光合细菌可利用多种低分子有机物光合产氢，蓝细菌和绿藻可光裂解水产氢，非光合细菌和光合细菌也可以在不同的反应器中分别进行产氢。第一相（暗反应器，不需光照）中将有机物降解为有机酸并生成氢气，出水进入第二相（光反应器，需光照）后，光合细菌便彻底降解有机酸产生氢气。该系统中，非光合细菌和光合细菌分别在各自的反应器中进行反应，易于控制其分别达到最佳状态。

光合-发酵复合生物制氢技术包括暗-光发酵细菌两步法（图 2-11）和混合培养产氢（图 2-12）两种方法。暗-光发酵细菌混合培养是使不同营养类型和性能的微生物菌株共存在一个系统中，构建高效混合培养产氢体系，利用这些细菌的互补功能特性提高氢气生产能力及底物转化范围和转化效率。相对于混合培养产氢，两步法产氢更容易实现，两种菌在各自的环境中发挥作用。第一步是暗发酵细菌发酵产生氢气，同时产生大量的可溶性小分子有机代谢物；第二步是光发酵细菌依赖光能进一步的利用这些小分子代谢物，释放氢气。

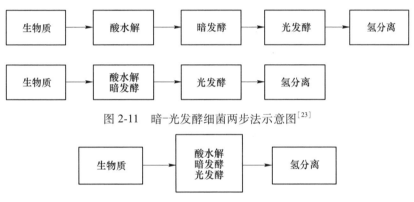

图 2-11 暗-光发酵细菌两步法示意图[23]

图 2-12 混合培养产氢示意图[23]

暗厌氧微生物发酵制氢与光合生物制氢相比优势在于产氢能力高，产氢细菌的生长速率快，无需光源，反应装置的设计操作及管理简单方便，原料的来源广泛且成本低廉，细菌更易于保存和运输。所以，发酵法生物制氢技术较光解法生物制氢技术更容易实现规模化工业生产。目前，光发酵生物制氢技术的研究程度和规模还基本处于实验室水平，暗发酵生物制氢技术已完成中试研究[24]，要实现工业化生产仍需进一步提高转化效率，降低制氢成本。纯菌种生物制氢规模化面临诸多困难，而且自然界的物质和能量循环过程，特别是有机废水、废弃物和生物质的降解过程，通常由两种或多种微生物协同作用。

2.2.4 电解水制氢

传统的电解水制氢技术已相对比较成熟，生产技术已应用 80 多年。方法为给电解水装置供电，让水发生电化学分解成氢气和氧气。通过电解水方法得到的氢气纯度较高，可以达到 99.99%，但是这个过程耗费的电量很高，目前电解水制氢的电解效率不高，为 50%～70%。为了提高制氢的效率，电解通常在高压环境下进行，采用的压力多为 3.0~3.5MPa。如若采用美国开发的 SPE 法可将电解效率提升至 90%。以目前大多数核电站的热电转换效率仅为 35% 左右计算，这种方式的核能制氢总效率约为 30%。但相对而言，电解水制氢的效率仍旧偏低，从而限制了电解水制氢的大规模应用。

在电解水时，由于纯水的电离度很小、导电能力低，属于弱电解质，所以需要加入电解质，以增加溶液的导电能力，使水能够顺利地电解成为氢气和氧气。在电解质水溶液中通入直流电时，分解出的物质与原来的电解质完全没有关系，被分解的物质是溶剂水，而电解质仍然留在水中。例如硫酸、氢氧化钠、氢氧化钾等均属于这类电解质。

以下以氢氧化钾为例进行说明：

在电解氢氧化钾溶液时，在电解槽中通入直流电，氢氧化钾等电解质不会被电解，水分子在电极上发生电化学反应，阳极上放出氧气，阴极上放出氢气。氢氧化钾是强电解质，溶于水后即发生电离过程，于是水溶液中就产生了大量的 K^+ 和 OH^-。水是一种弱电解质，难以电离，但当水中溶有 KOH 时，在电离的 K^+ 周围围绕着极性的水分子，形成水合钾离子，K^+ 的作用使水分子有了极性方向。在直流电作用下，K^+ 带着有极性方向的水分子一同迁向阴极。在水溶液中同时存在 H^+ 和 K^+ 时，H^+ 将在阴极上首先得到电子而变成氢气，而 K^+ 则仍将留在溶液中。

电解水制氢已经工业化。水电解制氢设备的核心部分是电解槽；目前常用的电解槽有碱性电解槽、质子交换膜电解槽（PEM）或者固体高分子电解槽（SPE）和固体氧化物电解槽。

2.2.4.1 碱性电解水制氢

碱性电解水制氢是最简单的制氢方法之一，目前技术已经相对成熟，并广泛应用于工业领域，图 2-13 所示为碱性电解水示意图。

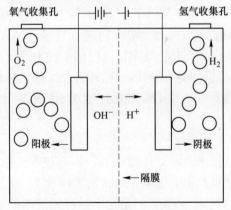

图 2-13 碱性电解水示意图[25]

其主要技术问题在于液体电解质中高欧姆损耗而产生的低电流密度。整个碱性电解水系统中，电阻主要来自三个方面：外电路电阻、传输电阻、电化学电阻[26]。可以采用通过电解质循环或加入惰性表面活性剂，加快气体生成逸出，以及开发新型隔膜降低隔膜电阻，来减少能源消耗成本、提高其持久性和安全性。

碱性水电解制氢装置大多具有双极性压滤式结构，在常压条件下即可工作，具有安全可靠等优点，但是，电解水制氢过程对环境会造成潜在的危害，如果在生产过程中发生泄漏或者使用后处理不当，会对周围环境造成污染。

2.2.4.2 质子交换膜（PEM）及固体高分子电解质（SPE）

质子交换膜电解水技术（PEM）是 20 世纪 70 年代由美国通用公司研究发展起来的电解水制氢技术。与碱性水电解相比，PEM 技术显著减小了电解槽尺寸和重量。PEM 电解采用的质子交换膜既是离子传导的电解质，又起到隔离气体的作用[27]。PEM 技术的电解电流密度比碱性电解技术高，且产生的氢气纯度比碱性电解水的纯度也高。图 2-14 所示为 PEM 电解水的原理图，水通入阳极区并氧化为氧气，质子以水合质子形式通过质子交换膜在阴极还原为氢气。阳极和阴极主要为贵金属催化剂。

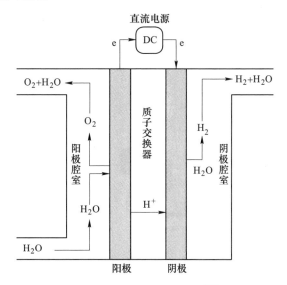

图 2-14 PEM 水电解原理[25]

A PEM 电解水制氢法

PEM 电解水制氢技术与碱性电解水制氢技术的主要不同在于 PEM 电解水制氢技术采用了一种高分子聚合物阳离子交换膜，代替了碱性水电解中的隔膜和液态电解质，起到隔离气体和离子传导的作用。当 PEM 电解池工作时，水通过阳极室在阳极催化反应界面发生电化学反应被分解成氧气、氢离子以及电子。阳极产生的氢离子以水合氢离子（$H^+ \cdot H_2O$）的形式通过电解质隔膜，并在阴极室反应界面处与通过外电路输运过来的电子发生电化学反应生成氢气。

阳极反应：

$$H_2O \longrightarrow 2H^+ + 0.5O_2 + 2e \qquad (2-24)$$

阴极反应：

$$2H^+ + 2e \longrightarrow H_2 \qquad (2-25)$$

总反应：

$$H_2O = H_2 + 0.5O_2 \qquad (2-26)$$

PEM 水电解制氢技术的电解槽由 PEM 膜电极、双极板等部件组成。其中膜电极是电化学反应的核心部件，决定了电解池的性能。膜电极由质子交换膜和黏合在质子交换膜上的阴阳极催化剂组成，是水电解反应的场所。双极板能够将多片膜电极串联在一起，并将膜电极彼此隔开，在双极板的两侧分别有阳极流道和阴极流道，起到物质输运的作用，收集并输出产物 H_2、O_2 以及 H_2O，同时在电解水过程中起传导电子的作用[28]。

B　SPE 法电解水制氢法

SPE 法（固体聚合物电解质）水电解的电解槽是由若干个电解小室以双极压滤形式串联组成的。电解小室又由电极、喷涂铂族金属催化剂的质子交换膜、密封垫等组成。质子交换膜主要是由全氟磺酸质子交换膜构成。各小室由端板和拉紧螺杆压紧。电解槽设有 O_2/H_2O 出口、氮气吹扫口、H_2/H_2O 出口和去离子水进口。电解槽是制氢系统的核心部件，辅助设备还包括氢和氧分离器、循环泵、给水和去离子水设备、热交换器和电源以及控制面板等。当向电解槽质子交换膜的阳极供给去离子水并通以直流电时，水就被电解，在阳极上产生氧气，阳极上产生的质子通过质子交换膜传导并与阴极上产生的电子结合形成氢气。

阳极：

$$2H_2O = 4H^+ + O_2 + 4e \qquad (2-27)$$

阴极：

$$4H^+ + 4e = 2H_2 \qquad (2-28)$$

在阳极上析出的氧气夹带着水离开阳极进入氧分离器，在分离器中靠着重力与水分离，分离出的氧气储存待用或者是放空。阴极上析出的氢气和水的混合流同样进入氢分离器/冷却器，氢气靠重力与水分离，分离后的水在控制状态下返回循环泵的吸入侧。

该法具有其他现场制氢技术所不具备的优点，除了产品气体纯度高外，还有维护量少、制氢成本低、没有腐蚀性液体、对环境没有任何污染等优点。随着燃料电池汽车和空间技术的高速发展，SPE 技术也必将得到快速发展[28]。

世界首台 SPE 电解槽是由美国通用电气公司研制成功的，用于美国宇航局宇航计划中燃料电池上。在 20 世纪 70 年代，SPE 制氢技术被用于水电解，早期只研究小型设备，只限于宇航和军事上的应用。在 1975 年，美国政府、电力事业和通用电气公司为了适应工业发展，发起制定了发展计划，按比例放大 SPE 制氢设备，研制先进的水电解制氢设备。图 2-15 所示为制氢设备工作原理。

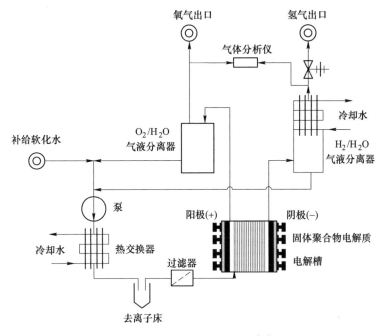

图 2-15 制氢设备工作原理[28]

与碱性水电解相比，质子交换膜电解槽的电解质由一般的强碱性电解液改为固体高分子离子交换膜，它可起到对电解池阴阳极的隔膜作用。质子交换膜作为电解质，与以碱性或酸性液体的传统电解质相比，具有效率高、机械强度好、化学稳定性高、质子传导快、气体分离性好、移动方便等优点，质子交换膜电解槽在较高的电流下工作，但制氢效率却没有降低。质子交换膜电解槽在实际工作中虽然不会发生腐蚀性液体的泄漏，但是其工作温度较高（150℃）时高分子离子交换膜就会发生分解，产生有毒气体。

2.2.4.3 固体氧化物电解水制氢

根据报道，碱性电解槽上生产氢气消耗的电量（标态）为 4.3~4.8kW·h/m³；质子电解质膜电解槽也不能减少产氢的耗电量，于是人们把希望转移到了固体氧化物电解槽。固体氧化物电解水的工作温度在 700~1000℃，由于反应的高温因此该技术的效率比碱性电解水和 PEM 电解水的效率更高。该技术电解质主要为固体氧化物，其通过提高操作温度（600～1000℃）来减少在电解槽内的总损失，由其他过程产生的热能取代固体氧化物电解槽需要的部分电能；但是如此高的操作温度需要昂贵的材料来解决，因此这需要较高的投资成本。

从化学反应或能量转换的角度看，固体氧化物电解池（SOEC）高温电解水制氢是氢气在固体氧化物燃料电池（SOFC）与氧反应生成水的逆过程。如图 2-16 所示[29]，当通电以后，处于氢电极侧的水分子扩散到"氢电极-电解质-氢气水蒸气混合气"三相界线（Three Phase Boundary，TPB）处发生分解，产生吸附态的 H 和 O，H 两两结合为 H_2 扩散出氢电极被收集；O 则捕获 2 个电子形成 O^{2-} 通过氧离子导体电解质扩散到阳极与电解质界面，在界面处 O^{2-} 离子发生氧化，携带的 2 个电子流向外电路完成电流回路，失去电子的氧则结合成 O_2 扩散出氧电极。SOEC 电极反应如下[30]。

氢电极（阴极）：

$$H_2O + 2e \longrightarrow H_2 + O^{2-} \tag{2-29}$$

氧电极（阳极）：

$$O^{2-} \longrightarrow \frac{1}{2}O_2 + 2e \tag{2-30}$$

电极总反应：

$$H_2O \longrightarrow H_2 + \frac{1}{2}O_2 \tag{2-31}$$

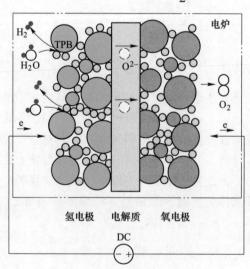

图 2-16　固体氧化物电解池原理[30]

据报道，中等温度的固体氧化物电解槽与其他类型的电解槽相比，产氢消耗的电能较低。根据热力学的原理，当温度增加时，固体氧化物电解槽发生分解水反应的吉布斯自由能降低，这就意味着当温度上升时部分电能可以用热能来代替，于是人们将固体氧化物燃料电池（SOFC）与固体氧化物电解池（SOEC）结合起来进行制氢反应；在固体氧化物燃料电池中注入天然气，为固体氧化物电解池提供电能，并将固体氧化物燃料电池中发生不可逆过程产生的热量提供给固体氧化物电解池；利用固体氧化物燃料电池产生的电能和热能增加能源的转化效率。

与其他电解水制氢方法相比，固体氧化物电解法制氢所用的固体氧化物电解槽的工作温度较高，存在高温下生成氧气的可能，与氢气接触会发生爆炸。表2-5为三种水电解技术的指标对比。可以发现，碱性电解水技术具有使用寿命长的优点，但电解质使用的 KOH 或者 NaOH 溶液会污染环境，该技术电流密度也较低。PEM 电解水具有电流密度大、氢气纯度高等优点，安全性和操作简便性也较好；但由于成本等原因，目前仅适用于小规模的氢气生产。高温固体氧化物电解技术系统效率高于另外两种技术，但其工作温度过高，目前仍未投入工业生产[25]。

表 2-5　电解水方法比较[25]

电解类型	碱性电解	PEM 电解	高温固体氧化物电解
电解质	20%~30% KOH 水溶液	聚合物电解质	固体氧化物电解质
电极	Ni	Pt、Ir	Ni-金属陶瓷
阳极反应	$2OH^- \rightarrow 1/2O_2 + H_2O + 2e$	$H_2O \rightarrow 1/2O_2 + 2H^+ + 2e$	$O^{2-} \rightarrow 1/2O_2 + 2e$
阴极反应	$2H_2O + 2e \rightarrow H_2 + 2OH^-$	$2H^+ + 2e \rightarrow H_2$	$H_2O + 2e^- \rightarrow H_2 + O^{2-}$
电流密度/A·cm^{-2}	0.3~0.5	1~2	0.5~1
工作温度/℃	40~90	50~90	700~1000
操作压力/kPa	100~3000	100~30000	
氢气纯度/%	99.5~99.9998	99.9~99.9999	
系统效率/%	68~77	62~77	89
系统寿命/h	>100000	>40000	

2.2.5　核能制氢

核能是低碳、高效的一次能源，其使用的铀资源可循环再利用。经过半个多世纪的发展，人们已经掌握了核能技术，核能制氢逐渐成为当前大规模工业制氢的最佳选择。与其他制氢技术相比，核能制氢具有无温室气体排放、高效、可实现大规模制氢等诸多优势[31]。核能与氢能的结合，将使能源生产和利用的过程基本实现洁净化。

目前，核能制氢主要有电解水制氢与热化学制氢两种方式，核反应堆分别为上述两种制氢方式提供电能和热能。除核电制氢外，对将反应堆中核裂变过程产生的高温直接用于热化学制氢已被广泛研究。与电解水制氢相比，热化学过程制氢的效率较高、成本较低。如上所述，若电解水制氢的效率以 80% 计，目前轻水堆的热电转换效率为 35%，则这种方式的核能制氢总效率为 25%。高温热化学过程制氢的总效率预期可达 50% 以上。如将热化学制氢与发电相结合，还可能将效率提高到 60%。

热化学制氢是将核反应堆与热化学循环制氢装置耦合，以核反应堆提供的高温作为热源，使水在 800~1000℃ 下催化热分解，从而制取氢和氧。

最简单的热化学分解水过程，就是将水加热到很高的温度，然后将产生的氢气从平衡混合物中分离出来。在标准状态下（25℃、1atm）水分解反应的热化学性质变化如下：

$$H_2O \longrightarrow H_2 + \frac{1}{2}O_2 \qquad (2-32)$$

$$\Delta H^{\ominus}_{298K} = 285.84 \text{kJ/mol}; \quad \Delta G^{\ominus}_{298K} = 237.19 \text{kJ/mol}; \quad \Delta S^{\ominus}_{298K} = 0.163 \text{kJ/mol}$$

熵变是 ΔG 的温度导数的负值，且值很小。由计算可知，直到温度上升到 4700K 左右时，反应的吉布斯（Gibbs）自由能才能为零。Kogan 等[32] 的研究表明，在温度高于 2500K 时水的分解才比较明显，而在此条件下的材料和分离问题都很难解决，因此水的直接分解目前是不可行的。Funk 和 Reinstrom[33] 在 1964 年最早提出了利用热化学过程分解水制氢，即引入新的物种，将水分解反应分成几个不同的反应，并组成一个如下所示的循环过程：

$$H_2O + X \longrightarrow XO + H_2 \qquad (2-33)$$

$$XO \longrightarrow X + \frac{1}{2}O_2 \qquad (2-34)$$

其净结果是水分解产生氢气和氧气：

$$H_2O \longrightarrow H_2 + \frac{1}{2}O_2 \qquad (2-35)$$

各步反应的熵变、焓变和吉布斯（Gibbs）自由能变化的加和，等于水直接分解反应的相应值；且每步反应均有可能在相对较低的温度下进行。在整个过程中只消耗水，其他物质在体系中循环，这样就可以达到热分解水制氢的目的。

国际上公认最具应用前景的催化热分解方式，是由美国开发的硫碘循环（IS 循环），其中硫循环从水中分离出氧气，碘循环分离出氢气。IS 循环由美国 GA 公司于 20 世纪 70 年代发明[34]，此后进行了大量研究，因此又被称为 GA 流程。除美国外，日本、法国、中国等国都将 IS 循环作为未来核能制氢的首选流程进行深入研究[35, 36]。IS 循环过程如图 2-17 所示。

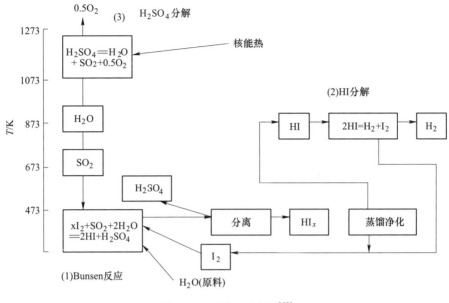

图 2-17 IS 循环示意图[37]

理论上，该过程由 3 个反应组成：

Bunsen 反应：

$$SO_2 + I_2 + 2H_2O \longrightarrow 2HI + H_2SO_4 \qquad (2\text{-}36)$$

硫酸分解反应：

$$H_2SO_4 \longrightarrow SO_2 + H_2O + \frac{1}{2}O_2 \qquad (2\text{-}37)$$

氢碘酸分解反应：

$$2HI \longrightarrow H_2 + I_2 \qquad (2\text{-}38)$$

净反应仍为水分解：

$$H_2O \longrightarrow H_2 + \frac{1}{2}O_2 \qquad (2\text{-}39)$$

GA 公司提出的 IS 循环流程如图 2-18 所示。

该流程分 4 个单元（Ⅰ、Ⅱ、Ⅲ 和 Ⅳ），Ⅰ 是 H_2SO_4 和 HI 产生以及 O_2 的分离。由 Ⅲ和Ⅳ中返回的 I_2 在逆流反应器中与 H_2O 和 SO_2 反应，生成两种酸溶液。GA 的研究发现，在过量 I_2 的存在下，HI 和 H_2SO_4 可以分离成 2 个液相，这是 IS 循环得以发展的基础。在密度较低的相中含有全部浓度为 50% 的 H_2SO_4、微量的 I_2 和 SO_2；密度较高的相中含有 HI 和大量的 I_2 溶液。H_2SO_4 与熔融 I_2 和 SO_2 反应，浓度增大到 57% 时两相分离，然后 57% H_2SO_4 被送入 Ⅱ 进行浓缩和分解。含有 HI、H_2O、I_2 和 SO_2 的低密度相经过脱气步骤，除去所有的 SO_2 后进入Ⅲ进行纯化

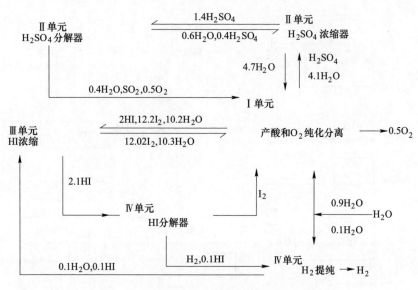

图 2-18　GA 公司 IS 热化学循环制氢流程[37]

和 HI 分离。由 Ⅱ 中 SO₃ 分解产生的 SO_2 和 O_2 的混合物通过逆流反应器与 I_2 和 H_2O 反应，在反应器顶部剩余的气体只有 O_2 和少量的 I_2。在洗涤柱中去除 I_2，得到 O_2 产物。Ⅱ 中是 H_2SO_4 浓缩和分解：57% 的硫酸在一系列闪蒸器中浓缩，然后分解为 H_2O 和 SO_3，SO_3 再在 1120K、0.86MPa 下分解为 SO_2 和 O_2。Ⅲ 是 HI 分离。从 Ⅰ 中来的 HI-I_2-H_2O 溶液用浓 H_3PO_4 处理，95% 的 I_2 从溶液中分离出来；含有 HI、H_2O、H_3PO_4 和少量 I_2 的溶液输送到萃取精馏塔中，大部分 H_2O 留在 H_3PO_4 中，HI、I_2 和很少量 H_2O 作为柱顶蒸气分离出来，然后冷凝分离。HI 纯化并压缩到 5MPa 后送到 Ⅳ 中分离。Ⅳ 是 HI 分解。HI 在分解反应器中 393K 下催化分解，生成的 H_2 产物在气液分离器中与大部分 I_2 和 HI 分离，然后用水洗涤得到纯 H_2，I_2 返回 Ⅰ 主溶液中[37]。

在高碘浓度下，形成的 H_2SO_4 和 HI 相会自发分离。但是，两相彼此污染，这意味着在 H_2SO_4 相和 HI 相中分别包含少量的 HI 和 H_2SO_4。在某些条件下，本生反应的操作和高温下两个液相的分离步骤可能会导致发生副反应[38]：

$$H_2SO_4 + 6HI \longrightarrow S + 3I_2 + 4H_2O \tag{2-40}$$

$$H_2SO_4 + 8HI \longrightarrow H_2S + 4I_2 + 4H_2O \tag{2-41}$$

随着反应温度和酸浓度的增加，副反应更容易发生，但高碘浓度会阻碍副反应。这些副反应可能会使循环材料或堵塞的管道失衡。为避免副反应发生，应将所有 H_2SO_4 从 HI 相溶液中除去，然后将其蒸馏并在 IS 过程中循环使用。出于同样的原因，还应从 H_2SO_4 溶液中除去 HI 酸。白莹等[39]通过研究提出了在闭环 IS 过程中有效净化 H_2SO_4 和 HI 相的操作条件：净化过程应以连续运行的方式进行；

提纯工艺应采用较低的氮气流量（如 50mL/min）和较高的温度（高于 130℃），以提纯 H_2SO_4 和 HI。

IS 循环面临的挑战性问题包括：（1）HI 酸和水形成共沸物，用传统蒸馏方法的 HI 浓缩过程能耗很高而且效率较低。（2）HI 分解反应为可逆反应，平衡转化率较低，需要将产物 H_2 从反应体系中不断分离出来。（3）H_2SO_4 在 400℃ 下的反应为强腐蚀过程，对材料有很高的要求。但其优点显著，该方法用低于 1000℃ 的热将水分解产生氢气，其中的化学过程都经过了验证；过程可以连续操作；闭路循环，只需要加入水，其他物料循环使用，没有流出物；预期效率可以达到约 52%，联合过程（制氢与发电）效率可达 60%。因此 IS 循环仍是一项有着巨大潜力的制氢方法。

混合硫循环最初由美国西屋电气公司提出，包含 2 个主要化学反应。混合硫循环制氢作为热化学分解水制氢工艺中最简单的一种，仅含有两个反应，其中一个为热化学反应——硫酸分解反应；而另一个反应是电化学反应，即二氧化硫去极化电解反应。

上述两个反应的化学方程式依次如下：

$$H_2SO_4 \longrightarrow SO_2 + H_2O + 1/2O_2 \tag{2-42}$$
$$2H_2O + SO_2 \longrightarrow H_2SO_4 + H_2 \tag{2-43}$$

总反应为水分解生成氢气和氧气。目前主要的工业制氢方式包括煤气化制氢、甲烷重整制氢，以及电解水制氢。相比于煤气化，混合硫循环碳排放大幅降低，具有明显的环境效益；相比于甲烷重整，混合硫循环不需要消耗我国较为紧缺的天然气资源；相比于电解水，SO_2 去极化电解反应的标准电极电势仅为 0.158V，而在 25℃ 下电解水反应的标准电极电势为 1.229V，混合硫循环制氢在热力学上优势明显，具有更大的节电潜力。

在传统的混合硫循环工艺流程中，SO_2 去极化电解在接近常温常压、直流电的作用下进行；而硫酸分解反应需要在 850℃ 以上的高温下由催化剂催化分解。硫酸单元对热品位要求很高，在当前的理论和工程化研究中，硫酸分解可以采用核反应堆作为一次能源。硫酸高温裂解是指硫酸在高温下（通常超过 1000℃）无需催化剂参与分解为二氧化硫、水蒸气和氧气的反应。硫酸在高温下可在数秒至数十秒的时间内几乎完全分解，具有简单、高效、可副产高品位蒸汽的特点。为解决混合硫循环当前的工业应用问题，将二氧化硫去极化电解与现有的硫酸高温裂解工艺结合起来，构成闭环的混合硫循环过程，可使混合硫循环制氢工艺很好地适应富氢冶金和石油加工对氢气的大规模需求，由于采用了高温热和电，效率要高于常规电解水生产氢。

与电解水制氢相比，热化学制氢效率较高，高温热化学制氢的总效率预计可达 50% 以上，如将热化学制氢与发电相结合，还能将效率提高到 60%。根据热化学制氢对工作温度的要求，目前全球正在积极研发的第四代核能系统的高温气冷堆，适于为热化学制氢过程供热。高温气冷堆被国际核能界公认为是一种具有良好安全特性的堆型，堆芯出口温度为 850~1000℃，具有核能制氢的商业应用前景。

2002 年底，第四代核能系统国际论坛（GIF）和美国能源部联合发布了《第四代核能系统技术路线图》，选出气冷快堆、铅冷快堆、熔盐堆、钠冷快堆、超临界水冷堆、超/高温气冷堆六种堆型作为 GIF 未来国际合作研究的重点。第四代核能系统是一种具有更好的安全性、经济竞争力、核废物量少、可有效防止核扩散的先进核能系统，代表了先进核能系统的发展趋势和技术前沿。在这 6 种堆型中，超/高温气冷堆的堆芯出口温度为 850~1000℃，具有固有安全性、高出口温度、功率适宜等特点，具有核能制氢的商业应用前景[40]。

2.2.6 以氢冶金为目的的各类制取方法优劣对比

在可再生能源领域，科学家们对氢的"颜色"有了新的定义，科学家们依据氢能来源的途径将 H_2 分为灰色、蓝色和绿色。灰色氢是使用化石燃料（如天然气、煤气等）制取的氢，在制取过程中有大量的 CO_2 排放，对应于氢能源制取的早期阶段（2020~2030 年），目前仍占据世界生产的氢气的 95%；蓝色氢是指满足低碳阈值（具备 CO_2 分离或捕捉技术）但仍使用不可再生能源（如化石燃料等）制取得到的氢；绿色氢指的是不仅满足低碳阈值并且利用可再生能源（如太阳能、风能）制取的氢。

在英国，示范工厂已经开展了规模生产活动，以生产和使用蓝色和绿色的 H_2 来对含碳量大的行业进行脱碳，包括水泥和钢铁工业、热电厂、化学和石油工业。此外，已经制定了扩展 H_2 分配管道以支持 H_2 动力运输的系统策略。

表 2-6 对比了各种制氢方式在工业生产中的限制条件，目前冶金领域制氢的主要方式是焦炉煤气制氢，使用 PSA 技术提取纯氢，PSA 通过改变压力来达到吸附和解吸的目的。吸附常常是在高压环境下进行的，变压吸附提出了加压和减压相结合的方法，即在一定温度下，由加压吸附、减压再生所组成的吸附-解吸（再生）循环操作系统。吸附剂对吸附质的吸附量随着压力的升高而增加，并随着压力的降低而减少，同时在减压（降至常压或抽真空）过程中放出被吸附的气体，使吸附剂再生，从而实现多组分混合气体分离或净化。在清洁原料气之前，必须对 PSA 进行调整以适应原料气成分。整个过程分为以下几个处理部分：（1）去除供应的气体的杂质。增加供应气体的压力以去除杂质和高碳含量的纯净碳氢化合物；（2）通过气体供应来去除吸收的成分；（3）完成脱硫；（4）进行 PSA 的清洁和交付[41]。在使用焦炉煤气产氢后，对产品氢有以下要求：H_2 纯度不低于 99.99%，压力不低于 1.6MPa，温度不高于 50℃。对于传统钢铁行业而言，焦炉煤气产量巨大，对于焦炉煤气制氢而言，原料供应充足。但

在制备过程中，仍有温室气体排放，对环境仍有较大危害[41]。

表 2-6　各种制氢工艺对比

制氢工艺	煤气制氢	天然气制氢	氨分解制氢	水电解制氢	甲醇裂解制氢
技术成熟性	成熟	成熟	较成熟	成熟	较成熟
适用规模/m^3	10000~20000	5000 以上	50 以下	2~300	20000 以下
技术指标	纯度 ≥ 99%，副产物 CO_2	纯度 39%~59%，可回收 CO_2、CO 和 CH_4，氢气收率叫达 70%	最大产量 200m^3/h，最高纯度 39%~49%，可回收综合气体 N_2	最大产量 300m^3/h，最高纯度 69%，可回收 O_2	最大产量 20000m^3/h，纯度 39%~79%，可回收综合气体 CO、CO_2
优先领域	中大规模的制氢装置	中高要求、大规模		高精要求，小规模	中高要求，中小规模
占地面积，限制条件	100m×80m	50m×30m，受限于天然气供应		50m×20m，最大 300m^3	20m×15m，受限于甲醇供应

2004 年以来，美国一直在推进核能制氢研究，近期已取得阶段性成果，2019 年 11 月宣布启动一个核能制氢示范项目，2020 年宣布启动两个示范项目，目标是推进与现有核电机组匹配的低温电解制氢和高温电解制氢技术的商业化进程[42]。2008 年，日本 COURSE50 项目围绕高炉碳减排开发了部分使用氢代替焦炭作为还原剂的氢还原炼铁法，并通过该支柱技术研发应用，实现碳减排 10% 的目标[43]。2009 年，韩国原子能研究院与 POSCO 等韩国国内 13 家企业及机关共同签署了原子能氢气合作协议（KNHA），正式开始开展核能制氢信息交流和技术研发。目前，中国的核能制氢技术也已经取得了初步的成果，2019 年《政府工作报告》首次写入氢能源后，各大央企对氢能基础设施建设、关键技术研发、产品推广应用等积极布局。其中，我国两个核能集团——中国核工业集团有限公司和中国广核集团有限公司成为这次氢能行业布局的领头人。

目前中核集团范围内的核电、风电、水电都存在一定的弃电现象，仅 2018 年中核集团的弃电量就有约 100 亿度，若用于电解水制氢，可生产氢气 20 亿立方米（标态），约 17.8 万吨，利用弃电制氢已经具备了产业化规模条件，可解决中国核电能源消纳问题。

为拓展核能多用途应用，2018 年中核集团联合清华大学、中国宝武开展核能制氢、核氢冶金项目合作研究。目前中核集团已完成 10L/h（标态）制氢工艺的闭合运行，建成了产氢能力 100L/h（标态）规模的台架，并实现了 86h 连续运行。中核集团利用高温气冷堆蒸汽品质好、固有安全性高的特点，将高温气冷堆与热化学循环制氢技术耦合，大量生产氢气，目标是建成一座 600MW 超高温气冷堆，与一座产氢 50000m³/h（标态）的热化学制氢工厂匹配生产。2019 年 1 月 15 日，中核集团、清华大学、中国宝武三方签订《核能–制氢–冶金耦合技术战略合作框架协议》，三方将资源共享，共同打造世界领先的核冶金产业联盟。目前中核集团依托《框架协议》开展核能制氢冶金技术研发，对国内外氢能产业链各环节进行调研，分析氢能产业宏观布局、技术发展、经济成本等因素后明确氢能产业链的主要切入点，完成产业布局顶层设计。中核集团远期的目标是在 2030 年后利用已成熟的核能制氢和弃电制氢为产业源头，开拓储氢、运氢、氢燃料电池中下游产业。

中国广核集团有限公司是中国氢能产业技术创新与应用联盟成员，是国内"五大四小"电力企业中唯一拥有燃料电池电站的运营商。在韩国拥有多个项目的燃料电池电站，采用美国的 MCFC 燃料电池发电技术，主要致力于氢能及燃料电池领域。目前国际上各大发达国家都在积极进行核能制氢项目的研究与开展，力图早日迈入氢能经济社会[40]。

目前看来，世界上工业应用的制氢方法以化石燃料重整为主，难以满足未来氢气制备高效、大规模、无碳排放的需求。而核能制氢是以来源丰富的水为原料，将核反应堆与先进制氢工艺耦合，进行氢的大规模生产，具有不产生温室气体、高效率、大规模等优点，是未来氢气大规模供应的重要解决方案。核能制氢将核反应堆与采用先进制氢工艺耦合，进行氢的大规模生产，并用于冶金和煤化工，是取代传统化石能源大量消耗、缓和世界能源危机的一种经济有效的措施。以世界领先的第四代高温气冷堆核电技术为基础，开展超高温气冷堆核能制氢的研发，并与钢铁冶炼和煤化工工艺耦合，依托中国宝武产业发展需求，实现钢铁行业的二氧化碳超低排放和绿色制造，将是一项划时代的技术革命和产业创新。

2.3 氢气的存储和运输

氢气具有独特的物理性质和化学性质，它的储存和输运所需的技术条件基本上与储存和输运天然气（甲烷）的技术大致相同。氢气像天然气一样，可以通过管道输送，或以高压装在气体钢瓶中或以液化气的形式（液氢）储存和输运。近年来根据氢气的特性又发展起来一种新的储存氢气的技术——金属氢化物储氢法，而天然气无法以这种方式储存。在考虑氢气的储存和输运问题时，与天然气相比，必须重视氢气的一些自身特性，即氢气单位体积的重量最轻和扩散速度最快，这两个特性必然给氢气的储存和输运带来一些影响。

2.3.1 管道输送

如果已有大规模制氢的工业设施，如何把氢气在一定压力下输送到使用单位或千家万户，作为常规燃料，这是第一个要讨论的问题。在讨论输送问题之前，先需要考虑一下有关能量释放的问题。氢气在标准状况下的燃烧热可表示为如下的热化学方程式：

$$2H_2 + O_2 \longrightarrow 2H_2O + 483.2kJ \tag{2-44}$$

按上面数据换算，可以求出每千克氢气的燃烧热为120802kJ；每升氢气的燃烧热为10.78kJ。甲烷的燃烧热可表示为如下的热化学方程式：

$$CH_4 + 2O_2 \longrightarrow CO_2 + 2H_2O + 806.74kJ \tag{2-45}$$

按上面数据换算，可以求出每千克甲烷的燃烧热约为50160kJ，每升甲烷的燃烧热为35.95kJ。将氢气和天然气（甲烷）进行对比，按相同重量计算，氢气燃烧热是天然气燃烧热的2.4倍；而按相同体积计算，氢气的燃烧热仅为天然气的1/3。

可燃性气体在管道中输送，有两个决定性因素决定着传送能量的大小：一个是输送气体的体积，另一个是气体的流速。用管道来输送氢气和天然气时，输送3体积的氢气传送的能量和输送1体积天然气传送的能量相当。甲烷CH_4的相对分子质量为16，氢气H_2的相对分子质量为2，但根据气体扩散定律，气体的扩散速度与相对分子质量的平方根成反比，所以在一定的相同压力差下，氢气和天然气在管道中的流速不同，氢气跑得快，流速的比值可计算如下：

$$\frac{V_{H_2}}{V_{CH_4}} = \frac{\sqrt{16}}{\sqrt{2}} = 2.8284 \tag{2-46}$$

也就是说，在同一压力差下，在同一管道中，氢气的流速约是天然气流速的3倍（结合氢气有极低黏度的因素）。把上述两个因素结合起来考虑，在同一压力降下，用相同管道输送氢气和天然气，它们所代表的能量基本上是相等的。但不利的条件是：在单位时间内，同一管道输送氢气的体积是天然气体积的3倍。所以将来如果人们利用氢气代替煤气或天然气的话，管道输来的氢气供给的能量基本上与过去用天然气一样，但压缩氢气的泵站必须扩充设备，加大压缩功率。

如果管道上出现裂缝或小孔，传送的气体发生泄漏，泄漏的速度应该和气体在管道中的流速一样，也就是说，氢气在管道中的流速是天然气流速的3倍，所以它通过小孔或裂缝泄漏的速度也是天然气的3倍。但不管泄漏的是氢气还是天然气，损失的能量都是相等的。

另一个为人们所担心的问题是"氢脆"问题。许多纯态金属能与氢气反应，生成氢化物进入金属间隙，这些氢化物性脆，因而降低了金属的机械强度，使盛放容器或管道变性，可能导致破裂。但经过进一步研究发现，"氢脆"问题并不那么严重。大多数常见的结构金属材料在与氢作用生成氢化物时，会因为氢气中常含有的极性杂质阻止氢化物的生成。在许多情况下，水蒸气就是生成氢化物的优良阻化剂，含量低至100×10^{-6}就可以抑止金属对氢气的吸收。所以目前可以乐观地估计，现有的输送天然气的管道网可以安全可靠地用于输送氢气，不必顾虑

"氢脆"的问题。

现在工业上已经有很多输送氢气的管道网了，例如在石油炼制工业中、在合成氨的蒸气重整工艺中和在合成甲醇的工业中等，从合成原料气的车间到使用氢气的车间都是用纵横的管道网输送氢气。目前，使用的氢气管道使用的直径都不大（$d<200mm$），输氢压力不高（$p<7MPa$）。管道输送距离较短（最长208km），故中间不设氢气加压站；但若输送氢气的距离较长，则需每隔160km就要设置一个氢气加压站，大大增加输氢成本。一般城市都具备煤气或天然气网，许多科学家在研究如何对现有的网络管道加以改造利用。清华大学杨福源等[44]在2019年发明一种专利，这种氢气管路主动密封安全防护装置及方法包括壳体、第一柔性密封件以及主动密封机构。这种装置是在易发生泄漏处制造一个能够约束泄漏氢气的环境，并且能在氢气泄漏时主动填充结构密封胶，防止氢气逸散，增加管道安全性。

2.3.2 高压气体钢瓶

氢气可以在高压下（15～40MPa）装盛在气体钢瓶中以高压气体的形式运输。这种技术已经得到充分发展，比较可靠、比较方便，但效率很低。一只200～300kg重的钢瓶只能装盛2.5kg的氢气，使得装载氢气的重量只占运输工具重量的2%～4%。所以高压氢气的运输成本十分昂贵，这种技术只适用于运输少量氢气，只适用于把中心供应站生产的氢气配给距离并不太远而同时需用氢气量较小且不是连续需求使用的用户。在某些工作中，特别是作为载客的燃氢运载工具，还需要考虑人员的安全问题，因为高压气体具有潜在的危险性。

在国外，氢气钢瓶外部都涂以红色漆，而在我国则规定涂以绿色漆。为使氢气钢瓶严格区别于其他高压气体钢瓶，一般气体钢瓶嘴上的螺纹是顺时针方向旋转的，而氢气钢瓶嘴子上的螺纹是逆时针方向旋转的。用于一般高压气体钢瓶的气压表和配件不能用于氢气钢瓶。由于高压气体钢瓶的潜在危险性，各国对高压气体钢瓶的使用与管理都有严格的明文规定，所以在使用高压气体钢瓶之前，应充分了解所在国的有关管理条例和规定。一般使用的气体钢瓶为容量40L、压力15MPa的容器，有些特殊运输任务也有按火车货车厢或载重汽车厢特殊设计的气体钢瓶组。

在使用高压气体钢瓶的技术中，应该把压缩气体的成本考虑在内，因为压缩气体是要耗费能量的。氢气的加注与天然气加注系统的原理是一样的，但是其操作压力更高，安全性要求很高。加注系统通常由高压管路、阀门、加气枪、计量系统、计价系统等部件组成。加气枪上要安装压力传感器、温度传感器，同时还应具有过电压保护、环境温度补偿、软管拉断裂保护及优先顺序加气控制系统等功能。当一台加氢机为两种不同储氢压力的燃料电池汽车加氢时，还必须使用不可互换的喷嘴。在压缩过程中，气体发热，若令此气体冷却，则压缩后产生的高温所代表的能量就白白浪费掉了，所用的压缩能中只留下高压组分可以回收利用。在许多应用场合中，即使是这部分高压能也是难以回收的。所以高压储存氢气的成本中总是包含一部分气体压缩成本。

高压储氢容器技术的发展主要经历了金属储氢容器、金属内衬环向缠绕储氢容器、金属内衬环向+纵向缠绕储氢容器、螺旋缠绕容器以及全复合塑料储氢容器等阶段。金属储氢容器由对氢气有一定抗腐蚀能力的金属构成，它的优点是制造较为容易，价格较为便宜，但由于金属强度有限以及金属密度较大，传统金属容器的单位质量储氢密度较低。而如果增加容器厚度不仅会增加容器的制造难度，造成加工缺陷，单位质量储氢密度也会进一步变低。

金属内衬纤维缠绕结构储氢容器可有效提高容器的承载能力及单位质量储氢密度。该类容器中金属内衬并不承担压力载荷作用，仅仅起密封氢气的作用，内衬材料通常是铝、钛等轻金属。压力载荷由外层缠绕的纤维承担，纤维缠绕的工艺经历了单一环向缠绕、环向+纵向缠绕以及多角度复合缠绕的发展历程。随着纤维质量的提高和缠绕工艺的不断改进，金属内衬纤维缠绕结构容器的承载能力进一步提高，单位质量储氢密度也随之提高。

采用工程热塑料材料替换金属材料作为内衬材料，同时采用金属涂覆层提高氢气阻隔效果，可进一步降低储氢容器的质量。这种结构的优点是质量轻、耐腐蚀、耐冲击、易于加工，但是其耐温性能不如金属，抗外部冲击能力也较弱，随着温度和压力增大，氢气的渗漏量增大。全复合纤维缠绕结构是轻质高压储氢器的一个重要发展方向[45]。

2.3.3 水封储气罐

在城市煤气厂或炼制气生产厂里，经常可看到许多巨大的低压储气罐。这种储气罐的建造原理就好像装满水的玻璃杯倒扣在一盆水里。向这只杯子里充入气体时，相当于排水储气，杯子所代表的储气罐就在水中越来越高地浮起。在储气罐外槽底部的水封可以防止气体逸出罐外，同时以基本上无摩擦阻力的形式用罐的高低来反映充气或放出气体的状况。这类储气罐是安全可靠的，但占地面积很大。如果有一个拥有 10 万居民的市镇用此种储气罐储存氢气，准备一个冬季燃烧取暖之用，则需要建造一座高 300m、直径 300m 的圆筒状储气罐。建造这样一座储气罐，即使在技术上是可行的，但如此庞然大物竖立在市镇内，也会影响市容。当然，把这个大储气罐分成若干小罐交替使用来储存气体也是可行的。无论过去和现在，这种储存气体的办法仍可应用，从此罐中输出的氢气既可用于家庭也可用于轻工业。这是一种最安全的储存可燃气体的方法，因为它是在常压下操作的，不会发生高压下容器或管道爆破或气体泄漏的危险；也由于没有高压的驱动，储气罐即使有漏隙时气体也不会一下子跑光，因为气体完全跑光需要一段时间。如果罐上出现较大裂缝，气体逸出并发生燃烧，会喷出很大火焰，因为储气罐的自重压着气体继续从裂缝喷出，空气不会进入罐中，所以不会造成爆炸事故。将来如果氢能获得普遍应用，或许这种水封储气罐会遍布城郊。

2.3.4 液态氢

液态储氢是一种深冷的氢气存储技术，是将氢气经过压缩后深冷到 21K 以下，使之变为液氢后存储到特制的绝热真空容器中。常温、常压下液氢的密度为气态氢的 845 倍，这样，同一体积的储氢容器，其储氢质量相对压缩储氢法可大幅度提高。但是，由于氢质量轻，所以在作为燃料使用时，相同体积的液氢与化石燃料相比具有的能量更少。这意味着液氢储罐的体积要求更大。液态储氢适用条件是存储时间长、气体量大、电价低廉。

氢气液化流程中主要包括加压器、热交换器、涡轮膨胀机和节流阀。图 2-19 所示为我国生产的 YQS-8 型氢液化机生产流程。

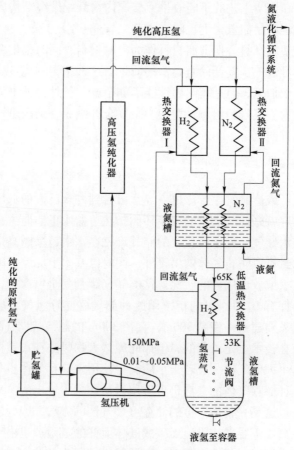

图 2-19　液氢生产流程[46]

在液氢的储存方面，液氢的密度大（单位容积的氢气存储重量为1.143kg/m³），重量储氢密度（重量储氢密度＝氢气存储重量/包括容器的整体重量＝40%）比其他储氢形式的大，但是沸点低、潜热低，容易蒸发，所以在设计液态氢气容器时需要考虑多方面因素。

液氢储罐的外形：由于蒸发损失量与容器表面积和容积的比值成正比，因此最佳的储罐形状为球形，而且球形储罐应力分布均匀，可以达到很高的机械强度。唯一的缺点是加工困难、造价昂贵。因此目前最常使用的为圆柱形容器（常见结构如图 2-20 所示），与球形罐相比，其 S/V 值仅增大 10%。由于蒸发损失量与 S/V 成正比，因此储罐的容积越大，液氢的蒸发损失就越小。

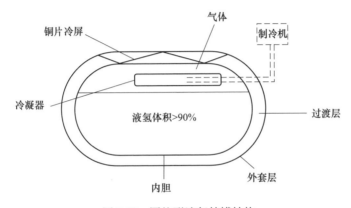

图 2-20　圆柱形液氢储罐结构

液氢一般采用车辆或船舶运输，当液氢生产厂离用户较远时，可以把液氢装在专用低温绝热槽罐内放在卡车、机车、船舶或者飞机上运输。这是一种既能满足较大输氢量又比较快速、经济的运氢方法。液氢槽车是关键设备，通常采用水平放置的圆筒形低温绝热槽罐。汽车用液氢储罐存储液氢的容量可以达到100m³。铁路用特殊大容量的槽车甚至可运输 120～200m³ 的液氢。液氢空运要比海运好，因为液氢的重量轻，有利于减少运费，运输时间短则液氢挥发少[45]。

在特别的场合，液氢也可用专门的液氢管道输送，由于液氢是一种低温（-253℃）的液体，其存储的容器及输送液氢管道都需要高度的绝热性能。即使如此，还会有一定的冷量损耗，所以管道容器的绝热结构比较复杂，液氢管道一般只适用于短距离输送。

2.3.5　物理吸附储氢材料

储氢材料根据吸附质与吸附剂的作用方式不同，将吸附分为物理吸附和化学吸附。吸附是指气体与固体表面发生作用，固体表面气体的浓度高于气相的现象。其中的固体称为吸附剂，气体称为吸附质。表 2-7 为化学吸附与物理吸附的比较。

表 2-7　化学吸附与物理吸附比较[23]

项　目	化学吸附	物理吸附
吸放氢作用力	化学键的生成与断裂	范德华力
吸附热	较大	较小
吸附速率	一般需活化，慢	快
发生温度	高温	低温
选择性	特征选择性	选择性较弱
吸附层	单层	多层

与化学储氢材料相比，物理储氢的吸附热低，一般数量级在 10kJ/mol 以下，作用力弱，只是分子之间的范德华力，不涉及化学键的断裂和生成，一般只能在低温下达到较大的储氢量；活化能小，吸放氢速度较快，一般可逆，循环性好。在比表面积增大的同时，提高材料与氢气的作用力，进而提高储氢温度，是物理储氢材料发展的方向。本节对典型的几种物理储氢材料进行分类讨论和比较，特别是金属有机骨架（Metal Organic Framework，MOF）材料，以其均一的孔结构、巨大的比表面积、易于调控的晶体结构，已经成为最有研究和应用潜力的物理储氢材料之一。

2.3.5.1　碳材料

碳材料是用于储氢以及氢压缩的适合材料。碳材料基于物理吸附的机理吸附储氢，可以做到吸放氢条件温和，氢气的吸附与脱附只取决于压力的变化。对各种物理吸附剂的实验测定表明，最好的储氢吸附剂是碳基材料。碳吸附材料对于少量的气体杂质不敏感，且可重复使用，理论寿命是无限的[47]。碳材料研究历史久远，在实际应用中，制作成本较低廉，在吸附催化等领域有广泛的应用，包括活性炭、碳纤维、单壁和多壁碳纳米管、石墨烯等，可以通过改进合成方法和改性等手段改变碳材料的组成、比表面积、孔大小和形状等，提高氢气吸附量。

活性炭是一种常用的商品化吸附剂，内部大量不规则的孔结构使其具有很大的比表面积。形貌不同（粉末、纤维和颗粒等）的活性炭对氢气的吸附速度和吸附量不同。活性炭的吸氢量与它的比表面积和孔体积成正比，符合 Langmuir 单层吸附模型。具有商用价值的吸附储氢材料是高比表面积的超级活性炭和活性碳纤维。它们具有丰富的微孔，但从图 2-21 的吸附势分布趋势可知，只有孔宽度小于 1.5nm 的孔才是有效的储存空间。从这个角度看，超级活性炭也是碳纳米材料。碳材料的储氢性能研究有很多，在几项研究[48~50]中，研究人员假设纳米多孔碳材料中存储的氢密度可以近似于液态氢的密度，即 70kg/m³。该值比室温和大气压下（0.089kg/m³）的气态氢的密度高 4 个数量级，为了达到这样的值，必须大幅降低系统的温度。例如在 77K 时，可以通过范德华力增加氢与碳表面的相互作用，从而改善氢的吸附。Fierro 等[51]证明，物理吸附是在 298K 和最高 20MPa 时最有效的储氢方式。这意味着，在这些条件下，与通过简单压缩将氢气存储在具有相同体积的空容器中相比，在存在吸附剂的情况下氢气的存储量更高。

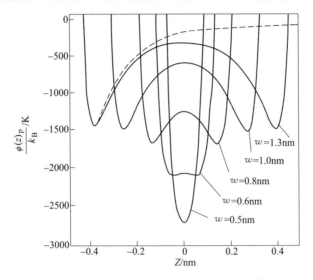

图 2-21 不同孔宽度狭缝中的吸附势分布[47]

通常当气体（吸附剂）与固体表面（吸附剂）接触时，就会发生物理吸附（物理吸附）。多孔材料的吸附受流体-壁相互作用和流体-流体相互作用的支配，并受受限的孔隙空间对狭窄孔隙中流体状态和热力学稳定性的影响。随着近来储氢和燃料电池应用不断增长，人们越来越多地研究碳材料上的氢吸附。比表面积和碳材料表面孔隙的孔径，以及温度和压强是决定碳材料储氢率的重要因素。在低压和低温（例如 77K）下，吸附在碳材料上的氢的量主要取决于其可及的表面积以及与碳纳米管的结合[52]。活性炭凭借其异常大的表面积、微孔特性以及经济和可扩展生产的可能性，成为高效储氢系统的绝佳候选材料[53]。活性炭最重要的优点之一是，它们可以用各种低成本和可再生的原材料生产，这是与其他碳材料相比的一个重要优点[54]。

碳纳米材料包括碳纳米管和纳米碳纤维，碳纳米纤维包括碳须（carbon whisker）和多层纳米管。前者有丰富的边缘碳原子，后者可比单壁纳米管提供更多的储氢空间。1988 年，Chambers 等[55]测量了不同碳纳米纤维（CNF）的氢吸收量，即碳纤维由石墨纤维和石墨片层以多种方式排列，形成复杂的结构石墨纳米纤维中石墨片排列如图 2-22 所示。他们研究了最高的氢吸收值，即当使用人字形 CNF，碳纤维与石墨片成 45°角，在 298K 和 11.3MPa 时为 67.5%（质量分数)。在相同的温度和压力下，作者得到片状构型（垂直于碳丝的石墨片）的吸收量为 53.68%（质量分数），管状构型（与长丝同心的石墨片）的吸收量为 11.26%（质量分数）。但其他研究人员无法对该值进行考证，Rzepka 等[56]严格按照原始规范，对重新制备的样品进行了相同的研究，然而，他们获得的最大吸收量为 0.4%（质量分数）。

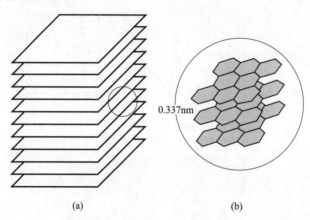

0.337nm

(a)   (b)

图 2-22 石墨纳米纤维示意图

（a）石墨片在催化作用下有序排列；（b）有序排列中形成的孔隙

与 CNFs 类似，碳纳米管（CNTs）也被认为是固态可逆储氢介质的可能材料，因为它们具有高表面积、发达的纳米多孔结构、可调特性、笼状结构、化学稳定性和简单的合成方法[57]。与碳纳米纤维相比，碳纳米管具有更简单的结构，其由一层或多层石墨烯卷成圆柱形的细丝组成。根据层数，碳纳米管可以分为单层碳纳米管或多层碳纳米管，后者由几根同心的石墨丝组成。几个单壁碳纳米管也可以成束排列。碳纳米管的长度一般为数微米，而内径只有光波的几千分之

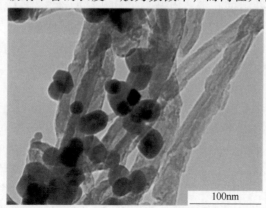

100nm

图 2-23 透射电子显微镜（TEM）下碳纳米管表面修饰 ZnO 的纳米结构[59]

一[58]。图 2-23 展示了透射电子显微镜下表面修饰了 ZnO 的碳纳米管结构[59]。

石墨烯作为二维原子晶体，与传统碳材料相比表现出很多独特的性质，受到人们的广泛关注，对其储氢性质的研究也较多。2008 年报道了 BET 比表面积为 156m^2/g 的单层石墨片粉末，在 77K、100kPa 下的吸氢量为 0.4%（质量分数），在室温和 6MPa 下吸氢量小于 0.2%[60]（质量分数），由于结构的原因氢气与材料表面的作用很弱。最近采用还原溶胶分散的石墨氧化物制备了有一些聚集和卷曲性质的石墨烯型纳米片，这一材料的 BET 比表面积为 640m^2/g，在 77K 和 298K、1MPa 下吸氢量分别为 1.2% 和 0.1%（质量分数）。目前报道的碳材料的储氢性质显示，大多数碳材料的吸氢量与 BET 比表面积存在近似正比的关系，而石墨烯型纳米片具有较高的吸氢量和比表面积比。

除了活性炭和碳纳米材料外，关于其他碳材料的研究也一直在进行。碳纳米球有较高的表面体积比和较大的空隙空间来封装金属纳米颗粒，进而有利于储氢性能的提升。碳气凝胶因为其特殊的质地以及较高的超微孔性，有良好的氢吸收能力。蜂窝状结构的碳纳米材料的储氢能力也有待进一步研究。

2.3.5.2 金属有机骨架（MOF）材料

金属有机骨架（MOF）材料是由金属离子通过刚性有机配体配位连接，形成的 3D 骨架结构，具有结构可设计、骨架密度低、比表面积和孔体积大、空间规整度高等特点，其中的多孔结构在多种领域表现出良好的应用前景，如可以选择性地吸附小分子，对客体分子的交换表现出在光学、磁学等领域的特性。与碳材料和分子筛材料相比，MOF 材料可以通过改变金属离子和有机配体实现对孔大小和性质的设计，具有丰富的结构多样性。因此，MOF 材料在催化、小分子吸附及分离、气体存储、光磁功能材料等领域受到广泛关注，近十几年来逐渐成为材料科学中的研究热点。MOF 材料最受关注的性质之一是对气体分子的存储能力，对其储氢性质的研究很多。

由于 MOF 是由金属与有机配体组成，其中有机配体通常是有机羧酸类（例如对苯二甲酸、均苯三甲酸等）和有机多氮类（例如咪挫、联吡啶等）化合物，分别对应了氧配位和氮配位的两种主要配位方式[61, 62]，因此可以选择合适的金属中心和有机配体，从而调整 MOF 的结构以满足材料实际应用的需求。一方面，仅需通过调整刚性有机配体的长度，即可以将 MOF 的孔径轻松地从几埃调整到几纳米[63]，并且还可以灵活控制骨架结构，得到远远超越传统多孔材料（例如中空碳、沸石等）的比表面积，其数值可分布在 1000 ~ 10000m^2/g 之间[64, 65]；另一方面，通过对配体官能团和金属中心的改变以及合成后的修饰，可以应对在不同应用环境下产生的问题[66]。正因这些独特的性质，MOF 材料在最近几年的气体的吸附储存、气体的分离、传感器、催化和能量存储转换等方面得到了广泛的发展[67]。

　　2003 年 Yaghi 等人报道了 MOF-5 的吸氢性质，MOF-5 是由［Zn_4O］$^{6+}$四面体与对苯二甲酸（BDC）形成的 $Zn_4O(BDC)_3$三维简单立方结构，骨架结构中的节点为八面体的 $ZnO(CO)_6$，四面体中心的 Zn 与顶点的 4 个 O 配位，4 个四面体通过共用中间的氧原子连接起来，形成八面体节点，称为 SBU（secondary building unit）。SBU 由刚性配体连接起来得到简单立方的三维骨架结构。MOF-5 在 77K下饱和吸氢量可达 5.1%（质量分数），BET 比表面积为 2296m^2/g。1，3，5—三羧基苯连接 Zn^{2+}八面体节点得到 MOF-77，高压下饱和吸氢量可达 7.5%（质量分数），77K、1atm 下吸氢量为 1.25%（质量分数），在约 100atm 下吸氢量可达11.0%（质量分数）[68]。构建基元和拓扑结构类似的 MOF[69]称为 IRMOF（lsore-Ticular Metal Organic Framework），如一系列与 MOF-5 结构类似而通式均为 Zn_4O，但配体不同的 MOF 材料（图 2-24）[70~72]，分解温度可达 400℃，具有较好的稳定性。

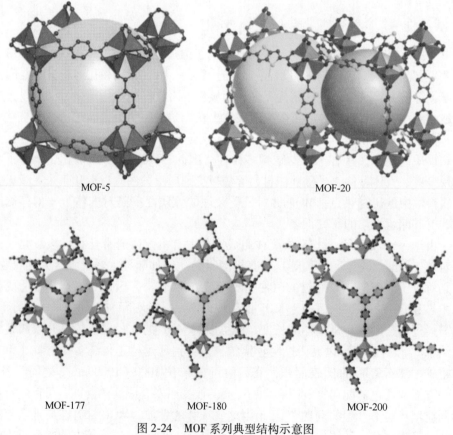

图 2-24　MOF 系列典型结构示意图

目前通常采用的实验手段有非弹性中子散射（Inelastic Neutron Scattering, INS）、扩散反射红外光谱（Diffuse Reflectance Infrared Spectroscopy）等。很多研究小组也建立了大量的理论模型，采用第一原理计算、密度泛函、分子模拟等计算方法计算了 MOF 与氢气的作用机理。

由于氢气分子的原子量和电子数太小，不易通过 X 射线衍射探测其位置，而中子散射的能量与元素所含的电子数无关，因此更适合于探测氢原子及其同位素氘原子等在储氢材料中的位置，中子比 X 射线的穿透力强，更适合对体相材料的表征，因此中子散射是目前研究氢气与 MOF 作用过程的一种较为直观的手段。通过非弹性中子散射实验研究 MOF-5 结构中的氢分子吸附位点分布，发现低吸附量下的 2 个强吸附位点分别在金属节点和配体周围。随着氢气量的增加，单个晶胞的氢气吸附量从 4 个氢分子增加到 24 个，增加的氢气吸附在 BDC 配体周围。低温下的中子衍射实验发现，HKUST-1 的结构中有 6 种类型的直接吸附氘分子的位点（图 2-25），首先吸附发生在配位不饱和的 Cu 离子处，为不饱和配位的金属离子对吸附的促进作用提供了直接的证明，之后吸附发生在较窄的孔道处，进一步吸附发生在较大的孔道处[73]。

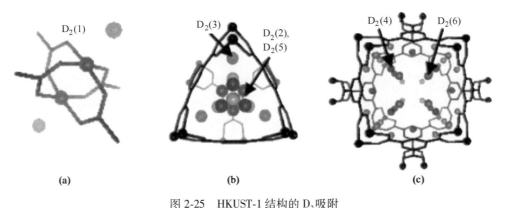

图 2-25　HKUST-1 结构的 D_2 吸附

（a）不饱和配位 Cu 离子位点；（b）沿［111］的直径为 5Å 开口为 3.5Å 的孔；
（c）沿［100］的直径为 0.9nm 的孔

MOF 材料储氢性能的影响因素也是各不相同的，一般来说有以下几种：

大量的中子实验和计算结果都证明了不饱和配位金属位点对于氢气分子具有强吸附作用。一般通过溶剂分子与金属离子配位，活化后有可能得到不饱和的配位金属位点。从理论上来说，具有 2 种以上不同配位数的过渡金属离子都可以形成活化后配位不饱和的结构，这一类型 MOF 的合成研究仍具有较大的发展空间。

在孔径大小和比表面积方面，一般来说，小孔对氢气的作用比大孔强，这是因为小孔中氢气分子与孔壁接触面大，势场叠加。大量实验结果表明，物理吸附材料的比表面积和吸附量存在近似的线性关系（图 2-26）[74]。较小的孔径有利于增强吸附作用，但势必降低材料的比表面积和孔体积，进而降低吸附量，因此适宜的孔径大小对吸氢能力至关重要。

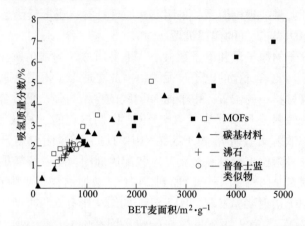

图 2-26　MOF、碳基材料、沸石和普鲁士蓝类似物在 77K 时的最大吸氢量[74]

活化方式及活化程度不同，对比表面积和气体吸附量的影响也很大。反应后从体系中分离出的 MOF 的孔道由客体分子填充（一般为溶剂分子），需要通过活化过程尽可能地脱去客体分子，并保持骨架结构不坍塌，以实现较大的比表面积和气体吸附量。

MOF 结构中多样的有机配体为化学修饰提供了可能，人们可以通过在骨架中连接不同的修饰基团改善储氢性能。利用含羟基的有机配体，并将 Li 离子和 Mg 离子引入孔道，可以增强骨架与氢分子的作用。

2.3.5.3　微孔高分子储氢材料

对于储氢材料的实际应用，高的储能密度是实际应用必须考量的重要方面。金属有机骨架结构材料由较重的金属离子和有机配体共同构成。为了进一步提高微孔材料的储能密度，科学家们考虑，如果能合成出一种完全由 C、H、O、N 等较轻的元素构成，具有微孔结构的新型材料，那么这种新型材料就有望能够表现出比 MOF 材料更加优良的储氢性能。于是，近年来物理储氢材料的研究领域进一步拓展到了微孔高分子材料[75~77]。而这一类新研究开发的微孔高分子材料，不仅可以作为备选的储氢材料，还可以应用于吸附、催化以及分离等多个领域[45]。

微孔高分子材料可以是经由刚性和非线性的有机单体组装而成的具有微孔结构的网状高分子材料（Polymers of Intrinsic Microporosity，PIM）。单体的刚性结构和非线性特性使得形成的高分子材料由于空间位阻的作用，具有了 PIM 型微孔高分子结构。不同微孔高分子材料中不同的孔径分布和孔道结构特点会对它们的储氢性能造成一定的影响。和具有相同比表面积的活性炭材料相比，微孔高分子材料具有与之类似的吸附氢气的性能[78]。但是，目前报道的 PIM 型微孔高分子的比表面积大多是在 $500\sim1200m^2/g$ 之间，由于比表面积偏小，储氢量也与实际需求有较大的差距。为了进一步提高微孔高分子材料的储氢性能，通过设计和合成得到具有更大比表面积的微孔高分子材料，是人们重要的研究目标。

除了 PIM 型的微孔高分子之外，还有另一种类型的微孔高分子，即超高交联型微孔高分子材料。相比于由刚性和非线性有机单体合成得到的 PIM 型微孔高分子，超高交联型微孔高分子材料通常能够表现出较大的比表面积。制备超高交联型微孔高分子材料通常需要两步反应：首先通过聚合反应制备高分子前驱体，然后通过一个后处理交联过程使材料中形成大量微孔结构。部分超高交联型微孔高分子材料表现出了可观的储氢量，具有较好的研究潜力。表 2-8 对主要的三种物理吸附储氢材料进行了比较。

表 2-8　物理吸附储氢材料性能对比[45]

项目	碳材料	金属有机骨架材料	微孔高分子材料
结构多样性	受组成元素的限制，较少	多种金属位点、配体、配位模式，结构多样	多种单体，结构多样
孔道大小	微孔、介孔、大孔	多为微孔，少量介孔	微孔
孔道性质	一定范围内分布	晶体结构，均一有序	一定范围内分布
化学稳定性	高	较低	较高
热稳定性	高	受结构影响，一般低于碳材料	较高

2.4　氢气安全

2.4.1　氢气存在的安全隐患

氢气是无色、无味、无毒的，在常温下基本无腐蚀性，只在温度高于260℃情况下才会侵蚀碳钢一类的金属，与这些金属中的碳反应，使金属材料变脆，称为"氢脆"现象。氢气高压存储以及液态存储的情况分别具有高压和低温的危险；氢气是高能量可燃性气体，与空气和氧气混合在很大范围易燃易爆，而且具有低自燃温度、爆炸范围广、无气味难以察觉、容易扩散泄漏、在高空处富集等特点。对于氢能未来广泛使用的一个重要挑战就是氢能系统的安全问题，如燃烧、爆炸、压力、氢脆、高温或低温、人身安全等方面。氢作为一种能源载体，若广泛使用会使人们广泛接触，在社会一致接受氢能源之前必须解决氢气的安全问题。这些问题伴随着氢气大量工业制取、运输、存储和使用的每个环节，必须在技术上保证万无一失，包括完善标准、经营规章、安全设施等[79]。氢气使用的过程中要对可能发生的危险提前预防，对氢能设备需要综合考虑性能、成本、安全和绿色循环等方面。

氢气球、氢气飞船、氢气容器、氢气热处理炉的爆炸事故是人们熟知的，在锂金属提纯、氨气合成、半导体加工、氢燃料电池汽车等领域也常常发生的各种事故。依据工业和半导体产业领域与氢相关的事故统计，只有13%的事故是由于氢能源系统的问题，其他87%是由计划、设计、过程、操作方面的过失引起的[80]。为了减少实际操作中的操作失误、设备的异常、误动作、老化等问题，还必须加强安全的学习和管理，这要求：

（1）对氢气、高压氢气、液态氢气的特点和性质要很好地理解；

（2）设备或设施的实际需要符合氢气系统要求；

（3）需要有对人体保护的对策，备有防护器材和工具；

（4）根据氢气的存储量以及状态设置安全隔离距离以及防护墙等措施；

（5）加强对氢操作使用的安全教育，制定安全操作手册；

（6）完善氢气引起的事故或灾害发生后的处理对策、防治灾害扩大的措施。

2.4.2　氢安全基础知识

（1）密度。氢气的密度在常温下是甲烷的1/8，丙烷的1/22，所以在室内泄漏后很容易在房间顶部富集，因此使用氢气的房间内需要有很好的顶部排气系统。液态氢气蒸发后在25K以下的低温气体比空气重，所以大量的液氢泄漏后，在地面也会有富集的现象。

（2）泄漏性。氢作为最轻的元素，其泄漏性也强于其他燃料。关于氢气、丙烷相对于天然气的泄漏情况如下：在层流情况下，氢气的泄漏率比天然气高26%，但丙烷泄漏的速度比天然气快38%；在湍流的情况下，氢气的泄漏率是天然气的2.8倍。所以，在泄漏发生时，根据氢气泄漏的量和位置不同，泄漏的状态是不同的。

氢气和天然气从高压储气罐中大量泄漏时都会达到声速。但是氢气的泄漏速度（1308m/s）几乎是天然气泄漏速度（449m/s）的3倍，所以氢气的泄漏要比天然气快。不过天然气的容积能量密度是氢气的3倍多，泄漏的氢气包含的总能量比天然气要小[81, 82]。

（3）氢扩散。如果发生泄漏，氢气会迅速扩散。与汽油、丙烷和天然气相比，氢气具有更大的浮力（纵向）和更大的扩散性（横向）。氢的密度仅为空气的7%，所以即使在不通风的情况下，氢气也会向上升，在室内会在顶部大量聚集。而丙烷和汽油气都比空气重，所以它们会停留在地面，扩散得很慢。氢的扩散系数是天然气的3.8倍、丙烷的6.1倍、汽油气的12倍，这表明，在发生泄漏时，氢在空气中可以向各个方向快速扩散，迅速降低浓度。

在室外,氢的快速扩散对安全是有利的,虽然氢的燃烧范围很宽,但由于氢气很轻,扩散很快,氢气的泄漏不会有过于严重的后果。在室内,氢的扩散既可能有利也可能有害。如果泄漏较少,氢气会快速与空气混合,保持在着火下限之下;如果泄漏很多,快速扩散会使得混合气很容易达到着火点,且波及范围更广,不利于安全。

(4) 发热量。将氢气与空气混合燃烧热为 3072kJ/m³,1m³ 氢气燃烧需要的空气量为 2.382m³,1kg 氢气燃烧需要的空气量为 34.226kg。单位质量氢气的燃烧热约比其他燃料高 150%,然而,由于氢气的密度小,氢气的单位体积热量只相当于甲烷的 1/3、丙烷的 1/8,故为了提高氢能燃料汽车行驶距离,必须增大压力或利用液态及固态储氢[45]。

一般在比较不同燃料储能能力时,往往根据不同燃料释放相同燃烧热所需燃料量来比较。因而虽然给定的氢储罐几何体积比甲烷或乙烷储存罐大,但所包含的质量少。这不仅仅是一种技术优点,当在认可程序中,要求对环境危险进行评价时,通常是以在事故中牵涉的物质量为基准。尽管氢作为燃料肯定存在燃烧爆炸的危险,但氢气的危险性需要得到客观的评价,而不是过度夸大。

(5) 热传导性。氢气的热导率比空气大 7 倍。相对日常使用的其他气体来说,压缩氢气经过节流膨胀时,其温度会升高。

2.4.3 氢气燃烧和爆炸

氢气引起火灾的另一个重要原因是点火所需要的能量非常小。氢气的最小点火能量比甲烷小很多,这意味着非常微弱的电火花就可能点燃氢气。氢气的另一个危险因素是燃烧范围宽,常温、常压干燥空气中氢气燃烧的下限浓度为 4%,和其他可燃性气体没有什么大的差别,但是上限浓度为 75%,与甲烷的 15% 以及丙烷的 10.5% 相比就要大很多。如果在氧气中,其范围是 4.1%~94%,几乎任何比例的混合都可以燃烧。燃烧范围也随压力、温度、混合气体的种类、点火能量的大小不同而不同,如果提供容易燃烧的条件,燃烧范围会进一步加宽。氢气的燃烧下限浓度虽然为 4%,但这并不意味着 4% 以下就绝对安全,因为即便平均为 4%,但是局部或瞬间会大于 4%,也会有危险隐患。

氢气的着火上限很高,在有些情况下是有害的。例如,在较大空间中发生氢气泄漏,超过了着火下限而又没有点燃的话,这时落在着火范围之内的空气的体积就很大,空间内任何地方的着火源都可以点燃氢气,因此危险性就要大得多。

氢气燃烧时的火焰几乎看不见,如液体氢气内燃机推动的火箭几乎看不到燃烧的火焰,看到的只是大量水蒸气冷却后的长长白色云雾。而碳水化合物气体燃烧时,观察到的是橘黄色的或青蓝色火焰。这是因为氢气燃烧的火焰中仅含有氢、氧、水以及不稳定的 OH 类中间产物,不会出现微小的固态碳化物颗粒,不会形成黑体辐射或被电磁波捕获；同时燃烧温度高，不会出现红色或橘黄色颜色；另外氢气火焰的温度不会引起氢或氧的电子激发，从而产生可见光。这就是为什么氢气燃烧的火焰不易看见的原因。

因此接近氢气火焰的人可能会不知道火焰的存在，这就增加了危险性；但由于氢火焰的辐射能力较低，所以附近的物体（包括人）不容易通过辐射热传递而被点燃。相反，汽油火焰的蔓延一方面通过液体汽油的流动，另一方面通过汽油火焰的辐射，因此，汽油比氢气更容易发生二次着火。另外，汽油燃烧产生的烟和灰会增加对人的伤害，而氢燃烧只产生水蒸气。

如果空气 CO_2 等不可燃气体混入，则氢气的燃烧浓度区间会减小。图 2-27 所示为添加了不可燃气体对氢气可燃浓度范围的影响。不可燃气体的引入可以有效防止氢气的燃烧和爆炸。CH_2Br、$CBrF_3$ 等碳卤化合物的混入可以使燃烧范围大幅度变窄，火灾时灭火非常有效，所以在这些物质环境中氢的放出要特别注意[83]。

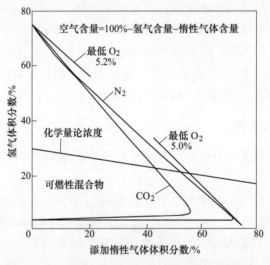

图 2-27　非活性气体对氢气可燃范围的影响[83]

"氢气容易爆炸，非常危险可怕"这是接触氢气时常常提到或感觉到的。的确氢气是有危险的，需要多加注意，但绝非是可怕的。如图 2-28 所示，氢的最小点火能量很小，含有 5% H_2 的混合气体的最小着火能量与甲烷和丙烷的相差不大。而且浓度为 4% 的氢气火焰只是向前传播，如果火焰向后传播，氢气浓度至少为 9%，所以如果着火源的浓度低于 9%，着火源之下的氢气就不会被点燃。而对于天然气，火焰向后传播的着火下限仅为 5.6%。

最小着火能的实际影响也不像数字所表明的那样可怕。氢气的最小着火能是在浓度为 25%~30% 的情况下得到的。在较高或较低的燃料空气比的情况下，点燃氢气所需的着火能会迅速增加，如图 2-28 所示，在着火下限附近，燃料浓度为 4%～5%，点燃氢气-空气混合物所需要的能量与点燃天然气-空气混合物所需的能量基本相同[83]。

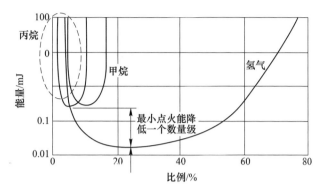

图 2-28 氢气、甲烷和丙烷最小着火能随空气混合比例的变化[83]

氢气是一个单一物质，而且反应性并不太强，纯的氢气放入合适材质的容器中，不会劣化也不会发生反应。汽油内部有电火花时可以着火，相比之下氢气即便内部有静电火花也不会燃烧，更安全。

氢气在空气中的燃烧有两种方式。通常的燃烧为爆燃（deflagration），火焰以亚音速沿混合气体传播，届时气体受热而迅速膨胀，并产生冲击波，其压力可能足以破坏附近的建筑物；另一种燃烧为爆轰（detonation），火焰传播加速使爆燃发展到爆轰时火焰传播和由此产生的冲击波合为一体，以超音速沿混合气体传播，温度、压力都会大幅度增加，由此产生的危害也要大很多。表 2-9 是通过计算得到的各种气体爆轰的特性，约 30% 氢气与空气的混合气体爆轰时产生的压力大于 15MPa[84]。

表 2-9 可燃性气体的爆轰特性[84]

可燃性混合气体	C-J 特性值		
	速度/m·s^{-1}	压力/MPa	温度/K
29.5% H$_2$-Air	1967	1.56	2951
9.5% CH$_4$-Air	1801	1.72	2783
4.0% C$_3$H$_8$-Air	1795	1.82	2891
6.5% C$_2$H$_4$-Air	1819	1.83	2922
7.7% C$_2$H$_2$-Air	1863	1.91	3111

引发爆轰的能量与可燃性气体的浓度有关，图 2-29 所示为可燃气体浓度与爆轰引发界限能量的关系。从中可知乙炔-氧气混合气体的爆轰引发界限能量最低，氢气不是很容易引发爆轰的气体[84]。

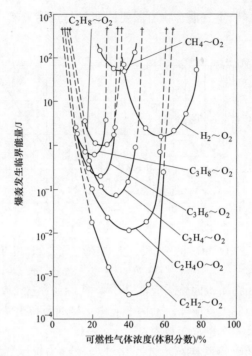

图 2-29　可燃性气体浓度与爆轰发生能量的关系[84]

　　在户外，因为燃烧速度很低，氢气爆炸的可能性很小，除非有闪电、化学爆炸等这样大的能量才能引爆氢气雾；但是在密闭的空间内，燃烧速度可能会快速增加，发生爆炸。

　　图 2-30 所示为氢气的爆炸性和其他燃料的对比。4 个坐标分别是扩散、浮

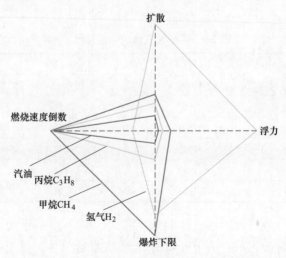

图 2-30　氢气、甲烷、丙烷和汽油的燃料特性对比

力、爆炸下限和燃烧速度的倒数，越靠近坐标原点越危险。从图中可以看出，就扩散、浮力和爆炸下限而言，氢气都远比其他燃料安全，但氢气的燃烧速度指标是最坏的。因此氢气的爆炸特性可以描述为：氢气是最不容易形成可爆炸的气雾的燃料，但一旦达到了爆炸下限，氢气是最容易发生爆燃、爆炸的燃料[82]。

2.4.4 高压氢气和液态氢气

2.4.4.1 高压氢气的危险性

高压储氢是目前较为广泛使用的一种氢气存储方式，氢气设施的安全性与氢气的压力和温度等因素密切相关，不同国家管理方法不一样。对于压力在 $10kg/cm^2$ 以上的氢气、装入容器中的液态氢气和大气压下的低温氢气气体温度达到 35℃ 时都视为是高压气体，操作人员需要培训取得高压气体操作执照才能进行操作。同时应根据需要对使用场所进行改造，安装相应的标示和设施，排气和控温、禁火禁引火电器。

在高压状态氢气的泄漏会不同。常压下的氢气泄漏到开放空间，由于空气的浮力因此氢气会很快扩散到远离地面的地方。但是氢气往往是存储在高压容器中。从高压容器中泄漏的氢气浓度与泄漏处的距离成反比，受空气浮力影响很小，在泄漏口附近容易达到氢气爆炸的下限浓度。另外高压容器内部压力快速上升时，为了防止容器爆炸，需要能够自动释放氢气，降低容器中的压力。为了保险，一般在容器上装有爆破板或有弹簧的安全阀门。不过需要防止微粉堵塞阀门。

从高压处的氢气泄漏既可以是瞬间的（如压缩机、加氢设备），也可以是连续的（如管道裂缝），瞬间泄漏的氢气燃烧可以产生一个火团，连续泄漏导致的危害取决于燃烧的时间、火焰的方向。如果氢气的泄漏发生在一个封闭空间或者有很多管道裂缝时，爆炸就有可能发生。滞后燃烧导致爆炸的概率为 40%，火花燃烧导致爆炸的概率为 60%。

由氢气爆炸产生的压力波的振幅与氢在空气中的扩散以及氢的浓度分布相关。压力波会随着氢的总量增加而增加，爆炸的效果随着火焰传播速度的增加而增强。如果涉及大量存储氢气的基础设施，需要在储氢设施之间或与其他设施之间设置相当的距离，称为安全距离，以避免二次危害。也需要设置远离热源的距离，把远离热源为 $9.8kW/m^2$ 的距离称为有效距离[85]。对应这样距离的爆炸概率是 1%。

2.4.4.2 液态氢气的危险性

A 液氢的低温危险

a 冻伤危险

液氢溅到皮肤上或裸露皮肤或身穿较薄的衣服与装有液氢的输送管道、阀门接触时，都会发生严重的冻伤。需要指出的是，液氢的低温蒸汽同样会冻伤操作人员的皮肤。在实际使用中，凡操作液氢设备的人员均必须穿戴棉织的防护衣物，尽可能减少皮肤的裸露部位。一旦被液氢冻伤，可用40℃左右的温水浸泡，然后就医，切勿揉擦。

操作使用时应该注意：戴棉质或石棉手套，穿棉质长袖衣服、长裤和棉靴（严禁穿合成纤维和毛类衣物），戴有防护眼镜的面具。

b 材料低温脆性和零件操作困难

低温对各种金属材料的性质有很大的影响。在液氢温度下，各种软钢会或多或少地失去它原有的延性，有的甚至变脆。温度的突然改变亦会使各种金属材料产生应力集中。此外液氢的低温会使管路系统中的某些接头丧失其原有的灵活性，从而增加这些接头泄漏液氢的危险。

c 大量液氢汽化的危害

液氢沸点低，液体汽化后的体积膨胀780多倍，易汽化会引起超压危险。需要防范大量氢溢出，为了保证氢气的汽化压力引起的溢出，液氢储箱的充装系数为0.9。

由于液氢的温度很低，所以外界物质对液氢而言均是热源，在转注或储存过程中，凡液氢可能到达（渗漏或意外情况）的"盲区"，如管道、夹层、阀腔等部位，若绝热不当或未采取有效的绝热措施都可能使液氢汽化，随之造成系统压力升高，严重时会发生爆炸。在设计和使用设备时，应严格注意"盲区"的安全；必要时，可在这些部位增设安全阀或爆破薄膜装置。

d 固态氧和空气

液氢中的固态气体杂质会破坏有关设备的正常工作（如阀门卡住、管路堵塞）。空气或杂质混入液氢中会产生固态氧或固态空气，形成类似炸药的易爆混合物，因此，要求液氢储存容器每年至少要升温（正常温度）一次，排空固态氧或固态空气[45]。

B 液氢的泄漏、液氢的火灾和爆炸危险

液氢有较低的分子量和黏度（比水的黏度小2个数量级），而泄漏速度又与黏度成反比，故液氢很容易泄漏。若只考虑黏度对泄漏速度的影响，其泄漏速度比烃类燃料大100倍，比水大50倍，比液氮大10倍。漏出的液氢会很快蒸发形成易燃易爆的混合物。与此同时这种易燃易爆混合物消散得也很快，例如，

2273L 液氢溢出，1min 后就扩散成为不可燃的混合物。

少量液氢的泄漏虽有但不常见，因为液氢的沸点很低，临界温度与沸点温度区间也很窄，因此，小量液氢在系统中溢出之前很容易发生液-气两相转化，由系统中溢出时可能已经汽化了。但是，当设备破裂或加液管、排液管的阀件等部位损坏时，大量的液氢就会泄漏出来。这种情况多属于突然发生，流出液体的一部分会很快蒸发，而另一部分则在地面形成一个"液氢塘"。在其周围空气（可视为一个重要热源）的作用下，"液氢塘"将以 30～170mm/min 的蒸发速率趋于干涸[86]。

当液氢泄出并着火时，主要的危险是燃烧释放出来的热量使有关设备随之被破坏。如果液氢储槽或管路破裂，则整个装置均可能被毁坏。在宇航动力系统中，液氢从储箱向仪器舱及动力系统试验现场的泄漏，严重地威胁着宇航动力系统在研制试验阶段和发射初期的安全。因而，氢气的检漏、监测是亟待解决的问题。它关系到氢的生产、使用与人身、设备的安全，所以往往会安装多路氢气浓度监测与自动报警系统。

C 液氢的储存量和安全距离

大量的液氢溢出或汽化会产生超压现象，所以液氢存储需要考虑安全距离。安全储存距离与环境以及有无保护墙有关，如果有液体氧化剂的话，也要和液体氧化剂保持一定的安全距离。

2.4.5 氢脆引起的安全问题

通常情况下，氢气没有腐蚀性，也不与典型的容器材料发生反应。在特定的温度和压力条件下，它可以扩散到钢铁和其他金属中，导致我们所知的使高强钢的强度降低或脆化，为了避免这个问题，必须选择适当材料来制备储氢的容器或钢瓶，保证灌氢后 100 年都不会发生泄漏或劣化。

目前在氢气系统中使用比较多的是奥氏体不锈钢以及铝合金钢。图 2-31 所示为各种奥氏体不锈钢在氢气环境下使用时的颈缩的温度变化，SUS316L、SUS316NG 和 SUS310S 受氢气环境的影响比较小。此外如图 2-31 所示，各种不锈钢中，含镍成分高的不锈钢受氢气的影响小。

除了母材材质外，加工处理的工艺，尤其是焊接工艺也会对氢脆产生影响。常见的焊接有 TIG（Tungsten Inert Gas）焊接、MIG（Metal Inert Gas）焊接、SAW（Submerged Arcwelding）、减压电子束（Reduced Pressure Electron Beam）焊接、摩擦搅拌焊接（Friction Stirwelding）、CO_2 激光焊接等方式。TIG、MIG、SAW 方法可以改变奥氏体不锈钢来的低温韧性，而 FSW 和 RPEB 则对铝合金焊接更合适。

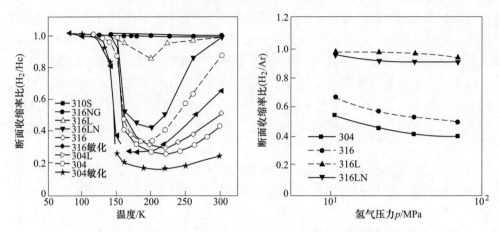

图 2-31　氢气温度及压力对奥氏体不锈钢的相对颈缩的影响

除了铁基金属外，其他金属也存在相同的问题，尤其是钛合金。在石油化工装置中，如醋酸、乙醛、精对苯二甲酸、尿素等产业有较多引进的或国产的钛设备，乙烯生产与发电装置中也用钛制作海水冷却器及冷凝器。钛设备多是关键设备，常常是压力容器，对保证生产有举足轻重的作用，一般在高温、高压、接触强腐蚀介质甚至易燃易爆等环境下运行。尽管大部分钛设备使用良好，而且预期寿命较长，但某些钛设备及零部件在使用短至 3~5 年，长至 10 余年后便需要逐步更换，个别的仅 1~2 年就失效报废，甚至发生突然事故。钛设备失效大多是腐蚀与开裂，而腐蚀与开裂大多是吸氢与氢脆造成的。因而对在役钛设备进行定期开放检测中，腐蚀吸氢与氢脆检测对钛设备安全评定至关重要。

正因为氢气可以改变钢铁、钛合金、铝合金等一些材料的性质，所以用于氢气系统的材料需要经过认真的评估。

2.4.6　储氢合金的安全问题

储氢合金在使用过程中也要注意安全问题，主要涉及以下几个方面。

2.4.6.1　金属氢化物的着火和燃烧

目前实际使用的储氢材料都是金属氢化物，但是金属氢化物活性比较大，而且往往是以粉体形式使用，容易着火和燃烧[87]。表 2-10 是 LaNi$_5$ 和 TiFe 的氢化物着火性和燃烧特性，并和反应性强的 Ce 进行了比较[88, 89]。金属氢化物在比较低的温度下可以着火，燃烧性比较大，但是不及 Ce、LaNi$_5$ 系列的氢化物可以和氧进行缓慢的反应，而 TiFe 与氧反应会在表面覆盖一层氧化膜，不会着火。

表 2-10 LaNi$_5$氢化物、TiFe 氢化物着火性和燃烧特性

气氛	金属或合金	相对燃烧能量	着火温度/℃
O$_2$	Ce	90	149
O$_2$	La	13	376
O$_2$	Ni	—	—
O$_2$	LaNi$_5$	28	323
O$_2$	LaNi$_5$氢化物	38	228
空气	LaNi$_5$	4	360
空气	LaNi$_5$氢化物	17	192
O$_2$	Fe	<5	—
O$_2$	Ti	49.5	628
O$_2$	TiFe	<5	—
O$_2$	TiFe 氢化物	45	199
空气	TiFe	<5	—
空气	TiFe 氢化物	17	188

2.4.6.2 粉尘爆炸的危险性

储氢合金反复吸、放氢会微粉化，这样的微粉暴露到大气中时有粉尘爆炸的危险性。根据粉体爆炸的实验可以测得储氢合金及其氢化物的爆炸临界浓度和爆炸压力。如图 2-32 所示[90]，粉体粒径越小爆炸的趋势越强、爆炸压力越大，不过与碳粉相比，要安全很多。

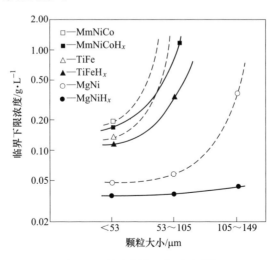

图 2-32 粉尘爆炸下限浓度[90]

2.4.6.3　高温引起的热稳定性

储氢合金的容器加热到一定的温度（大约在400℃），储藏在储氢合金中的氢气会被释放出来，使容器的压力增大，导致产生高压的危险。

2.5　小结

本章充分介绍了氢元素，氢的分布以及氢能源制取、运输、存储、使用等各方面关于氢能源的问题。在目前的制氢行业，化石燃料制取的"灰色氢"仍占据主要地位，但随着当前世界科技发展突飞猛进，人们更加意识到低碳生活的重要性。在当今科技水平日新月异的大环境下，我们可以相信，所有的技术难题和发展瓶颈只要假以时日都可以解决。化石燃料制氢对于冶金行业而言仍占据着不可取代的地位，尤其是利用焦炉煤气制氢是将传统的冶金与制氢行业结合起来的主要方式，但是该种方式制氢过程中会释放出大量的 CO_2，并且能源的转换率较低，因此在技术层面还有较大的进步空间。除此之外，甲醇制氢成本较低、能耗较小、原料易得且装置操作灵活，尤其是甲醇水蒸气重整制氢是最有望用于质子交换膜燃料电池氢源的制氢方式之一，但是若要以氢冶金出发，甲醇制氢优势则较弱，与之类似的还有生物法制氢。较有潜力的制氢方法还是核能制氢。核能制氢包括核电制氢和核热制氢两种方法。核电制氢是电解水制氢的一种。除核能发电以外利用风能、潮汐能、太阳能等可再生能源发电是电解水制氢未来发展的主要方向。电解水制氢技术发展至今已经相对成熟，之前效率较低、耗电量大的问题已部分得到解决，但若想大规模投入生产仍有较多技术难题需要克服。而利用核裂变过程产生的高温进行热化学制氢，也在近几年得到广泛研究。热化学制氢过程效率较高、成本较低，有较大的发展前景。

伴随着氢气作为新兴能源的发展，储存和运输方面的问题也随之而来。储氢材料和液氢存储技术的发展让安全便捷的氢能源存储成为可能，为氢能源的发展和大量使用提供了发展条件。不同的存储技术适用于不同的场合及需求，如管道输送这种传统的方法相对而言更适用于运输距离较近，需要用气的地方较多的厂区；而长距离运输目前仍以车载罐装氢气为主。不难想象，21世纪将会是发展氢经济的一个世纪。建立在氢经济基础上的一个无污染的和能量利用率很高的未来世界，将给人类提供最美好的生活环境。不过氢能源作为一种还未普及的新能源，安全问题仍是重中之重，氢气的安全性需要大众对其有一个完整而慎重的认知。氢气是无色、无味、无毒的，但是由于其液态存储时温度很低，而高压存储时又压力较大，同时氢气作为高能量可燃性气体，与空气和氧气混合后在很大范围内易燃易爆，因此，对于氢能未来广泛使用的一个重要挑战就是氢能系统的安全问题。不论是使用前的预防还是使用过程中的操作都要加强管理及学习。尤其是将氢气与冶金结合后，一旦发生问题，破坏性大，严重危及人身及财产安全，因此，我们应该更加重视安全方面的问题。

不论是过去，现在还是未来，冶金行业都是一个不断发展完善，随着时代不断进步的行业。让冶金更加绿色更加环保，摆脱高污染高排放始终是冶金从业者和研究人员的目标。将氢能源与冶金行业融合，冶金行业将在绿色环保的方向取得突破。

参 考 文 献

［1］ 孙学军．氢分子生物学［M］．上海：第二军医大学出版社，2013.

［2］ 中国石油学会．石油技术辞典［M］．北京：石油工业出版社，1996.

［3］ 徐振刚，王东飞，宇黎亮．煤气化制氢技术在我国的发展［J］．煤，2001，010（004）：3～6.

［4］ 肖钢，常乐．低碳经济与氢能开发［M］．武汉：武汉理工大学出版社，2011.

［5］ 朱华兴，张立新．《炼油技术与工程》加氢专辑 2006-2010 年［M］．北京：中国石化出版社，2011.

［6］ 徐祥．IGCC 和联产的系统研究［D］．北京：中国科学院研究生院（工程热物理研究所），2007.

［7］ 杨小彦，陈刚，殷海龙，等．不同原料制氢工艺技术方案分析及探讨［J］．煤化工，2017，45（06）：40～43.

［8］ 朱文革，吴建栋．浅谈天然气制氢工艺现状及发展［J］．名城绘，2018（7）：296.

［9］ 梁力友，代茂节．变压吸附制氢工艺及其技术进展［J］．乙烯工业，2017，29（4）：18～20.

［10］ 余希立．变压吸附制氢工艺的影响因素及常见问题分析［J］．化工与医药工程，2019，40（1）：6～8.

［11］ Amphlett J C，Creber K，Davis J M，et al．Hydrogen production by steam reforming of methanol for polymer electrolyte fuel cells［J］．International Journal of Hydrogen Energy，1994，19（2）：131～137.

［12］ 郝树仁，李言浩．甲醇蒸汽转化制氢技术［J］．精细化工，1998（05）：54～56.

［13］ 徐元利．甲醇裂解气对点燃式电控发动机性能影响研究［D］．天津：天津大学，2009.

［14］ Idem R O，Bakhshi N N．Kinetic modeling of the production of hydrogen from the methanol-steam reforming process over Mn-promoted coprecipitated Cu-Al catalyst［J］．Chemical Engineering Science，1996，51（14）：3697～3708.

［15］ 秦建中，张元东．甲醇裂解制氢工艺与优势分析［J］．玻璃，2004，31（5）：29～32.

［16］ Smurcia Mascarós，Mnavarro R，Gómez-Sainero L，et al．Oxidative Methanol Reforming Reactions on CuZnAl Catalysts Derived from Hydrotalcite-like Precursors.

［17］ Rabe S，Vogel F．A thermogravimetric study of the partial oxidation of methanol for hydrogen production over a Cu/ZnO/Al2O3 catalyst [J]. Applied Catalysis B：Environmental, 2008, 84 (3-4)：827~834.

[18] Semelsberger T A, Brown L F, Borup R L, et al. Equilibrium products from autothermal processes for generating hydrogen-rich fuel-cell feeds [J]. International Journal of Hydrogen Energy, 2004, 29 (10)：1047~1064.

[19] Benemann J R, Weare N M. Hydrogen evolution by nitrogen-fixing Anabaena cylindrica cultures [J]. Science, 1974, 184 (4133)：174~175.

[20] Antal Jr M J, Allen S G, Schulman D, et al. Biomass gasification in supercritical water [J]. Industrial & Engineering Chemistry Research, 2000, 39 (11)：4040~4053.

[21] Alves H J, Junior C B, Niklevicz R R, et al. Overview of hydrogen production technologies from biogas and the applications in fuel cells [J]. International journal of hydrogen energy, 2013, 38 (13)：5215~5225.

[22] Dasgupta C N, Gilbert J J, Lindblad P, et al. Recent trends on the development of photobiological processes and photobioreactors for the improvement of hydrogen production [J]. International Journal of Hydrogen Energy, 2010, 35 (19)：10218~10238.

[23] 吴素芳. 氢能与制氢技术 [M]. 杭州：浙江大学出版社, 2014.

[24] 任南琪. 有机废水发酵法生物制氢中试研究与开发. 新世纪 新机遇 新挑战——知识创新和高新技术产业发展（下册）[C]. 北京：中国科学技术协会学会学术部, 2001.

[25] 李永恒, 陈洁, 刘城市, 等. 氢气制备技术的研究进展 [J]. 电镀与精饰, 2019, 41 (10)：22~27.

[26] Buttler A, Spliethoff H. Current status of water electrolysis for energy storage, grid balancing and sector coupling via power-to-gas and power-to-liquids：A review [J]. Renewable and Sustainable Energy Reviews, 2018, 82：2440~2454.

[27] 瞿丽莉, 郭俊文, 史亚丽, 等. 质子交换膜电解水制氢技术在电厂的应用 [J]. 热能动力工程, 2019, 34 (2)：150~156.

[28] 郭淑萍, 白松. SPE 水电解制氢技术的发展 [J]. 舰船防化, 2009, (2)：43~47.

[29] Ge B, Ma J T, Ai D, et al. Sr2FeNbO6 applied in solid oxide electrolysis cell as the hydrogen electrode：kinetic studies by comparison with Ni-YSZ [J]. Electrochimica Acta, 2015, 151：437~446.

[30] 葛奔, 艾德生, 林旭平, 等. 固体氧化物电解池技术应用研究进展 [J]. 科技导报, 2017, 35 (08)：37~46.

[31] 石磊, 张明. 核能制氢是怎么回事？[J]. 新能源经贸观察, 2019 (4)：50.

[32] Kogan A, Spiegler E, Wolfshtein M. Direct solar thermal splitting of water and on-site separation of the products. III.：Improvement of reactor efficiency by steam entrainment [J]. International Journal of Hydrogen Energy, 2000, 25 (8)：739~745.

[33] Funk J E, Reinstrom R M. Final report energy depot electrolysis systems study [J]. Allison Division, General Motors, EDR-3714, 1964, 2 (Supplement A)：1964.

[34] Norman J H, O'Keefe D R, Besenbruch G E, et al. Improvements in the GA Sulfur-Iodine water-splitting cycle [J]. Proc. 4th World Hydrogen Energy Conj, Pasadena, CA, 1982, 2：

513~521.

[35] Agency O . Nuclear Science Nuclear Production of Hydrogen First Information Exchange Meet-ing—Paris, France 2-3 October 2000 [J]. SourceOECD Nuclear Energy, 2001: 1~244.

[36] Anzieu P, Carles P, Duigou A L, et al. The sulphur-iodine and other thermochemical process studies at CEA [J]. International Journal of Nuclear Hydrogen Production and Applications, 2006, 1 (2): 144~153.

[37] 张平, 于波, 陈靖, 等. 热化学循环分解水制氢研究进展 [J]. 化学进展, 2005, (4): 643~650.

[38] Sakurai M, Nakajima H, Amir R, et al. Experimental study on side-reaction occurrence condi-tion in the iodine-sulfur thermochemical hydrogen production process [J]. International Journal of Hydrogen Energy, 2000, 25 (7): 613~619.

[39] 白莹, 张平, 郭翰飞, 等. 碘硫循环中硫酸相与氢碘酸相的纯化过程（英文）[J]. Chi-nese Journal of Chemical Engineering, 2009, 17 (1): 160~166.

[40] 侯艳丽. 核能制氢的新尝试 [J]. 能源, 2020, 140 (9): 68~71.

[41] 王亚阁, 王丽霞. 焦炉煤气制氢工艺现状 [J]. 化工设计通讯, 2020, 46 (8): 86~96.

[42] 伍浩松, 戴定. 美国积极推进核能制氢技术的商业示范 [J]. 国外核新闻, 2020, (12): 20~21.

[43] 王国栋, 储满生. 低碳减排的绿色钢铁冶金技术 [J]. 科技导报, 2020, 38 (14): 68~76.

[44] 杨福源, 邓欣涛, 胡松, 等. 氢气管路主动安全防护装置及方法: 中国, CN111156428A [P]. 2020.

[45] 李星国. 氢与氢能 [M]. 北京: 机械工业出版社. 2012.

[46] 申泮文. 氢与氢能21世纪的动力 [M]. 天津: 南开大学出版社, 2000.

[47] 周理. 碳基材料吸附储氢原理及规模化应用前景 [J]. 材料导报, 2000, (3): 3~5.

[48] Kadono K, Kajiura H, Shiraishi M. Dense hydrogen adsorption on carbon subnanopores at 77 K [J]. Applied physics letters, 2003, 83 (16): 3392~3394.

[49] Dohnke E. On the high sensity hydrogen films adsorbed in carbon nanospaces [M]. Gottingen: Cuvillier Verlag, 2015.

[50] Poirier E, Dailly A. On the nature of the adsorbed hydrogen phase in microporous metal-organic frameworks at supercritical temperatures [J]. Langmuir, 2009, 25 (20): 12169~12176.

[51] Fierro V, Zhao W, Izquierdo M T, et al. Adsorption and compression contributions to hydrogen storage in activated anthracites [J]. International Journal of hydrogen energy, 2010, 35 (17): 9038~9045.

[52] Sdanghi G, Canevesi R, Celzard A, et al. Characterization of Carbon Materials for Hydrogen Storage and Compression [J]. C-Journal of Carbon Research, 2020, 6 (3): 46.

[53] Fierro V, Szczurek A, Zlotea C, et al. Experimental evidence of an upper limit for hydrogen storage at 77 K on activated carbons [J]. Carbon, 2010, 48 (7): 1902~1911.

[54] Yahya M A, Al-Qodah Z, Ngah C. Agricultural bio-waste materials as potential sustainable pre-cursors used for activated carbon production: A review [J]. Renewable & Sustainable Energy

Reviews, 2015, 46: 218~235.

[55] Chambers A, Park C, Baker R T K, et al. Hydrogen storage in graphite nanofibers [J]. The journal of physical chemistry B, 1998, 102 (22): 4253~4256.

[56] Rzepka M, Bauer E, Reichenauer G, et al. Hydrogen storage capacity of catalytically grown carbon nanofibers [J]. The Journal of Physical Chemistry B, 2005, 109 (31): 14979~14989.

[57] ullah Rather S. Preparation, characterization and hydrogen storage studies of carbon nanotubes and their composites: a review [J]. International Journal of Hydrogen Energy, 2020, 45 (7): 4653~4672.

[58] Darkrim F L, Malbrunot P, Tartaglia G P. Review of hydrogen storage by adsorption in carbon nanotubes [J]. International Journal of Hydrogen Energy, 2002, 27 (2): 193~202.

[59] Septiani N L W, Yuliarto B, Dipojono H K. Multiwalled carbon nanotubes-zinc oxide nanocomposites as low temperature toluene gas sensor [J]. Applied Physics A, 2017, 123 (3): 166.

[60] Ma L P, Wu Z S, Li J, et al. Hydrogen adsorption behavior of graphene above critical temperature [J]. International Journal of Hydrogen Energy, 2009, 34 (5): 2329~2332.

[61] Wang D G, Liang Z, Ga O S, et al. Metal-organic framework-based materials for hybrid supercapacitor application [J]. Coordination chemistry reviews, 2020, 404 (Feb.): 213093. 1-213093. 23.

[62] Li S, Huo F. Metal-organic framework composites: from fundamentals to applications [J]. Nanoscale, 2015, 7 (17): 7482~7501.

[63] Furukawa, Hiroyasu, Cordova, et al. The Chemistry and Applications of Metal-Organic Frameworks. [J]. Science, 2013, 341 (6149): 974.

[64] Jiang H L, Xu Q. Porous metal-organic frameworks as platforms for functional applications [J]. Chemical Communications, 2011, 47 (12): 3351~3370.

[65] Furukawa H, Ko N, Go Y B, et al. Ultrahigh porosity in metal-organic frameworks [J]. Science, 2010, 329 (5990): 424~428.

[66] Wang Z, Cohen S M. Postsynthetic modification of metal-organic frameworks [J]. Chemical Society Reviews, 2009, 38 (5): 1315~1329.

[67] 卢忆冬. MOF 衍生中空纳米材料的制备及析氢性能研究 [D]. 江苏苏州：苏州大学, 2020.

[68] Saha D, Wei Z, Deng S. Equilibrium, kinetics and enthalpy of hydrogen adsorption in MOF-177 [J]. International journal of hydrogen energy, 2008, 33 (24): 7479~7488.

[69] Eddaoudi M, Kim J, Rosi N, et al. Systematic design of pore size and functionality in isoreticular MOFs and their application in methane storage [J]. Science, 2002, 295 (5554): 469~472.

[70] Rosi N L, Kim J, Eddaoudi M, et al. Rod packings and metal-organic frameworks constructed from rod-shaped secondary building units. [J]. Journal of the American Chemical Society, 2005, 127 (5): 1504~1518.

[71] Rowsell J, Millward A R, Park K S, et al. Hydrogen sorption in functionalized metal-organic frameworks. [J]. Journal of the American Chemical Society, 2004, 126 (18): 5666~5667.

［72］ Rowsell J, Yaghi O M. Strategies for Hydrogen Storage in Metal—Organic Frameworks ［J］. ChemInform, 2005, 36 (30): 4647.

［73］ Peterson V K, Yun L, Brown C M, et al. Neutron powder diffraction study of D2 sorption in Cu3 (1, 3, 5-benzenetricarboxylate) 2. ［J］. Journal of the American Chemical Society, 2006, 128 (49): 15578~15579.

［74］ 郑倩, 徐绘, 崔元靖, 等. 金属-有机框架物 (MOFs) 储氢材料研究进展 ［J］. 材料导报, 2008 (11): 106~110.

［75］ CD Wood, Tan B, Trewin A, et al. Microporous Organic Polymers for Methane Storage ［J］. Advanced Materials, 2008, 20 (10): 1916~1921.

［76］ Trewin A, Willock D J, Cooper A I. Atomistic Simulation of Micropore Structure, Surface Area, and Gas Sorption Properties for Amorphous Microporous Polymer Networks ［J］. Journal of Physical Chemistry C, 2008, 112 (51): 20549~20559.

［77］ Dawson R, Laybourn A, Clowes R, et al. Functionalized Conjugated Microporous Polymers ［J］. Macromolecules, 2009, 42 (22): 8809~8816.

［78］ McKeown N B, Budd P M. Polymers of intrinsic microporosity (PIMs): organic materials for membrane separations, heterogeneous catalysis and hydrogen storage ［J］. Chemical Society Reviews, 2006, 35 (8): 675~683.

［79］ MacIntyre I, Tchouvelev A V, Hay D R, et al. Canadian hydrogen safety program ［J］. International Journal of Hydrogen Energy, 2007, 32 (13): 2134~2143.

［80］ Aprea J L. New standard on safety for hydrogen systems in spanish: Keys for understanding and use ［J］. International journal of hydrogen energy, 2008, 33 (13): 3526~3530.

［81］ Oei D. Direct-hydrogen-fueled proton-exchange-membrane (PEM) fuel cell system for transportation applications. Quarterly technical progress report No. 4, April 1, 1995—June 30, 1995 ［R］. Ford Motor Co., Dearborn, MI (United States), 1995.

［82］ 冯文, 王淑娟, 倪维斗, 等. 氢能的安全性和燃料电池汽车的氢安全问题 ［J］. 太阳能学报, 2003, 24 (5): 677~682.

［83］ 小波秀雄. 水素がわかる本 ［M］. 工業調査会. 2005.

［84］ 松井英憲. ガス・デトネーション ［J］. 安全工学, 1980, 19 (6): 319~325.

［85］ Matthijsen A, Kooi E S. Safety distances for hydrogen filling stations ［J］. Fuel cells bulletin, 2006, 2006 (11): 12~16.

［86］ 梁玉, 李光文. 大量液氢的安全贮运 ［J］. 低温与特气, 1995, 000 (001): 46~51.

［87］ 大角泰章. 水素吸蔵合金―その物性と応用― ［J］. 株) アグネ技術センター, 1993: 144.

［88］ Lundin C E, Sullivan R W. Safety characteristics of LaNi₅ hydrides ［M］. New York: Springer US, 1975.

［89］ Lundin C E, Lynch F E. Solid-state hydrogen storage materials of application to energy needs. Semiannual technical report No. 2, 1 Jan-30 Jun 1975 ［R］. Denver Research Inst., Colo. (USA), 1975.

［90］ 橋口幸雄. 水素容器の爆発事故について ［J］. 高圧ガス, 1983, 20 (9): 491~497.

3 氢气直接还原铁氧化物

3.1 氢气直接还原工艺热力学分析

3.1.1 氢气直接还原氧化铁热力学反应机制

从热力学角度分析，一般情况下，赤铁矿（Fe_2O_3）与氢气（H_2）直接还原生成铁（Fe）的反应并不能直接发生，而是需要首先生成中间产物后再逐渐被还原成铁。当还原温度高于 570℃ 时，赤铁矿将会首先被氢气还原成为磁铁矿（Fe_3O_4），再由磁铁矿逐步被氢气还原生成浮氏体（$Fe_{1-x}O$），最后由浮氏体还原为铁，反应公式见式（3-1）~式（3-3）。由于浮氏体在温度低于 570℃ 条件下不稳定，更易生成铁[1]，故当还原温度低于 570℃ 时，赤铁矿将会先被氢气还原成为磁铁矿（Fe_3O_4），再由磁铁矿直接被氢气还原生成铁[2]，反应公式见式（3-1）、式（3-4）：

$$3Fe_2O_3 + H_2 \rule[0.5ex]{2em}{0.4pt} 2Fe_3O_4 + H_2O \tag{3-1}$$

$T < 570℃$ ：

$$(1-x)Fe_3O_4 + (1-4x)H_2 \rule[0.5ex]{2em}{0.4pt} 3Fe_{1-x}O + (1-4x)H_2O \tag{3-2}$$

$$Fe_{(1-x)}O + H_2 \rule[0.5ex]{2em}{0.4pt} (1-x)Fe + H_2O \tag{3-3}$$

$T > 570℃$ ：

$$Fe_3O_4 + 4H_2 \rule[0.5ex]{2em}{0.4pt} 3Fe + 4H_2O \tag{3-4}$$

图 3-1 所示为利用 Fact Sage 7.2 计算得到的 Fe-O 二元相图，该图解释了浮氏体低温不稳定的原因。从图中可以看出，浮氏体仅在 570℃ 以上的温度下稳定，而在 570℃ 以下浮氏体会被分解为 Fe_3O_4 和 Fe。此外，由于浮氏体的铁晶格中存在空位，导致其稳定区域会随着温度的升高而逐渐扩大，故浮氏体的化学式写为 $Fe_{1-x}O$ 而不是 FeO[3]。

3.1.2 气体成分对还原反应的热力学影响

图 3-2 所示为 Fe-O-H_2 及 Fe-O-C 系统的 Baur-Glässner 图（又称叉子曲线）。该图根据温度和气体氧化度（gas oxidation degree，GOD）显示了不同氧化铁相的稳定性区域。GOD 定义为氧化气体成分与氧化气体成分加可氧化气体成分之和的比例，即 $CO/(CO+CO_2)$、$H_2/(H_2+H_2O)$。气体成分的 GOD 值很好地表明了其还原力的高低，当 GOD 较低时，表示其混合气体的还原力较高[4]。

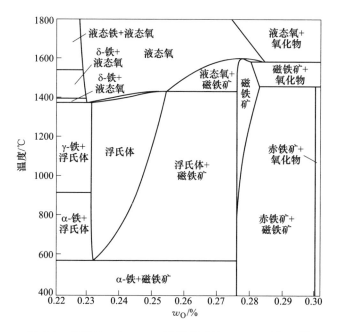

图 3-1　利用 Fact Sage 7.2 计算得到的 Fe-O 二元相图[4]

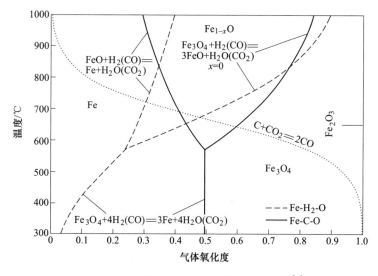

图 3-2　Fe-O-H₂ 和 Fe-O-C 系统的叉子曲线[4]

　　从图 3-2 中可以看出，氢还原反应需要在尽可能高的温度下进行，因为提高温度可以使得铁的稳定区间增加，进而导致理论气体利用率和还原热力学驱动力增加；而碳还原反应不同，较低温度下铁的稳定区间更宽，故在这种情况下，降低还原温度有利于提高理论气体利用率。由于动力学的限制，一氧化碳的还原也必须在一定温度下进行。否则，还原进度将非常缓慢，并且无法经济地完成。另外，当碳活度为1时，布氏反应的平衡线如图3-2所示，该反应的定义如下：

$$C + CO_2 \Longrightarrow 2CO \tag{3-5}$$

这条线将 Fe-O-C 系统的 Baur-Glässner 图分为两个区域。如果含 CO/CO_2 的气体混合物的温度和组成低于平衡线，则会发生碳沉淀反应，进而阻止还原反应的进行；而平衡线上方的温度和气体成分不会阻碍还原反应的进行。

通过上文可以得出表征 H_2 和 CO 还原能力优劣的转换温度为820℃，无论是 Fe-O-H_2 系统还是 Fe-O-C 系统，Fe_2O_3、FeO 和 Fe 的三相共析点均为570℃左右，即570℃以下，Fe_2O_3 经过两步反应变为 Fe，$Fe_2O_3 \rightarrow Fe_3O_4 \rightarrow Fe$；570℃以上时，$Fe_2O_3$ 经过三步反应变为 Fe，$Fe_2O_3 \rightarrow Fe_3O_4 \rightarrow Fe_{1-x}O \rightarrow Fe$。针对该方向，学者们做出了大量的研究，Giddings 和 Gordon[5] 基于氧势的计算对浮氏体的稳定温度进行了计算，认为 $Fe_{1-x}O$ 稳定性的转变温度在562℃；Pineau 等[6] 对铁氧化物的 H_2 还原动力学进行了实验研究，认为温度低于570℃时，$Fe_{1-x}O$ 无法稳定存在；Weiss 等[3] 认为573℃是 Fe、Fe_3O_4 和 $Fe_{1-x}O$ 的三相共析点温度；Zhang 等[7] 基于 Lingo 软件进行了铁氧化物还原的热力学数据拟合，对铁氧化物还原相关反应关系式进行了优化与修正，结论为铁氧化物三相共析点温度为576℃，而 H_2 和 CO 还原能力优劣的转换温度为819℃。目前，有关 Fe-O-H_2 系统和 Fe-O-C 系统中气固平衡的已发表的研究综述，来自不同研究者的研究结果一致性较差。

3.1.3　气基直接还原反应吉布斯自由能原理

化学反应热效应为生成物的温度恢复到反应物的温度时化学反应中吸收或放出的热量。直接还原竖炉内还原反应过程中的标准反应热效应根据基尔霍夫方程有：

$$d\Delta H_T^{\ominus} = \Delta C_P dT \tag{3-6}$$

式中　$\Delta H_T^{\ominus}$——标准热焓度，为常数；

　　　　ΔC_P——等压热容。

又有：

$$\Delta C_P = \sum (n_i C_{Pi}) - \sum (n_j C_{Pj}) \tag{3-7}$$

将式（3-6）代入式（3-7）得：

$$d\Delta H_T^{\ominus} = \left[\sum (n_i C_{Pi}) - \sum (n_j C_{Pj}) \right] dT \tag{3-8}$$

最终基于相对焓表达式，可以得到反应热效应计算公式为：

$$\Delta H_T^{\ominus} = \Delta H_{298} + \sum \left[n_i (H_T^{\ominus} - H_{298}^{\ominus}) \right]_{反应物} - \sum \left[n_i (H_T^{\ominus} - H_{298}^{\ominus}) \right]_{生成物} \tag{3-9}$$

当还原气还原铁的氧化物时，各个反应阶段的热效应见表3-1。

表 3-1 还原气还原铁氧化物重要反应的热效应

反 应 式	$\Delta H_{298}^{\ominus}/J \cdot mol^{-2}$
$\frac{1}{2}Fe_2O_3 + \frac{3}{2}CO = Fe + \frac{3}{2}CO_2$	-11705
$\frac{1}{2}Fe_2O_3 + \frac{3}{2}H_2 = Fe + \frac{3}{2}H_2O$	50035
$\frac{1}{3}Fe_3O_4 + \frac{4}{3}CO = Fe + \frac{4}{3}CO_2$	-4500
$\frac{1}{3}Fe_3O_4 + \frac{4}{3}H_2 = Fe + \frac{4}{3}H_2O$	50380
$FeO + CO = Fe + CO_2$	-10930
$FeO + H_2 = Fe + H_2O$	30230
$\frac{1}{2}Fe_2O_3 + \frac{1}{6}CO = \frac{1}{3}Fe_3O_4 + \frac{1}{6}CO_2$	-7205
$\frac{1}{2}Fe_2O_3 + \frac{1}{6}H_2 = \frac{1}{3}Fe_3O_4 + \frac{1}{6}H_2O$	-345
$\frac{1}{3}Fe_3O_4 + \frac{1}{3}CO = FeO + \frac{1}{3}CO_2$	6430
$\frac{1}{3}Fe_3O_4 + \frac{1}{3}H_2 = FeO + \frac{1}{3}H_2O$	20150

由表 3-1 可以看出，用 CO 作为还原剂的还原反应为放热反应，因此为避免球团矿内部过热发生黏结，应适当降低还原区温度，保持球团矿的多孔性结构。比较用 H_2 和 CO 还原球团矿的热效应可知，用 CO 比 H_2 的能量消耗小，对热能利用更有利些。

吉布斯自由能模型是研究多元多相体系平衡的经典模型，其基本原理是，对于一个多元多相体系，当体系达到热力学平衡时，总的自由能最小。这就可以把化学平衡问题转化为数学中有约束条件的函数最小值问题。最小自由能原理是从体系中组元的始态和终态的角度来考虑体系的平衡问题，只需知道体系中组元的初始量，通过数学计算得到各组元平衡时的最终量，并不需要考虑体系中存在的各个化学反应是如何进行的，因此能用最简单的方式得到准确而全面的结果。

吉布斯自由能是判断等温、等压下冶金反应的方向及平衡态的依据，是冶金过程热力学的中心内容和基本手段，其在讨论化学平衡问题时具有重要作用。可逆化学反应达到平衡时，每个产物浓度系数的连乘积与每个反应物浓度系数的连乘积之比称为平衡常数。反应进行得越完全，平衡常数就越大。平衡常数越大，说明生成物浓度越高，在总的体积中所占的比例也越大。平衡常数是化学反应的特性常数，仅取决于反应的本质。直接还原竖炉内当在一定条件下化学反应达到平衡，即还原反应达到了反应极限，此时的平衡状态用平衡常数 K_P 表示。表 3-2 为计算得出的 CO、H_2 还原氧化铁的平衡常数和标准自由能数据。

表 3-2 CO 和 H_2 还原氧化铁的平衡常数和标准自由能的变化

反应式	平衡常数/标准自由能	298K	400K	600K	1000K	1400K
$3Fe_2O_3 + CO = 2Fe_3O_4 + CO_2$	K_P	$4×10^{17}$	$1×10^{16}$	$3×10^{15}$	$2×10^{16}$	$2×10^{19}$
	$\Delta G_T^{\ominus}/J$	-100761	-122741	-177947	-331906	-518806
$Fe_3O_4 + CO = 3FeO + CO_2$	K_P	0.21	1.61	10.78	23.23	25.09
	$\Delta G_T^{\ominus}/J$	3813	-1582	-11860	-26153	-37506
$FeO + CO = Fe + CO_2$	K_P	0.098	0.32	1.23	3.98	5.95
	$\Delta G_T^{\ominus}/J$	-5745	-3739	1012	11479	20767
$3Fe_2O_3 + H_2 = 2Fe_3O_4 + H_2O$	K_P	98973.3	74477.1	47497.1	39278.1	26038.8
	$\Delta G_T^{\ominus}/J$	-28498	-37307	53717	-87949	-118343
$Fe_3O_4 + H_2 = 3FeO + H_2O$	K_P	485328	958.25	2.62	0.06	0.018
	$\Delta G_T^{\ominus}/J$	32437	22830	4812	-23230	-46742
$FeO + H_2 = Fe + H_2O$	K_P	10242	500.89	34.65	5.65	2.69
	$\Delta G_T^{\ominus}/J$	22878	20673	17685	14402	11531

3.1.4 氢气还原铁氧化物的热力学平衡

根据上文中最小自由能原理，对氢气还原铁氧化物的热力学平衡进行计算。假设初始时 $n_{Fe_2O_3} = 1mol$，n_{H_2} 分别为 2mol、3mol、5mol、9mol、18mol、21mol，则体系平衡时气相成分为 H_2 和 H_2O，固相成分可能有 Fe、Fe_3O_4、$Fe_{1-x}O$、Fe 等，以温度为横坐标，以平衡时 H_2 百分比和各产物含量为纵坐标，将热力学平衡计算结果以图的形式表示出来，如图 3-3 所示。

从图 3-3 可以看出，温度低于 575℃ 时并未出现浮氏体，Fe_3O_4 直接转化为 Fe。而温度高于 575℃ 时出现浮氏体物相，但因为 H_2 含量不够将 1mol Fe_2O_3 完全还原为 Fe，所以只有温度足够高，H_2 才有能力将 FeO 还原为 Fe。图 3-3 温度在 700～1100℃ 时，H_2 百分比不随温度变化而保持不变，说明在此条件下，气氛中 H_2 含量并未达到可将 FeO 还原为 Fe 的气氛要求，根据上文叉子曲线可知，随着温度升高，H_2 还原能力增强，FeO 转变为 Fe 的气氛要求降低。因此在 575℃ 以后，随着 H_2 含量的增加，平衡时的 Fe 含量也会逐渐增加，并随温度的升高更加容易生成。

因此可以得出结论，在 H_2 含量固定且不过剩的情况下，随着温度的升高，H_2 还原的平衡曲线随着温度的升高逐渐下行，H_2 还原能力增强，FeO 转变为 Fe 的气氛要求变低，平衡时的 Fe 含量逐渐增加。

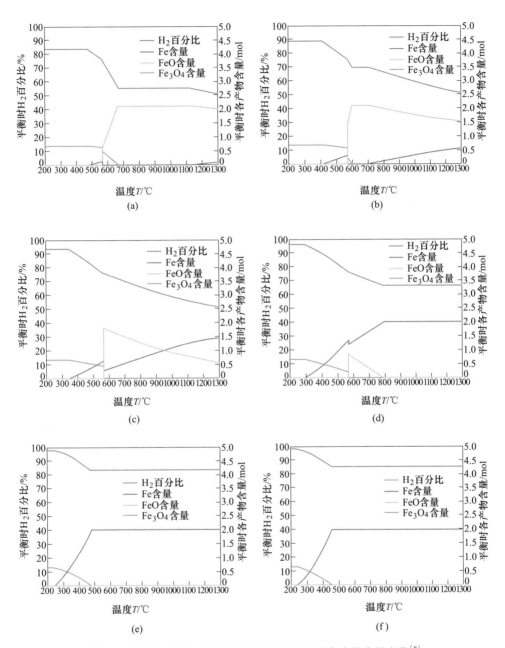

图 3-3 不同初始 H_2 含量时平衡态 H_2 百分比及各产物含量变化[8]

（a）初始 Fe_2O_3 为 1mol、H_2 为 2mol 时各物质平衡含量图；（b）初始 Fe_2O_3 为 1mol、
H_2 为 3mol 时各物质平衡含量图；（c）初始 Fe_2O_3 为 1mol、H_2 为 5mol 时各物质平衡含量图；
（d）初始 Fe_2O_3 为 1mol、H_2 为 9mol 时各物质平衡含量图；（e）初始 Fe_2O_3 为 1mol、
H_2 为 18mol 时各物质平衡含量图；（f）初始 Fe_2O_3 为 1mol、H_2 为 21mol 时各物质平衡含量图

从图 3-3 （d）可以看出，当初始 H_2 含量为 9mol 时，在一定的温度范围内就可以将 1mol Fe_2O_3 完全还原为 Fe。当初始 H_2 含量为 18mol 时，如图 3-3 （e）所示，可以看到几条图线均变为水平直线，其值不随温度而变化，初始时的 1mol Fe_2O_3 已经完全转化为 Fe，不再有多余的反应物参与还原反应，H_2 含量过剩，当初始 CO 含量为 21mol 时，如图 3-3 （f）所示，H_2 含量依然过剩，与图 3-3 （e）相比，平衡时 H_2 百分比更高，这是由于全部反应消耗的 H_2 是一定的，初始时 H_2 更多，造成平衡时 H_2 百分比也相应提高。

由于 Fe_2O_3 至 Fe_3O_4 的反应极容易发生，故平衡时 Fe_2O_3 含量均为 0，图 3-3 中并未画出 Fe_2O_3 的变化曲线。

图 3-4 中两幅图线分别是将图 3-3 中表示不同初始氢含量和不同温度平衡时 H_2 百分比的曲线表示在一张图上以进行对比。从图 3-4 （a）中可以看出在某一温度下初始 H_2 含量不同时平衡时 H_2 百分比的变化情况。图 3-4 （a）体现出的规律与叉子曲线一致。图中的水平线往往是在某一温度下还原气体量不足或还原气体量过剩，使得反应无法继续进行所致。如图 3-4 （b）所示，如果将初始 H_2 含量作为横坐标，平衡时 H_2 百分比作为纵坐标，可以从另一个角度分析初始 H_2 含量与平衡时 H_2 百分比之间的对应关系，这对研究铁氧化物还原反应的平衡态气氛有指导意义。

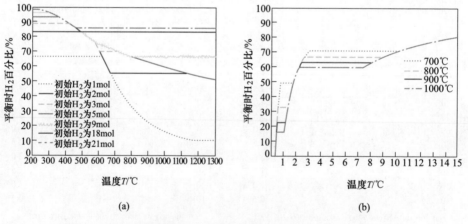

图 3-4 不同初始氢含量和不同温度条件下平衡态 H_2 百分比变化[8]

（a）不同初始 H_2 含量下温度与平衡时 H_2 百分比的关系；

（b）不同温度下初始 H_2 含量与平衡时 H_2 百分比的关系

选取温度 800℃，以初始 H_2 含量为横坐标，将平衡时的气氛状态和各产物产量表示在一张图上，如图 3-5 所示，可看到随着初始时还原剂 H_2 的增加，平衡时各产物的变化情况。根据前一部分计算结果可知，图中表示平衡时 H_2 百分比的曲线分别在 32% 和 67% 处出现两个"平台"，这就是铁氧化物还原叉子曲线上

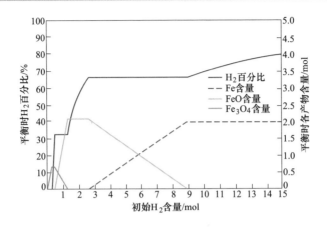

图 3-5 800℃时初始氢气含量与平衡态 H_2 百分比各产物产量的关系[8]

Fe_3O_4-FeO 和 FeO-Fe 的转变分界点。因此当气氛条件能够满足时，产物中的 FeO 或 Fe 将随着体系中初始 H_2 含量增加而增加；若气氛条件不能满足，产物中的 FeO 或 Fe 含量就会保持不变，直到增加还原剂 H_2 使得还原气氛能够满足条件。图中初始 H_2 含量为 8.94mol 时恰好能将 1mol Fe_2O_3 完全还原为 Fe，这也与化学平衡法计算得到的结果一致。而后，若初始 H_2 含量继续增加，H_2 气体将处于过剩状态，平衡时的 H_2 百分比将不断增加。

3.1.5 不同温度条件下浮氏体的成分组成

基于第一节中氢气直接还原氧化铁热力学反应机制，建立氢气直接还原铁氧化物热力学系统，对其进行热力学计算，以确定不同温度条件下还原中间产物浮氏体的成分组成[9]。设定系统中存在三种化合物：浮氏体［$Fe_{1-x}O$］、磁铁矿（Fe_3O_4）和赤铁矿（Fe_2O_3），它们可以根据以下反应形成[10]：

$$(1 - x)Fe + 0.5O_2 \Longrightarrow Fe_{1-x}O \tag{3-10}$$

$$3Fe + 2O_2 \Longrightarrow Fe_3O_4 \tag{3-11}$$

$$2Fe + 1.5O_2 \Longrightarrow Fe_2O_3 \tag{3-12}$$

通过上文可知，浮氏体在 570℃以上时不稳定，故设定该系统在 570℃以上时浮氏体会分解为铁和磁铁矿，反应式用以下方程表示：

$$Fe_{1-x}O \longrightarrow Fe + Fe_3O_4 \tag{3-13}$$

最终确定该系统中主要发生的化学反应如式（3-1）~式（3-4）所示，故可以通过反应平衡常数对温度的依赖性来检查氧化铁氢还原的热力学反应。基于该系统中氢气直接还原氧化铁热力学反应机制，对其进行热力学计算，以确定不同温度条件下还原中间产物浮氏体的成分组成。利用式（3-1）~式（3-4）可以得到其平衡常数，如式（3-14）所示：

$$K_P = \exp\left(-\frac{\Delta G_T^0}{RT}\right) = \frac{P_{H_2O}}{P_{H_2}} = \frac{X_{H_2O}}{X_{H_2}} = \frac{1 - X_{H_2}}{X_{H_2O}} \tag{3-14}$$

根据这个方程，可以找到气相中氢的摩尔分数：

$$X_{H_2} = \frac{1}{1 + K_P} \tag{3-15}$$

由表3-3可以看出，反应（3-1）平衡时气相中的氢摩尔分数以 10^{-5} 级表征，因此没有描绘出反应（3-1）平衡时气相中的氢摩尔分数与温度的关系。结果表明，反应式（3-2）~式（3-4）平衡的氢摩尔分数与气相的关系在 570℃ 左右相交。在较低温度下，氢气直接将磁铁矿还原为铁；在较高温度下，磁铁矿先被氢气还原为浮氏体，然后随着气相中氢浓度的增加，浮氏体逐渐被还原为铁。值得注意的是，随着温度的升高，用于反应式（3-2）~式（3-4）平衡的气相中的氢摩尔分数减小，反应平衡朝向反应产物的形成方向移动。

表 3-3　反应式（3-1）~式（3-4）的平衡常数和气相中氢摩尔分数的值

T/K	式（3-1）		式（3-2）		式（3-3）		式（3-4）	
	$\ln K_P$	X_{H_2}	$\ln K_P$	X_{H_2}	$\ln K_P$	X_{H_2}	$\ln K_P$	X_{H_2}
298	11.78	0.000008					-9.94	0.99
300	11.77	0.000008					-9.84	0.99
400	11.43	0.000011					-6.19	0.99
500	11.13	0.000015					-4.09	0.98
600	10.91	0.000018					-2.77	0.94
700	10.77	0.000021					-1.89	0.87
800	10.72	0.000022					-1.28	0.78
900	10.74	0.000022	-0.55	0.63	-0.93	0.72		
1000	10.67	0.000023	0.28	0.43	-0.74	0.68		
1100	10.55	0.000026	0.95	0.28	-0.56	0.64		
1200	10.44	0.000029	1.49	0.18	-0.42	0.60		
1300	10.33	0.000033	1.95	0.13	-0.30	0.58		
1400	10.24	0.000036	2.33	0.09	-0.21	0.55		
1500	10.15	0.000039	2.67	0.06	-0.14	0.54		
1600	10.06	0.000043	2.97	0.05	-0.09	0.52		

由于吉布斯自由能为广义热力学变量，故反应的吉布斯自由能的变化取决于参与化学反应物质的占比权重[11]。

为了获得在 CO 和 H_2 还原铁氧化物过程中发生反应的标准摩尔吉布斯自由

能变化的可比较值，将式（3-10）~式（3-12）的反应均修正为生成物是 1mol 原子的反应[12]。故三种铁氧化物形成的化学反应最终写为：

$$\frac{1-x}{2-x}Fe + \frac{0.5}{2-x}O_2 === \frac{1}{2-x}Fe_{1-x}O \tag{3-16}$$

$$\frac{3}{7}Fe + \frac{2}{7}O_2 === \frac{1}{7}Fe_3O_4 \tag{3-17}$$

$$\frac{2}{5}Fe + \frac{3}{10}O_2 === \frac{1}{5}Fe_2O_3 \tag{3-18}$$

对不同温度条件下的化学反应进行热力学计算，计算结果如图 3-6 所示。在 500~1600K 温度范围内，Fe-O 体系的标准吉布斯能随 X_0（X_0 为氧原子的摩尔分数）的变化表明，温度对氧化铁的稳定性有影响。在 500K、700K 和 900K 温度下，化合物最高铁氧比为 $Fe_{0.400}O_{0.600}$（即 Fe_2O_3），在 1100~1600K 范围内为 $Fe_{0.429}O_{0.571}$（即 Fe_3O_4）。随着温度的升高，浮氏体 $Fe_{1-x}O$ 的成分组成逐渐接近赤铁矿 Fe_2O_3 的成分组成[1]。

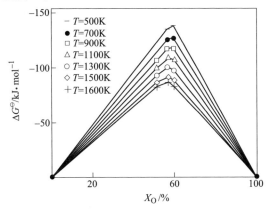

图 3-6　不同温度下 Fe-O 系的标准吉布斯自由能（kJ/mol）随 X_0（摩尔分数）的变化[1]

3.2　氢气直接还原工艺动力学分析

3.2.1　氢气直接还原氧化铁动力学反应机制

从还原反应动力学角度分析，氢气直接还原氧化铁为典型气固反应类型，即：

$$A(s) + B(g) === C(s) + D(g) \tag{3-19}$$

图 3-7 所示为完整的气固反应过程。在反应物 A(s) 的外层，生成一层生成物 C(s)，在其表面有一边界层。最外层包括反应物 B(g) 和生成物气体 D(g) 的气流。气体各成分中浓度较为均匀，气流浓度变化主要依靠对流传质[13]。因

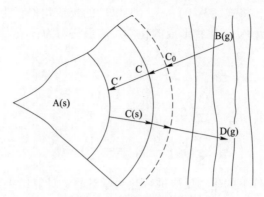

图 3-7 气固反应模型[13]

此该气固反应主要由以下环节组成:

(1) 外扩散。反应物气体 B(g) 在气流中通过边界层向反应固体 A(s) 表面扩散。在固气相界面上存在固体对气体的摩擦阻力,气流速度趋近于 0,由于反应的消耗,在相界面上的气体 B 浓度最低,在相界面附近的气流中存在一个具有浓度差的边界层。在边界层中气体为层流运动,在垂直气流方向几乎没有对流传质,仅有浓度差产生的分子扩散。

(2) 内扩散。反应物气体 B(g) 通过固体生成物 C(s) 层向反应界面的扩散。固体产物层随物质不同有不同的致密度和孔隙率。气体在固体层中的扩散速度推动力为气体浓度差及扩散面积,气体浓度差为固体生成物层与反应界面的反应物气体浓度差,而扩散面积与孔隙度及固体形状相关。

(3) 界面化学反应。在固体反应物 A(s) 与固体生成物 C(s) 界面上进行的界面化学反应。气体扩散到反应界面时,进行如式 (3-19) 所示化学反应,其反应速度的大小受反应物浓度及反应面积影响[9]。此外,界面化学反应实际上也通过三步完成:

1) 气体 B 扩散到反应物 A 表面被吸附;

2) 固体 A 转变为固体 C,气体 B 转换为气体 D,D 被固体 C 吸附;

3) 气体 D 在固体 C 上解吸。

其中环节 1) 和环节 3) 为吸附阶段,环节 2) 为结晶-化学反应阶段(新相晶核的生成和成长)。

3.2.2 氢气直接还原氧化铁动力学理论模型

3.2.2.1 理论模型的选择

铁矿石还原过程中的微观解释(即关于铁矿石在还原过程中铁氧化物的氧是

怎样被还原剂夺走和还原过程中快慢受哪些因素限制）为解决反应速率问题的主要理论依据，目前主要有 3 种理论，即吸附自动催化理论、固相扩散理论和未反应核模型理论。其中未反应核模型理论是目前公认的[14]。

（1）吸附自动催化理论。还原反应是在固体氧化物表面上进行的，还原剂吸附在固体表面，经过界面反应，从氧化物晶格中夺取氧，最后反应的产物从固体表面脱附，整个反应由吸附扩散、界面反应和脱附扩散等步骤组成，其中最慢的一步就是反应的限制环节。这一理论与未反应核模型相似，但并未全面解释整个反应过程。

（2）固相扩散理论。铁氧化物在还原过程中，反应层内由 FeO、Fe 等原子或离子的固相扩散，使得固体内部没有被还原的部分裸露出来，如此循环促使反应不断进行。

（3）未反应核模型理论。由于铁氧化物从高价逐级还原到低价，当一个铁矿石颗粒还原到一定程度后，铁矿石外部就形成了多孔的还原产物层，即铁的壳层，整个铁矿石内部还有一个未反应的核心，随着反应的推进，这个未反应核心也逐渐缩小，直到完全消失，还原的固态产物层附着在固态反应物上，且形状和体积与原矿相差不多，变化可忽略不计。整个反应按以下顺序进行：气体还原剂的外扩散—气体还原剂的内扩散—气体还原剂的吸附—界面化学反应—反应产物氧化性气体脱附—反应产物氧化性气体内扩散—反应产物氧化性气体外扩散。还原过程中各阶段中，最慢的一步将是还原反应的限制性环节[15, 16]。

未反应核模型理论认为，化学反应只在反应界面上进行，而此反应界面随着反应进程由外层逐步向核心收缩。在固体物中心形成一个未反应的核心，而外面由产物层所包围。气固反应的经典模型未反应核模型如图 3-8 所示。

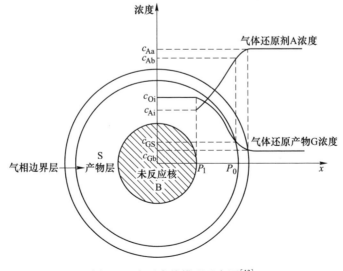

图 3-8 未反应核模型示意图[13]

3.2.2.2　氢气直接还原氧化铁动力学理论模型的建立

基于未反应核模型理论，建立氢气直接还原氧化铁动力学模型，其反应方程式为：

$$Fe_2O_3(s) + 3H_2(g) \rightleftharpoons 2Fe(s) + 3H_2O(g) \tag{3-20}$$

在氢气还原多孔铁矿石颗粒的过程中，会经过以下步骤[17~19]：

（1）H_2通过大孔和微孔从气相扩散边界层向铁氧化物表面大量迁移；

（2）H_2通过铁氧化物表面的还原产物层向化学反应界面迁移；

（3）H_2与铁氧化物在化学反应界面发生气固还原反应，脱除铁氧化物中的氧，形成H_2O和Fe；

（4）反应产物在相界面发生解离反应，H_2O从相界面向铁氧化物表面发生迁移；

（5）固态反应产物发生固相扩散、成核和生长；

（6）H_2O通过气相扩散边界层向大气迁移。

氢气直接还原氧化铁动力学模型中，每个步骤都影响着化学反应速率：如当氧化铁颗粒孔隙率较低时，还原气体难以穿透颗粒，使得步骤（2）、（4）进度变慢，从而导致整体还原反应速度缓慢；在还原性气体吸附在氧化铁界面之后，发生化学反应，在这一步骤中，不同的铁活性将会影响反应中铁离子和电子扩散到发生还原的相界速度的快慢；而当在外部氧化物表面上形成的气态还原产物扩散回到气流中时，固体还原产物会发生典型的层增长，导致后续反应速率逐渐变缓[18]。

在以上几种情况下，过程中最慢的步骤都会阻碍还原速率，并称为限制性环节。通常情况下，化学反应本身强烈依赖于温度：在低温下，化学反应缓慢，反应物和产物的运输比化学反应本身发生得更快，化学反应成为限制性环节；随着温度升高，化学反应速率呈指数增长，当化学反应发生速度快于反应物与产物间的传递速度时，限制性环节从化学反应变为物相传质[15]。在氢还原过程中，反应产物为水蒸气，通常情况下氢气扩散速度较快，而还原反应产物水蒸气的解离和扩散速度较慢，故步骤（4）、（6）为反应限制性环节。

限速步骤可以根据气流和反应界面之间的气态反应物 A 的浓度曲线进行总结，如图 3-9 所示。如果化学反应发生得非常快，则还原气体向反应界面的传质就成为限速步骤。通过气相扩散边界层进行质量传输的驱动力是气流和反应界面之间的浓度差，这种现象可以用菲克的扩散定律来描述。所得的气体浓度曲线如图 3-9（a）所示，其中 C_{Ag} 代表还原性气体混合物中气相反应物 A 的浓度；C_{As} 代表颗粒外表面的气相反应物的浓度，同时也为未反应核颗粒外表面的浓度；C_{Ac} 代表反应的平衡浓度。

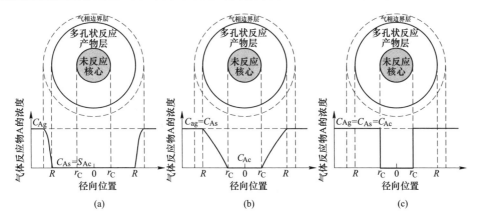

图 3-9　气态反应物 A 在颗粒上的气体浓度分布
(a) 气相传质；(b) 孔扩散；(c) 化学反应

限制性环节有：(a) 气相传质；(b) 孔扩散；(c) 化学反应[19]。图 3-9 (b) 所示为限制性环节为孔扩散时反应物 A 的气体浓度分布。通常孔隙分为两种：还原过程中形成的孔隙和铁氧化物中原始孔隙。不同尺寸和形状的孔隙导致不同的扩散机制，进而改变孔隙中的气体含量。如果在孔隙中的传质是限速步骤，则还原过程可以通过收缩芯模型来描述。气流中的浓度 C_{Ag} 等于产品表面的浓度 C_{As}，在反应界面处，浓度等于反应的平衡浓度 C_{Ac}。若反应物铁矿石颗粒较小且多孔，当颗粒的尺寸达到临界值时，气体扩散就变得很重要，粒料外表面的颗粒被还原成金属铁，而中心的氧化铁颗粒未反应，气态反应物通过形成的多孔铁层的扩散成为速率限制，气态物质的浓度在多孔铁层中降低，直到中心未反应的颗粒为止。因此，在铁矿颗粒较小的情况下，在致密和多孔的氧化铁颗粒之间不会出现气体浓度分布的差异。

在相界面反应过程为限制性环节的条件下，气体浓度曲线如图 3-9 (c) 所示。相界面反应过程描述了在反应产物形成过程中化学吸附的还原性气体对氧离子的置换。反应速率很大程度上取决于温度、反应界面处还原气体的浓度以及需要还原的氧化物类型。气体浓度曲线显示气流中的浓度等于反应界面处的浓度。在未反应的核中浓度为零。在无孔颗粒的情况下，反应根据收缩核模型逐步进行，这称为局部化学反应。在多孔颗粒中，还原气体可以穿透颗粒，并且还原同时在所有表面开始。该限制不取决于粒度。

如果还原反应导致在颗粒周围形成致密的铁层，则还原的进程会受到固态扩散穿过形成的产物层的限制。因为固态扩散变得占优势，所以防止了还原气体直接进入反应界面并大大降低了还原速率。在还原磁铁矿时，由于这些氧化物的无孔特性，固态扩散尤为重要。固态扩散主要通过晶格缺陷和间隙位置发生。在570℃以上的还原过程中形成浮氏体。浮氏体的生成标志铁离子在晶格中扩散形成了空位。如果在还原过程中形成致密的铁层，则由于氧扩散到外表面而发生进一步还原。与气体扩散相比，固态扩散的扩散系数要低得多，因此，还原率要低得多。在赤铁矿还原过程中，由于形成了多孔中间产物，这种现象不太重要。

还原反应形成的反应产物结构取决于成核和成核过程。在反应界面处，氧离子的丢失会导致铁与氧的比例发生变化，氧化物中会发生铁离子过饱和现象，从而导致那些具有较低氧化值的氧化物或金属铁的沉淀聚集。当聚集物达到一定大小时，则会作为核颗粒开始生长。不同的还原参数会导致形成不同类型的铁层，这将在下一节中进行讨论。

3.2.3 还原动力学限制性环节的影响因素

氧化铁还原动力学受各种参数的影响。除工艺参数（如温度、压力和气体组成）外，需要还原的材料的特性（如晶粒大小、形貌和孔隙率）对还原性能也有重要影响。不同参数的影响将在下一节讨论。表3-4总结了部分参考文献针对等温还原条件下 H_2、CO 还原行为的研究结果。

表3-4 参考文献中还原反应动力学研究结果

参考文献	还原剂	温度/℃	使用氧化物	关于还原行为的主要结果
[20]	H_2	900~1000	Fe_3O_4晶体	在900℃和950℃时，还原速率随温度的升高而减小； 还原速率分别为83%和89%； 固相扩散为还原反应的限制性环节
[21]	CO	700~850	Fe_2O_3 100~150μm	还原速率随温度的升高而增加； 限速性环节随还原温度和还原进度的不同而不同； 确定了还原为 FeO 和 Fe 的表观活化能分别为 83.6kJ/mol 和 80.4kJ/mol
[22]	H_2	500~1100	Fe_2O_3	高孔隙率样品（54%）的还原率随着温度的升高而增加，直至完全还原； 孔隙率较低的样品（35%~8%）由于形成了致密的铁层，在650℃时还原率最小
[23]	H_2	238~417	FeO	相界面反应为限制性环节； 还原程度随时间的变化呈 S 形； 对反应速率进行了估算
[24]	C、H 混合	850	Fe_2O_3球团	纯 H_2 还原比混合气体还原快；H_2 还原受相界面反应和气体扩散的限制；CO 还原也受相界面反应和气体扩散的限制，但限制机理的区域不同
[25]	C、H 混合	900~1100	FeO 球团	H_2 还原速率最高，还原气体中 CO 含量越高，还原速率越低； 较长的 CO 还原孵育时间降低了初始阶段的还原速率

续表 3-4

参考文献	还原剂	温度/℃	使用氧化物	关于还原行为的主要结果
[26]	H_2	300~750	Fe_3O_4精矿	建立了预测精矿和球团矿还原行为的模型，其计算结果与实验结果吻合较好
[27]	CO-CO$_2$	590~1000	Fe_2O_3	从Fe_2O_3到Fe_3O_4的还原受外传质的限制，与温度无关；从Fe_3O_4还原到FeO的过程中，限制性环节取决于所用原料种类（外部传质和相界面反应）
[28]	CO-CO$_2$	350~800	Fe_2O_3	还原产物的强度取决于还原前的强度和还原参数
[29]	H_2/CO	450~1100	Fe_2O_3、Fe_3O_4	由于孔隙形成的原因，Fe_2O_3的还原速率比Fe_3O_4快；先氧化为Fe_2O_3的Fe_3O_4与天然Fe_2O_3的还原速率相当；与CO相比，H_2还原速率更快；随着温度的降低，Fe_2O_3和Fe_3O_4的还原速率差异减小
[30]	H_2/CO-CO$_2$	400~1000	Fe_2O_3	研究了温度和晶粒尺寸的影响，定义了限速性环节；还原过程中形成的铁的孔隙特征研究；多孔和致密铁氧化物和铁的还原氧化研究
[31]	H_2/CO	800~1000	Fe_2O_3	还原速率随温度和还原气体中H_2浓度的增加而增大

3.3 不同参数对直接还原反应的影响

3.3.1 反应温度对还原速率的影响

从动力学角度讲，大部分限制性环节反应速度都依赖于温度的高低，较高的温度总是会对还原反应动力学产生有利影响。总体而言，扩散速率和相界面化学反应速率随温度的升高而加快。从热力学的观点来看，氧化铁的还原也可以在低温下进行，但从动力学角度分析，低温下天然气利用率则严重不足。因此，要达到符合工业过程经济要求的天然气利用率，就需要一定的温度。由 3.1.2 节叉子曲线可知，在氢气作为还原剂的情况下，还原驱动力随着温度的升高而增大，因此，不管是从热力学角度还是动力学角度分析，较高的温度对氢气直接还原都有好处。

当 CO 作为还原性气体时，还原反应可能会随温度的升高而变缓。同时，还原温度也影响产物铁的致密程度，还原反应过程中应尽量减少生成铁层致密的区域，否则，还原反应限制性环节将变为气体扩散。温度对还原速率的影响已被许多研究者所研究。Bahgat 和 Khedr[20]研究了磁铁矿晶体在 900~1100℃ 温度下的氢还原行为。调查表明，900℃ 和 950℃ 在 80% 和 90% 的还原度下还原速率显著减缓。这种现象的发生正是由于随着温度的升高，还原发生得更快，产物铁形成了致密的铁层，减少了气体与氧化铁界面接触。

El-Geassy 和 Nasr[22]利用氢气作为还原剂，研究了温度对赤铁矿压块还原率的影响，结果表明，在 500~1100℃ 间所有的实验都能使得赤铁矿压块完全还原，但温度对还原速率存在较大影响。在 700~1100℃ 下还原反应进行得非常快，温度变化并未产生很大差异。而在较低的温度下，特别是在 500℃ 时，还原反应进度明显变缓。El-Rahaiby 和 Rao[23]利用氢气作为还原剂，还原浮氏体以观察整个还原过程，其中浮氏体是恒温下用 CO/CO_2 混合物氧化铁箔制成的。实验结果如图 3-10 所示，整体还原过程随时间的变化规律可以分为三个阶段：第一个阶段是潜伏期，对应于铁核的形成，随着温度的降低，铁核形成时间明显增加；在第二阶段，即快速还原阶段，铁核依次生长；而在第三阶段，由于生长中的铁核相互撞击相互阻碍，故使得还原速率降低。Chen[21]等研究了在流化床反应器中以 CO 为还原剂在不同温度下对赤铁矿粉的还原，他们还发现，转化率随着温度的升高而增加。

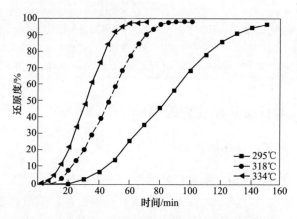

图 3-10　温度对氢还原浮氏体还原速率的影响[23]

3.3.2　压力对还原速率的影响

除温度外，压力对还原速率也存在影响。Habermann 等人[17]采用恒定表观气速的流化床反应器研究了总压对含大量氢气还原性气体赤铁矿还原率的影响。在还原气体中氢气分压恒定（摩尔流量恒定）的情况下，在还原过程的前期和中期，压力变化对还原速率影响较小，而在还原过程的后期，还原速率降低时，可以通过提高压力来提高还原转化率。此外，气体中氢气的分压越高（摩尔流量越大），还原速率越快。在恒定摩尔流量下，还原速率随着压力的增加而增加，而当出口气体浓度趋于平衡时，还原速率保持不变。这是因为该实验条件下提高压力会导致反应器内气体流速降低且停留时间较长。故可以看出改变相对压力时，还原速率随氢气分压的提高而增加，而改变绝对压力对整体还原速率影响较小。

3.3.3 气体浓度对还原速率的影响

还原气的组成是控制还原速率的重要因素之一。由叉子曲线可知，低 GOD 值的混合气体具有高的还原能力。除 GOD 值外，还原气体的种类对还原速率也存在较大影响。众所周知，H_2 和 CO 两种物质作为还原剂还原铁氧化物的过程是有区别的。而这些差异主要是由动力学原因造成的。图 3-11 所示为 850℃ 时气体组成对赤铁矿球团还原过程的影响[24]，该实验选用的还原性气体分别为 CO、H_2 和含有 55.7% H、34% CO、6.3% CO_2 和 4% CH_4 的气体混合物。在 850℃ 条件下，H_2 和 CO 的 GOD 值差别很小，还原能力几乎相同，但结果表明 H_2 的还原率要快很多。实验进行 15min 时，H_2 已完全还原，但此时 CO 仅还原 50% 左右。

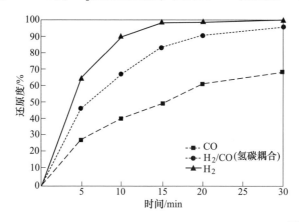

图 3-11　850℃ 下还原气体组成对赤铁矿还原速率的影响[24]

El-Geassy 和 Rajakumar[25] 研究了浮氏体小球在 900~1100℃ 与 H_2、CO 以及两种气体混合物的还原行为。结果表明，CO 的加入大大降低了还原速率，而少量 H_2 的加入能够有效增加还原速率。相比于 CO，H_2 在反应界面更容易形成铁核，故纯 CO 还原铁氧化物时，其初始阶段相对缓慢。Turkdogan 和 Vinters[32] 研究了不同添加量的铁矿石球团的还原性。结果表明，由于 H_2/H_2O 的有效气体扩散系数较大，在 CO 气氛中还原比在 H_2 中还原所需的时间更长。与 CO 相比，H_2 的动力学行为更好的原因（第 3.4 节）会有更详细的分析。

3.3.4 颗粒粒度及孔隙率对还原速率的影响

氧化铁颗粒的粒度也会影响铁矿石的还原性，因为不同的粒度会导致还原反应的限制性环节不同。Teplov[26] 研究了磁铁矿精矿在 300~570℃ 低温下的氢还原动力学。图 3-12 所示为不同晶粒尺寸的还原实验结果。随着粒径的减小，还原速率明显增大，特别是在还原过程的初始阶段和最终阶段。

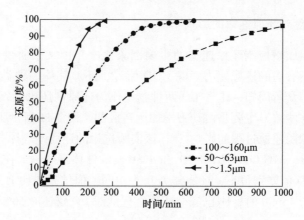

图 3-12　粒度对 400℃ 氢还原磁铁矿精矿还原率的影响[26]

Corbari 和 Fruehan[27] 利用 CO/CO_2 混合物作为还原剂，在 1000℃ 下将氧化铁粉还原为浮氏体，以研究不同粒度（110μm～3mm）对还原行为的影响机理。实验表明，平均粒径在 110～508μm 范围内时还原率基本相同。可以看出在该范围内，气体通过颗粒孔隙的扩散速度足够快，并未成为还原过程的限制性环节；而当颗粒平均粒径大于 500μm 时，随着粒径的增加，扩散距离增大，孔隙扩散成为限制性环节，还原速率随颗粒平均粒径的增大而明显降低。而当还原温度较低时，粒径对还原速率的影响变小，因为其他还原步骤逐渐成为限制性环节。

Chen[33] 等研究了平均粒径为 21μm 的赤铁矿颗粒在 1150～1350℃ 条件下进行的闪速还原。结果表明，利用氢作为还原剂还原超细材料时，具有良好动力学行为，可在几秒钟内达到 90% 以上的还原度。

一般来说，高孔隙率的铁矿石、球团和烧结矿具有更好的还原性，其原因是高孔隙率的铁氧化物渗透性较好，使得还原性气体能够到达反应界面。还原性气体通过颗粒的孔隙扩散非常重要，是还原过程中的一个限速步骤。研究表明孔隙率最高的褐铁矿还原性最好，孔隙率较低的赤铁矿和磁铁矿次之[4]。

通过研究在流化床反应器中不同温度下赤铁矿还原为磁铁矿的过程，包括还原过程中赤铁矿比表面积和平均孔径的变化[4]。结果表明，随着还原时间的延长，比表面积和平均孔径发生了变化，因此总孔隙度也发生了变化。这种影响与温度等工艺参数密切相关。故在球团和烧结矿还原的情况下，大孔的存在比微孔（<15μm）的存在对还原性的影响更大。

3.3.5　铁矿石种类对还原速率的影响

众所周知，赤铁矿和磁铁矿矿石表现出不同的还原性，赤铁矿的还原性比磁铁矿好得多。目前还没有经过工业证明的直接还原方法可以处理未经处理的磁铁矿。磁铁矿通常表现为无孔结构，在还原过程中反应产物会在颗粒表面生成一层致密铁层，而氧化磁铁矿与天然赤铁矿的还原性基本相同，故在工业直接还原过程中，磁铁矿球团在制球过程中一般会被氧化为 Fe_2O_3。Edström[29] 研究了在 1000℃时不同种类氧化铁与 H_2 和 CO 进行还原反应行为的差异，实验结果如图 3-13 所示。在 H_2 和 CO 的作用下，赤铁矿的还原速率更快，而 CO 还原磁铁矿的还原速率相对较低。主要原因是在还原过程中形成了不同的结构和孔隙度，这些结构和孔隙度对所用原料有很大的依赖性。褐铁矿由于存在结合水，故其孔隙率高，还原性良好。Mali 和 Spuida[34] 定义了不同类型铁矿石的还原性顺序，其中褐铁矿还原性最好，其次是赤铁矿和磁铁矿，定义的标准也包括了铁矿石的比表面积。

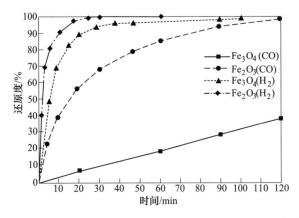

图 3-13 不同矿物种类对氢和一氧化碳还原速率的影响[29]

在实际条件下，铁矿石总是含有一些额外的脉石。其脉石的种类和数量取决于铁矿石本身和选矿工艺。典型的脉石氧化物有 SiO_2、CaO、MgO 和 Al_2O_3。其中 SiO_2 含量与还原速率无关，SiO_2 含量较低时，还原速率随 CaO 含量的增加而增加，而添加脉石对还原过程的影响效果取决于烧结温度和矿石的孔隙率。在烧结过程中，脉石的存在使得铁氧化物形成大量由钙、铁、硅等物质组成的不同物相，如一些不同类型的铁酸钙或铁橄榄石。每种物相的还原能力并不相同，一般情况下，物相中含有二氧化硅时，还原性比其他相差。由于 MgO 含量的增加会使得烧结矿中赤铁矿和铁酸钙含量减少而低还原性尖晶石相增加，故增加 MgO 含量也会降低烧结矿的还原性。

一般情况下，磁铁矿的还原是以局部发生化学反应的方式进行的，还原过程会使得磁铁矿形成致密的铁层，防止还原气体与反应界面直接接触，而部分脉石的添加能够有效改善这一情况。Kapelyushin 等[33] 利用 CO/CO_2 混合物研究了不同温度下 Al_2O_3 对磁铁矿还原速率的影响。结果表明，Al_2O_3 含量在 3% 以下时，还原过程中会形成网状的浮氏体结构，进一步还原反应生成的金属铁会沿着浮氏体结构形成。因此，Al_2O_3 的存在使得还原过程中未形成致密铁层，从而提高还原速率。这一效应取决于还原温度和氧化铝的数量。在 Fe_3O_4-$FeAl_2O_4$ 溶液中富集 $FeAl_2O_4$ 对还原速率有负面影响。不同氧化铝含量的磁铁矿随时间的还原程度如图 3-14 所示。Paananen 等[35] 也做了类似的研究。他们发现，在还原过程中，Al^{3+} 的存在增加了磁铁矿裂纹的形成，因为铁尖晶石结构的存在使得裂纹扩展更高。故与纯磁铁矿相比，掺有 Al 的样品还原速率更快。

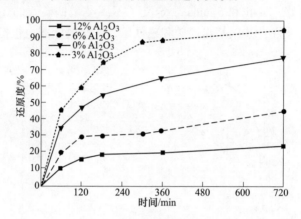

图 3-14　Al_2O_3 掺杂量对 750℃ 磁铁矿还原率的影响[33]

3.3.6　水蒸气的生成对还原速率的影响

当还原气体中含有 H_2 时，气体还原产物中会含有水蒸气，而水蒸气的存在会对还原过程产生很大的影响。一方面，由叉子曲线可知，水蒸气的存在降低了还原反应的热力学驱动力；另一方面，水蒸气易吸附在反应界面上，从而阻碍还原反应的进行。Steffen 等[4] 利用 $Ar/H_2/H_2O$ 混合气体作为还原剂，研究了在不同温度下的还原过程中，水蒸气对铁在磁铁矿上生长速率的影响。结果如图 3-15 所示。可以看出，随着混合气体中水蒸气分压的增加，浮氏体表面的铁核生长速率在所有测试温度下都会强烈下降。这是由于水分子在铁磁铁矿界面自由反应位点上的吸附阻碍了还原的进一步进行。

在 500~1000℃ 之间水蒸气的存在大大降低了还原速率，特别是在低温（500~700℃）时，还原速率降低十分明显。Lorente 等[36] 研究了水蒸气对氧化铁还原动力学的影响。他们发现，在还原气体中加入 0~5% 的水蒸气不会影响 Fe_2O_3 到 Fe_3O_4 的还原，但 Fe_3O_4 到金属铁的还原速率急剧下降，而 H_2 在还原过程中形成的水蒸气对还原动力学没有影响。

除还原性气体中的水蒸气外，产物铁的类型也能极大地影响还原反应的进

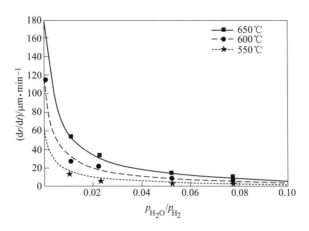

图 3-15 还原气体中水蒸气对浮氏体表面铁生长速率的影响[4]

行。产物铁的类型既取决于工艺条件（如温度和还原气体组成），也取决于原料本身。一般来说，产物铁层的类型可分为致密、多孔和纤维状（晶须状）三种类型。前人[37]根据降低的气体成分和温度确定了不同类型产物铁层的面积。他们的研究表明，在接近 Fe 和 FeO 的热力学平衡的气体混合物中，纤维状产物铁的形成占主导地位；而对于具有高还原能力的还原性气体，致密铁层和多孔铁层是产物铁的主要形成类型。但结果之间存在一些差异，原因可能是研究没有考虑到氧化铁性质对原子核形成的影响。

采用流化床还原氧化铁时，应避免铁晶须的形成。晶须的形成是产生黏滞现象的主要原因之一。此外，还应避免颗粒周围形成致密铁层，因为致密铁层会降低还原性气体与铁氧化物的接触面积，从而导致还原速率的大幅度下降，降低还原性气体的利用率。

Habermann[4]认为不同铁层的形成是相界面反应和固态扩散之间的相互作用。浮氏体是在 570℃ 以上的赤铁矿和磁铁矿还原过程中形成的。最初，浮氏体的元素组成介于 FeO 与 Fe_3O_4 之间，而随着还原反应的继续进行，Fe 与 O 的比率会发生变化，直到达到 Fe 与 FeO 之间。进一步的还原会形成一个铁过饱和的浮氏体层。如果化学反应的速度比固体扩散快得多，铁核就会在表面形成，而由于化学反应的高速率，许多核形成将导致铁氧化物表面形成一个铁层。如果固态扩散速度比化学反应快得多，就会发生浓度平衡，过度饱和浮氏体在整个粒子中形成，而不仅仅是在表面。如果铁核在表面形成，铁离子就会扩散到铁核中，从而继续生长，形成晶须。事实上，铁晶须的形成需要较低的成核速率和较高的扩散速率。

Abdel Halim[38]等研究了利用 CO 还原浮氏体时金属铁晶须的形成条件。还原温度为 800℃ 时，浮氏体还原速率较低，转化率仅为 40%。这是因为温度较低，使得还原反应速度缓慢，表面和核心之间的铁离子浓度梯度很低，产物铁在浮氏体表面形成致密铁层，从而降低还原速率。随着还原温度的升高，成形铁的孔隙率增加。而在还原温度为 1100℃ 时，产物铁则会形成铁晶须。

Fruehan 等[39]研究了氢气还原铁矿石的最后阶段。结果表明，在一定的还原程度下，由于形成了致密的铁层，还原速率降低。1μm 厚的铁层足以从根本上降低还原速率，气体在铁层中的扩散速率成为限制性环节。此外，实验还表明，当还原性气体中氢的分压达到一定程度后，会破坏致密铁层，解除致密铁层对气体扩散速率的限制，提高还原速率。

3.4 氢碳还原铁氧化物过程的差异分析

3.4.1 氢碳还原铁氧化物过程热力学差异

为更直观地看出两种还原气体还原铁氧化物的热力学差异，对叉子曲线进行了简单修改，不同温度下氧化铁还原成铁各阶段所需还原气氛如图 3-16 所示。自下而上全图分为 4 个区域。最下方为 Fe_2O_3 稳定区，然后依次是 Fe_3O_4、FeO 和 Fe。图中第一个关键温度为 570℃。570℃ 以下 FeO 不存在，Fe_3O_4 直接还原为金属铁；570℃ 以上高价铁还原经过 FeO 区[40]。

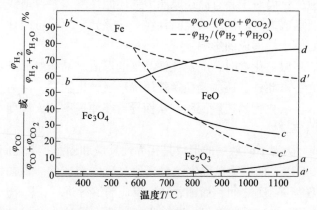

图 3-16　不同气体还原铁氧化物对比[40]

由图可知，570℃ 以下，反应 b 曲线随温度升高而升高，为放热反应；而反应 b' 则反之。570℃ 以上，还原的第一阶 Fe_2O_3-Fe_3O_4，反应 a 和 a' 曲线随温度升高而升高，此阶段还原对气氛要求极低，可视为不可逆反应；还原的第二阶段 $Fe_3O_4 \rightarrow FeO$，反应 c 和 c' 曲线均随温度升高而降低，还原反应都是吸热反应。还原的第三阶段 $FeO \rightarrow Fe$，反应 d 曲线随温度的提高而升高，为放热反应；而反应 d' 反之。

图中第二个关键温度为 810℃。此温度为虚线和实线的一个交叉点，划分了

CO 和 H_2 的还原能力。当还原气氛温度大于 810℃时，曲线中 CO 的位置高于 H_2，此区间内 H_2 的还原能力比 CO 高；在还原气氛温度小于 810℃的范围内，有着相反的规律[41]。H_2 对铁的氧化物还原反应为吸热反应，而 CO 的还原反应为放热反应，温度升高会提高 H_2 利用率，但是却会使 CO 利用率降低[42]。

此外，在还原气还原铁氧化物过程中，可以应用标准吉布斯自由能和平衡常数考量反应差异。当 $\Delta G<0$（$K>1$）时，反应自发进行，平衡反应朝着正向反应；$\Delta G>0$（$K<1$）时，反应不能自发进行，平衡反应朝着反向反应；当 $\Delta G=0$（$K=1$）时，反应达到平衡。CO 和 H_2 还原赤铁矿为磁铁矿过程中，在温度范围内吉布斯自由能均小于 0，平衡常数大于 1，反应自发正向进行。CO 还原铁矿石时为放热反应，随着温度的升高，吉布斯自由能变大，还原反应被抑制；H_2 还原铁矿石具有相反的规律，由于 H_2 还原时是吸热反应，反应会随着温度的升高得到促进。

3.4.2　氢碳还原铁氧化物过程动力学差异

在上文中 3.1.2 节利用叉子曲线解释了氢气还原氧化铁和一氧化碳还原氧化铁的热力学差异：在 810℃时，两种气体的还原能力相同；随着温度的提高氢气的还原能力逐渐增强，而在较低温度下一氧化碳的还原能力较好。而从动力学角度分析，H_2 的还原能力总体是优于 CO 的还原能力。Zuo 等[43]研究了氧化铁球团在不同混合气体中的还原行为。图 3-17（a）所示为 800℃下不同混合气体的还原过程，随着 CO/H_2 比值的增加，还原速率逐渐变缓。这是因为氢的扩散行为比一氧化碳的扩散行为要好得多。因此可以看出，动力学扩散速率对还原速率的影响比热力学驱动力更重要。

图 3-17（b）所示为基于未反应核模型，确定不同气体混合物的有效扩散系数的过程，包括内部还原、孔隙扩散和气膜传质。t_1 表示还原速率仅受外扩散控制时的总还原时间，F 表示反应时间与总反应时间的比值。利用线性回归分析所得出的斜率和截距，可以分别确定有效扩散系数和减少率。一般来说，扩散系数取决于温度和气体混合物的物理性质，如黏度、分子大小和压力，有效扩散系数随温度的升高和混合气中氢含量的增加而增大，温度越高，气体分子运动越快，从而提高扩散行为。与 CO 相比，由于 H_2 的分子尺寸和黏度较小，H_2 的扩散行为较好，导致扩散活化能较低。

在 CO 存在的情况下，有效扩散系数急剧降低。一方面，混合气体的物理性质随 CO 含量的增加而变化；另一方面，CO 大分子堵塞了氢的扩散路径，抑制了化学反应。因此，在混合物中 CO 含量越少还原反应速率越快。此外，除了扩散效应，由于氢气还原为吸热反应，一氧化碳还原是放热反应，故还原温度越高，氢气还原速率越快。通常情况下，H_2 总是比 CO 还原能力更好，特别是在 700~900℃之间。但在更高的温度下，还原速率的差异会被逐渐缩小。

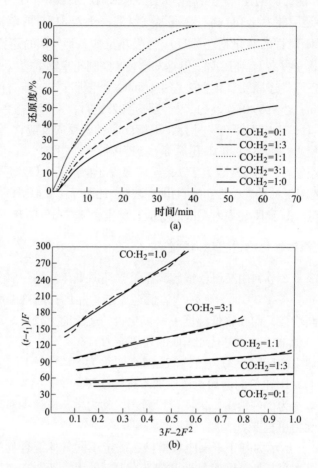

图 3-17　不同混合气体的有效扩散系数测定[43]

（a）不同混合气体还原程度随时间变化；（b）有效扩散系数测定参数的确定

3.5　氢碳耦合工业直接还原过程分析

目前氢碳耦合直接还原过程为世界气基直接还原主要工艺过程，其中典型的气基竖炉工艺为 Midrex 工艺和 HYL 工艺，两种工艺原理基本相同，以下基于 Midrex 工艺对工艺原理进行介绍。

3.5.1　氢碳耦合直接还原工艺工业化生产现状

目前世界还原铁生产量及主要生产国家见表 3-5。受制于全球低碳化发展趋势，2020 年世界直接还原铁总产量为 8659 万吨，相比于 2019 年下降 6%。其中，印度产量同比下降 10%，至 3312.8 万吨；伊朗产量同比增长 10.4%，至 3150.0

万吨；墨西哥产量同比下降 11.8%，至 527.0 万吨；沙特阿拉伯产量同比下降 10.2%，至 519.2 万吨；阿联酋产量同比下降 19.2%，至 296.1 万吨。

表 3-5　2020 年世界还原铁生产量及主要生产国

国家	年产量/万吨	产量比/%
印度	3312.8	38.3
伊朗	3150.0	36.4
墨西哥	527.0	6.1
沙特阿拉伯	519.2	6.0
阿联酋	296.1	4.5
世界总产量	8659.1	100

由表 3-5 可见，以上 5 个国家合计直接还原铁生产量约占总产量的 91.3%，其中除印度生产 DRI 大部分来自煤基回转窑外，其他国家 DRI 生产工艺均主要来自氢碳耦合气基直接还原工艺[48]。从整体来看，目前最流行的 DRI 生产方式仍为气基竖炉直接还原工艺，表 3-6 为目前世界上投产的气基竖炉直接还原炼铁装置。

表 3-6　气基竖炉直接还原炼铁装置投产现状

工厂名称	所在国家	投产年份/年	年产量/万吨	工艺
ES1 综合钢铁厂	阿联酋	2009	200	HYL/Energiron
ES2 综合钢铁厂	阿联酋	2011	200	HYL/Energiron
Essar Module Ⅵ	印度	2011	150	Midrex
SULB	巴林岛	2013	150	Midrex
Tuwairqi Steel Mills	巴基斯坦	2013	128	Midrex
Al Ezz Rolling Mills-EZZ	埃及	2013	190	HYL/Energiron
SSC 综合钢铁厂	埃及	2013	190	HYL/Energiron
纽柯钢铁	美国	2013	250	HYL/Energiron
Jindal Steel&Power	印度	2014	180	Midrex
JSW Toranagallu	印度	2014	120	Midrex
ESISCO	埃及	2015	176	Midrex
Voestalpine Texas	美国	2016	200	Midrex

工厂名称	所在国家	投产年份	年产量/万吨	工艺
Jindal Steel and Power-JSPL 综合钢铁厂	印度	2016	250	HYL/Energiron
LGOK Module 3	俄罗斯	2017	180	Midrex
Tosyali Steel	阿尔及利亚	2018	250	Midrex
Iran-4 modules	伊朗	2018	485	Midrex
Algerian Qatari Steel	阿尔及利亚	2019	250	Midrex
Cleveland-Cliffs	美国	2020	160	Midrex

3.5.2 氢碳耦合直接还原工艺化学反应

气基竖炉的炉内热量来源于还原气的物理热，还原气氛下，预热后的铁氧化物与还原气中的 H_2 和 CO 发生还原反应，历经 $Fe_2O_3 \rightarrow Fe_3O_4 \rightarrow FeO \rightarrow Fe$ 三个阶段。其中第一阶段（$Fe_2O_3 \rightarrow Fe_3O_4$）对还原气氛要求极低，可视为不可逆反应。对于第二阶段（$Fe_3O_4 \rightarrow FeO$）和第三阶段（$FeO \rightarrow Fe$），由于反应生成的 H_2O 和 CO_2 有再氧化作用，故为可逆反应，但当 H_2 和 CO 含量足够高时，会发生以下反应（其中 n 为还原过剩系数）：

$$\frac{1}{3}Fe_3O_4 + H_2O(\text{或}CO_2) + (n-1)H_2(\text{或 CO}) =\!=\!=$$

$$FeO + \frac{4}{3}H_2O(\text{或}CO_2) + \left(n - \frac{4}{3}\right)H_2(\text{或 CO}) \tag{3-21}$$

$$FeO + nH_2(\text{或 CO}) =\!=\!= Fe + H_2O(\text{或}CO_2) + (n-1)H_2(\text{或 CO}) \tag{3-22}$$

从式（3-21）、式（3-22）中可以看出，还原气中过量的 H_2 和 CO 含量可以抑制再氧化反应的产生，为了防止金属铁被再氧化，还原气中必须含有足够高的 H_2 和 CO 来平衡 H_2O 与 CO_2。

高温条件下，竖炉内反应较为复杂，除了铁氧化物的还原反应之外，还存在诸如水煤气置换反应、直接还原铁渗碳反应、析碳反应以及甲烷反应等。

对于水煤气置换反应，由式（3-23）可知，CO 的生成量或消耗量与 H_2 的消耗量或生成量是相等的，因此仅从热力学角度而言，水煤气置换反应仅会影响 CO 和 H_2 各自的利用率，促进一方的同时削弱另一方，而不会影响整体利用率。

$$CO + H_2O =\!=\!= CO_2 + H_2 \tag{3-23}$$

含有 CO 的还原气在竖炉中与铁矿石接触期间，会伴随析碳和渗碳反应，在直接还原铁中产生碳素和多种碳化物（通常以 Fe_3C 的形式表示）。析碳反应只有在 400~600℃，且有金属铁的催化作用时才较为明显，而在 Midrex 竖炉中，原料升温速度较快，低温段停留时间较短，且低温段几乎无金属铁的存在，故析碳反应几乎不发生。渗碳反应对竖炉内还原气利用率影响较大，故需要特别注意。

$$2CO \rightleftharpoons C + CO_2 \tag{3-24}$$

$$3Fe + 2CO \rightleftharpoons Fe_3C + CO_2 \tag{3-25}$$

$$3Fe + CH_4 \rightleftharpoons Fe_3C + 2H_2 \tag{3-26}$$

对于甲烷转化反应，如式（3-27）、式（3-28）所示，该反应主要发生于 Midrex 重整装置内，但在竖炉中也会有少量发生。

$$CH_4 + CO_2 \rightleftharpoons 2CO + 2H_2 \tag{3-27}$$

$$CH_4 + H_2O \rightleftharpoons CO + 3H_2 \tag{3-28}$$

3.5.3　工业直接还原过程中还原气的需求量分析

对参与竖炉内直接还原反应的还原气需求用量主要考量两个方面：第一，直接参与氧化还原反应所需的还原气量；第二，考虑还原气带入炉内的热量，不但能够提供炉内化学反应所需的热量，并且能够满足物料加热所需热量[44, 45]。还原气用量的最低需求量应至少选择两个条件中计算较高的结果。

3.5.3.1　考虑还原反应时所需的还原气消耗量

根据气基直接还原竖炉内发生的化学反应方程式，铁的氧化物完全反应生成 1t 直接还原铁的还原气体净消耗量（标态）为 $600m^3$。由于炉内发生的化学反应均为受温度变化的可逆反应，故考虑还原反应所需的还原气消耗量时，要在添加可逆氛围下的条件下计算。

在 DRI 竖炉内发生的化学反应主要是 H_2 与 CO 对铁的氧化物的还原。设定反应生成的铁中被 CO 还原的量占总量的比例为 α（%），反应生成的铁中被 H_2 还原量占总量的比例为 β（%），则还原过程所需的混合还原气总量见式（3-25）：

$$V_{H_2+CO} = \alpha V_{CO} + \beta V_{H_2} \tag{3-29}$$

式中　V_{CO}——生产单位重量直接还原铁所需 CO 量；

　　　V_{H_2}——生产单位重量直接还原铁所需 H_2 量。

α（%），β（%）的计算公式见式（3-30）和式（3-31）。

$$\alpha = \frac{Fe_{CO}}{Fe_{CO} + Fe_{H_2}} = \frac{CO^0\% - CO^1\%}{CO^0\% + H_2^0\% - (CO^1\% + H_2^1\%)} \tag{3-30}$$

$$\beta = \frac{Fe_{H_2}}{Fe_{CO} + Fe_{H_2}} = \frac{H_2^1\% - H_2^0\%}{CO^0\% + H_2^0\% - (CO^1\% + H_2^1\%)} \tag{3-31}$$

表 3-7 为用 H_2 和 CO 还原铁的氧化物时的平衡组成和还原气需要量数据。分析 800℃ 还原气还原 FeO 时，若要生产 1kg 铁，单纯需要 H_2（标态）或 CO（标态）分为 $1.18m^3$、$1.52m^3$，所以混合时所需还原气 V_{CO+H_2} 为 $1.18 \sim 1.52m^3$（标态）。由此也可见在当前温度下得到同等重量的还原铁，相同条件下只用 H_2 比只用 CO 还原对气体需求量小。

表 3-7 用 H_2/CO 还原铁氧化物时的平衡组成和平衡需要量[40]

气相平衡成分		温度/℃							
		600	700	800	900	1000	1100	1200	1300
		$FeO+H_2(CO)=Fe+H_2O(CO_2)$							
H₂还原FeO	$N_{H_2O}=\dfrac{K_P}{1+K_P}\times100\%$	23.9	29.9	34.0	38.1	41.1	42.6	45.5	46.2
	$N_{H_2}=\dfrac{1}{1+K_P}\times100\%$	76.1	70.1	66.0	61.9	58.9	57.4	55.5	53.8
	$n_1=\dfrac{1}{K_P}+1=\dfrac{100g\text{分子气体}}{Ng\text{原子铁}}$	4.18	3.34	2.94	2.62	2.43	2.35	2.25	2.16
	$\dfrac{22.4}{56}\times n_1$，m³/kg 铁	1.67	1.34	1.18	1.05	0.97	0.94	0.90	0.86
CO还原FeO	$N_{CO_2}=\dfrac{K_P}{1+K_P}\times100\%$	47.2	40.0	34.7	31.5	28.4	26.2	24.3	22.9
	$N_{CO_2}=\dfrac{1}{1+K_P}\times100\%$	52.8	60.0	65.3	68.5	71.6	73.8	75.7	77.1
	$n_1=\dfrac{1}{K_P}+1=\dfrac{100g\text{分子气体}}{Ng\text{原子铁}}$	2.11	2.5	2.88	3.18	3.52	3.82	4.10	4.35
	$\dfrac{22.4}{56}\times n_1$，m³/kg 铁	0.85	1.00	1.52	1.27	1.48	1.53	1.64	1.74
气相平衡成分		$Fe_3O_4+H_2(CO)=3FeO+H_2O(CO_2)$							
H₂还原FeO	$N_{H_2O}=\dfrac{K_P}{1+K_P}\times100\%$	30.1	54.2	71.3	82.3	89.0	92.7	95.2	96.1
	$N_{H_2}=\dfrac{1}{1+K_P}\times100\%$	69.9	45.8	88.7	17.7	11.0	7.3	4.8	3.1
	$n_1=\dfrac{1}{K_P}+1=\dfrac{100g\text{分子气体}}{Ng\text{原子铁}}$	4.43	2.46	1.87	1.62	1.50	1.44	1.4	1.38
	$\dfrac{22.4}{56}\times n_1$，m³/kg 铁	1.77	0.98	0.75	0.65	0.6	0.57	0.5	0.55
CO还原FeO	$N_{CO_2}=\dfrac{K_P}{1+K_P}\times100\%$	55.2	64.8	71.9	77.6	82.8	85.9	88.9	91.5
	$N_{CO_2}=\dfrac{1}{1+K_P}\times100\%$	44.8	35.2	28.1	22.4	17.8	14.1	11.1	8.5
	$n_1=\dfrac{1}{K_P}+1=\dfrac{100g\text{分子气体}}{Ng\text{原子铁}}$	2.24	2.10	1.86	1.72	1.62	1.57	1.50	1.46
	$\dfrac{22.4}{56}\times n_1$，m³/kg 铁	0.97	0.84	0.76	0.69	0.65	0.63	0.63	0.56

还原金属化率为 R_i、含铁为 Fe 的 1kg 海绵铁需要的还原气量为：

$$V_{混合} = \frac{Fe\, R_i(\alpha\, V_{CO} + \beta\, V_{H_2})}{CO + H_2 + 4H_4 - \left(\dfrac{H_2O}{K_{H_2}} + \dfrac{CO_2}{K_{CO}}\right)} \tag{3-32}$$

式中的 K_{H_2} 和 K_{CO} 为 H_2 与 CO 还原 FeO 时的气体平衡常数，两者的计算公式如下：

$$K_{P(H_2)} = \exp\left(1.9437 - \frac{2818.14}{T}\right) \tag{3-33}$$

$$K_{P(CO)} = \exp\left(-2.07 + \frac{1582.87}{T}\right) \tag{3-34}$$

3.5.3.2 满足竖炉内热量需求的还原气量

H_2 或 CO 对铁的氧化物进行还原时有着不同的热效应。H_2 参与的还原铁的氧化物的反应是吸热反应，而 CO 对铁的氧化物进行还原时是放热反应。热还原气进入竖炉，在通过散料层的过程中带进来的物理热满足物料的加热和竖炉冶金所需的热量。DRI 竖炉内热平衡如下所示：

$$Q_{Rg} = Q_T + Q_R + Q_{Fe} + Q_L \tag{3-35}$$

式中　Q_{Rg}——还原气物理热，J；

　　　Q_T——化学反应需要的反应热，J；

　　　Q_R——炉顶气带走热量，J；

　　　Q_{Fe}——DRI 带走热量，J；

　　　Q_L——热损失，J。

故在考虑热平衡条件下所需的还原气体量为：

$$V_g = \frac{w_{Fe}\left(\Delta H_{H_2} \times \dfrac{n_{H_2}}{n_{H_2} + n_{CO}} + \Delta H_{CO} \times \dfrac{n_{CO}}{n_{H_2} + n_{CO}}\right) + c_{Fe} \times t_{Fe} \times 1000}{c_g t_g \eta - c_g t'_g} \tag{3-36}$$

式中　c_g——还原气比热容，$kJ/(m^2 \cdot kg \cdot ℃)$；

　　　η——DRI 炉热效率，0.7~0.9；

　　　c_{Fe}——DRI 比热容，$kJ/(m^2 \cdot kg \cdot ℃)$；

　　　t'_g——还原气出口温度，℃；

　　　t_g——还原气进口温度，℃；

　　ΔH_{CO}——H_2 还原 Fe_2O_3 到 Fe 时的热焓，为 819kJ/kg；

　　ΔH_{H_2}——CO 还原 Fe_2O_3 到 Fe 时的热焓，为 −226kJ/kg；

　　　t_{Fe}——DRI 离开还原段时的温度，一般采取 $t_{Fe} = 0.95 t_g$，℃；

　　　w_{Fe}——DRI 中的金属铁量的质量分数；

n_{H_2}——H_2 的物质的量，mol；

n_{CO}——CO 的物质的量，mol。

H_2 与 CO 混合气体共同参与还原铁的氧化物时，当 $n_{H_2}/n_{CO}=0.28$ 时，此时化学反应的热量供需达到平衡，产生热量与消耗热量相互抵消。在这种情况下要求的还原温度、直接还原竖炉热效率和炉顶气温度共同决定着直接还原竖炉内的热耗。

3.5.4 还原温度和还原气氛中 H_2/CO 对煤气利用率的影响

当入炉煤气中不含 CH_4 时，每渗 1mol 碳需消耗 2mol 的 CO，若直接还原铁的渗碳量为 C%，则每吨直接还原铁渗碳所消耗 CO 量为：

$$V_{CO(渗碳)} = \frac{2 \times 22.4 w_{C,DRI}}{12} \times 1000 = 3730 w_{C,DRI} \tag{3-37}$$

甲烷转化反应式（3-27）和式（3-28）中，1mol 的 CH_4 相当于 4mol 的 （H_2+CO），则炉内甲烷转化所消耗的 （H_2+CO） 量为：

$$V_{H_2+CO(CH_4转换)} = 4V_{入炉}(\varphi_{CH_4(炉顶)} - \varphi_{CH_4(入炉)}) \tag{3-38}$$

式中　$V_{入炉}$——实际生产中每吨直接还原铁供给的煤气量，m^3；

$\varphi_{CH_4(炉顶)}$——炉顶煤气中 CH_4 的体积分数，%；

$\varphi_{CH_4(入炉)}$——入炉煤气中 CH_4 的体积分数。

若还原煤气同时包含 CO 和 H_2 时，则混合煤气综合利用率 η 为：

$$\eta = \frac{\varphi_{H_2(入炉)}}{\varphi_{H_2(入炉)} + \varphi_{CO(入炉)}} \eta_{H_2} + \frac{\varphi_{CO(入炉)}}{\varphi_{H_2(入炉)} + \varphi_{CO(入炉)}} \eta_{CO} \tag{3-39}$$

式中　η_{H_2}——氢气的利用率，%；

η_{CO}——CO 的利用率，%；

$\varphi_{H_2(入炉)}$——入炉煤气中 H_2 的体积分数，%；

$\varphi_{CO(入炉)}$——入炉煤气中 CO 的体积分数，%。

综上，为保持气基还原竖炉内部所有反应的平衡，则煤气理论最低需求量 $V_{理论}$ 为：

$$V_{理论} = \frac{V_{\frac{H_2}{CO(FeO-Fe)}} + V_{CO(渗碳)} + V_{H_2+CO(CH_4转换)}}{\eta} \frac{1}{\varphi_{H_2(入炉)} + \varphi_{CO(入炉)}}$$

$$= \frac{400 w_{MFe,DRI} + 3730 w_{C,DRI} + 4V_{入炉}(\varphi_{CH_4(炉顶)} - \varphi_{CH_4(入炉)})}{\dfrac{K_{H_2}\varphi_{H_2(入炉)}}{1+K_{H_2}} + \dfrac{K_{CO}\varphi_{CO(入炉)}}{1+K_{CO}} - \left(\dfrac{\varphi_{H_2(入炉)}}{1+K_{H_2}} + \dfrac{\varphi_{CO(入炉)}}{1+K_{CO}}\right)} \frac{1}{\varphi_{H_2(入炉)} + \varphi_{CO(入炉)}}$$

$$\tag{3-40}$$

式中　K_{H_2}，K_{CO}——分别为 H_2 和 CO 气氛下铁氧化物还原第三阶段的反应平衡常数；

η——还原过程中 CO 和 H_2 混合煤气的综合利用率，%。

当竖炉用氧化球团原料的铁氧比为 α，生产 1t 渗碳量为 C%，全铁含量为 $w_{TFe,DRI}$ 的理想直接还原铁（金属化率 100%），还原反应和渗碳反应需要消耗的煤气量 $V_{理想}$ 为：

$$V_{理想} = \frac{V_{H_2/CO(还原)} + V_{CO(渗碳)}}{\varphi_{H_2(入炉)} + \varphi_{CO(入炉)}}$$

$$= \frac{\dfrac{\alpha \times 22.4 w_{TFe,DRI}}{56} \times 1000 + 3730 w_{C,DRI}}{\varphi_{H_2(入炉)} + \varphi_{CO(入炉)}} \tag{3-41}$$

通过上述两个方程，可以得出气基还原竖炉内部还原过程中煤气的热力学利用率，即：

$$\eta_0 = \frac{V_{理想}}{V_{理论}} = \frac{400\alpha w_{TFe,DRI} + 3730 w_{C,DRI}}{\dfrac{400 w_{MFe,DRI} + 3730 w_{C,DRI} + 4 V_{入炉}(\varphi_{CH_4(炉顶)} - \varphi_{CH_4(入炉)})}{\dfrac{K_{H_2}\varphi_{H_2(入炉)}}{1 + K_{H_2}} + \dfrac{K_{CO}\varphi_{CO(入炉)}}{1 + K_{CO}} - \left(\dfrac{\varphi_{H_2(入炉)}}{1 + K_{H_2}} + \dfrac{\varphi_{CO(入炉)}}{1 + K_{CO}}\right)}} \tag{3-42}$$

通过该方法可以计算气基还原竖炉内部煤气利用率的理论最高值，实际煤气利用率只能逼近该值但不能超过该值。竖炉内部氧化球团原料中 FeO 含量一般均低于 2%，即铁氧原子比 $\alpha \approx 3/2$，故当炉顶煤气和入炉煤气中 CH$_4$ 含量较少，且相差不大时，则甲烷转化反应对煤气利用率的影响也可忽略不计[46]。

基于给定成分的还原煤气热力学利用率计算，在给定条件下（还原产物金属化率 92.25%、碳含量 1%、入炉煤气中 $\varphi_{H_2O} = 2\%$、$\varphi_{CO_2} = 4\%$、$\varphi_{N_2}+$其他 $= 4\%$、$\varphi_{H_2}+\varphi_{CO}+\varphi_{H_2O}+\varphi_{CO_2}+\varphi_{N_2}+$其他 $= 100\%$），得出不同还原温度和不同 $\varphi_{H_2}/\varphi_{CO}$ 对煤气利用率影响图（见图 3-18、图 3-19），结果表明：相同温度下，煤气中 $\varphi_{H_2}/\varphi_{CO} \leqslant 1/3$ 时，煤气利用率随温度升高而降低，$\varphi_{H_2}/\varphi_{CO} \geqslant 1$ 则相反。这是因为 CO 还原铁氧化物为放热反应，升高温度不利于反应正向进行。在 800℃ 以上，随着 $\varphi_{H_2}/\varphi_{CO}$ 的增加，煤气利用率逐渐升高；当温度低于 800℃ 时，由于 CO 的还原能力优于 H$_2$ 的还原能力，煤气利用率随 $\varphi_{H_2}/\varphi_{CO}$ 的增加而降低。

以 Midrex 和 HYL 实际工业化生产参数为例，Midrex 直接还原工艺为常压操作，其还原气由天然气催化裂化制取，裂化剂采用炉顶煤气，故还原气中 $\varphi_{H_2}/\varphi_{CO}$ 在 1.5~2.0 之间，竖炉内压力较低，约为 0.23MPa，还原气温度为 750~900℃[47]；HYL 系列工艺中，由于早期 HYL Ⅲ 还原气使用水蒸气作为裂化剂，因此还原气中 $\varphi_{H_2}/\varphi_{CO}$ 相比于 Midrex 传统工艺较高，为 5.2~5.8，后期的 ZR 工艺还原气中 $\varphi_{H_2}/\varphi_{CO}$ 也在 5.6 以上。HYL 竖炉内为高压操作，压力为 0.4~0.6MPa，还原温度较高，约为 900~960℃。经过煤气利用率计算可得，Midrex 煤气利用率为 45% 左右，HYL 系列工艺的煤气利用率高于传统 Midrex 工艺，约为 55%。

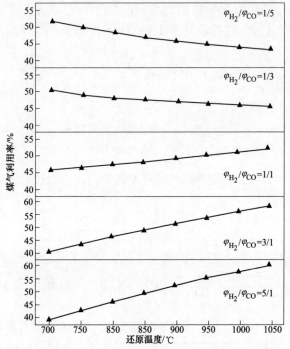

图 3-18 不同 $\varphi_{H_2}/\varphi_{CO}$ 条件下还原温度对煤气利用率的影响[41]

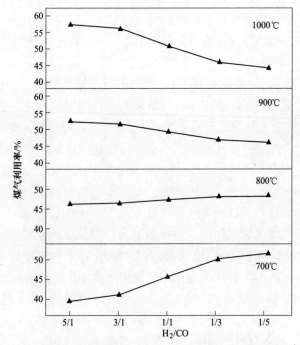

图 3-19 不同还原温度条件下 $\varphi_{H_2}/\varphi_{CO}$ 对煤气利用率的影响[41]

3.6 氢气直接还原工业实践

3.6.1 氢气直接还原工艺经济效益分析

如今，以工业规模生产高质量钢种且对气候最友好的方式是将直接还原工艺与电弧炉相结合。以安塞乐米塔尔汉堡有限公司为例，其年产量约为 100 万吨小方坯，CO_2 总排放量为 82.3 万吨/年。图 3-20 所示为汉堡公司的生产过程和每个步骤中 CO_2 直接及间接排放量[49]。

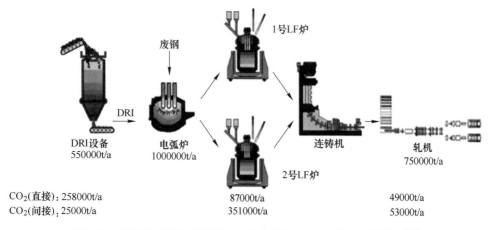

图 3-20　汉堡公司的生产流程、生产参数及直接/间接 CO_2 排放量[40]

如果将此过程转化为几乎无 CO_2 排放的过程，则需考虑 CO_2 总排放量，很可能会遇到 CO_2 间接排放量难以计算的问题。50% CO_2 排放量主要与耗电量有关。目前，德国的能源部门正大力向可再生能源转型，未来，CO_2 排放会变为零，间接排放量将不再重要。轧制中的 CO_2 直接排放与加热炉有关，加热炉容易更换为感应加热炉。当使用可再生能源时，感应加热炉也将无 CO_2 排放。

DRI 工厂实现 CO_2 零排放具有挑战性，因为天然气不仅是能源，还被用于化学反应。因此，从化石能源到可再生能源的转变并不像更换感应加热炉那样简单。为解决该问题，电解产生的氢气可作为一种替代还原剂。早期奥图泰、HYL、Midrex 等公司针对纯氢气直接还原进行了大量工业实验，氢气还原工艺已被基本证明具有可行性。基于气基直接还原反应流程设计氢气直接还原反应工艺时，由于氢气直接还原工艺产品与 HBI 热压块铁成分存在差异，故将其产品定义为 H_2BI，该工艺定义为 H_2BI 工艺。

3.6.1.1 H_2BI 工艺流程分析

图 3-21 所示为 H_2BI 工艺流程。氢气通过电解产生，电解效率为 75%（基于

净热值＝3.54kW·h/m³（标态））。将其与工艺过程的循环气体混合，并分两个阶段进行加热。使用部分炉顶煤气进行预热，并需对煤气进行吹扫，以免积聚 N_2、CO_2 等惰性气体；再用电加热至900℃。由于氢气的电解效率仅为75%，因此用电加热代替氢气燃烧效率更高。H_2/H_2O 混合进入竖炉，并将铁矿石还原为金属铁。H_2BI 压块和化学平衡的温度为700℃。炉顶煤气在350℃离开竖炉，热量被回收后，将在洗涤器中被吹扫及冷却。由于反应的氧化产物是水，因此容易在洗涤器中冷凝而被除去。吹扫后，在与新的补充氢气混合前需将煤气压缩并进行内部加热。Midrex工艺与此类似。

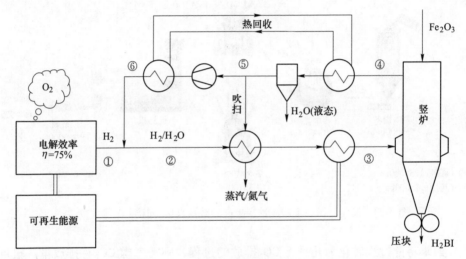

图3-21　典型氢气直接还原工艺流程[40]

为了确定氢气的最低需求量，必须考虑整个化学反应，如式（3-43）所示：

$$Fe_2O_3 + 3H_2 \Longrightarrow 2Fe + 3H_2O \tag{3-43}$$

生产2mol铁，需要3mol氢气，则氢气的最低需求量（标态）为600m³/t铁。热压块铁并非由纯铁组成，约含有7%（质量分数）的杂质，其金属化率为95%。因此，热压块铁的铁含量仅在88%（质量分数）左右，其最低氢气需求量（标态）为528m³/t。

为更详细地了解 H_2BI 工艺，需对竖炉进行研究，竖炉可以分为上部区域（式（3-44））和下部区域（式（3-45））。

$$Fe_2O_3 + H_2 \Longrightarrow 2FeO + H_2O \tag{3-44}$$

$$FeO + H_2 \Longrightarrow Fe + H_2O \tag{3-45}$$

竖炉下部区域的化学平衡限制了煤气的利用。平衡常数 K 可以由式（3-46）获得。

$$K = \exp\left(\frac{1953}{t + 273.15} + 1.0221\right) = \frac{x_{H_2O}}{x_{H_2}} = \frac{x_{H_2O}}{1 - x_{H_2O}} \tag{3-46}$$

式中　t——温度，℃；

　　　x_{H_2O}——水的摩尔分数；

　　　x_{H_2}——氢气的摩尔分数。

还原气体（$x_{H_2O} \approx 5\text{mol}\%$）进入竖炉，在平衡温度为700℃的情况下，下部区域组成为 FeO（$x_{H_2O} = 27\text{mol}\%$）。下部区域相应的变化为 $\Delta x^{low} = 22\text{mol}\%$。

上部区域的反应不受平衡限制，可以通过化学计量法确定。通过比较式（3-26）和式（3-27），得出还原 Fe_2O_3 的氢气需求量是还原 FeO 的一半。因此，上部区域含水量的增加量 Δx^{up} 将是下部区域 Δx^{low} 的一半。

$$\Delta x^{up} = 0.5\Delta x^{low} = 11\text{mol}\%$$
$$\Delta x^{total} = \Delta x^{up} + \Delta x^{low} = 33\text{mol}\% \tag{3-47}$$

竖炉的出口组成为水（$x_{H_2O} = 38\text{mol}\%$）和氢气（$x_{H_2O} = 62\text{mol}\%$）。$\Delta x^{total} = 33\text{mol}\%$ 时，氢气需求量（标态）为 528m^3/t，竖炉入口的最小体积流量（标态）约为 1600m^3/t。

为更详细地分析 H_2BI 工艺，需要利用仿真模型解决组分和热焓平衡问题。选择了以下参数进行仿真：

竖炉入口温度为 940℃；

压缩机出口处压力为 0.26MPa；

压缩机出口处 $x_{H_2O} = 7.7\%$（$P_{sat}^{'}(60℃) = 0.02\text{MPa}$）；

吹扫率 10%。

仿真结果见表 3-8。氢气需求量（标态）为 635m^3/t，由于吹扫率为 10%，其高于理论需求量约 20%。进入竖炉的气体体积流量（标态）约为 1600m^3/t。

表 3-8　H_2BI 过程仿真模型结果

模型参数	1	2	3	4	5	6
温度/℃	25	188	940	350	60	290
x_{H_2O}/%	0.0	4.7	4.7	38.4	7.7	7.7
x_{H_2}/%	100.0	95.3	95.3	61.6	92.3	92.3
体积流量（标态）/$m^3 \cdot t^{-1}$	635	1628	1628	1653	1103	993

氢气的电解效率为 75%，用电量为 3.0MW·h/t H_2BI。此外，从 540℃ 加热到 940℃ 的用电量为 0.23MW·h/t H_2BI，对于鼓风机、泵和输送机等辅助设备，用电量为 0.08MW·h/t H_2BI。总的来说，H_2BI 工艺的耗电量为 3.31MW·h/t H_2BI，需由风能和太阳能提供电能。一个产能为 80t/h 的小型 DRI 工厂（例如安塞乐米塔尔汉堡有限公司）需要 240MW 的电力，可由离岸风电场提供电能。

3.6.1.2　H_2BI 工艺经济性分析

对于 H_2BI 工艺，需从两个方面考虑其经济性：电解设备投资成本和电力成本。

尽管过去几年电解成本一直在下降，但它仍然是一项相当昂贵的技术。例如，奥钢联的 6MW 电解项目成本约为 1800 万欧元。即当前的电解成本约为 300 万欧元/MW。产能为 80t/h 的汉堡 DRI 工厂，电解所需电量为 240MW，仅制备氢气的投资就需要 7.2 亿欧元，这大约是使用天然气的传统 DRI 工厂（同等规模）投资成本的 3 倍。

H_2BI 的电力成本计算并不简单，因为 H_2BI 工厂每年至少运行 7000h，而不仅仅是在可再生能源产量高的时候运行。首先，陆上风能是最便宜的可再生能源，电力成本约为 80€/(MW·h)。而作为可再生能源在低产量时的备份，需要额外增加 20€/(MW·h) 的电力成本，因此总电力成本为 100€/(MW·h)。使用电力生产的 H_2BI 成本为 330€/t H_2BI，约为使用天然气的传统 DRI 的 5.5 倍。

H_2BI 工艺的投资成本和运行成本都存在很大的劣势，这些劣势无法通过销售价格或 CO_2 减排成本来弥补。因此，全面实现 80t/h 产能的 H_2BI 工艺的可能性很低。

然而，H_2BI 工艺给出了无 CO_2 钢铁生产的概念，可以在试验工厂进行研究，以初步了解该技术。在通往后碳工业的道路上，如果能源成本和投资成本可以减少，那么这可能是大规模安装 H_2BI 设备的起点，应该做好工艺技术准备。

3.6.2　氢气直接还原工艺发展现状

随着欧盟"2030 年气候和能源政策目标"的发布，欧盟各国都推出更为严格的环保法规和排放标准，特别是欧盟排放权交易体系（EU-ETS）的建立使各行业碳排放的成本大大增加，在此背景下，高能耗、高污染的钢铁行业不得不将节能减排重视程度提升至同增长利润相等的高度。为此，国外多家钢铁企业对氢气直接还原工艺进行了深度布局，项目大都进入了建设或者试验阶段，其中的典型项目见表 3-9。

表 3-9　国外氢气直接还原工艺项目动态

项目	投资	项目计划	氢气来源
安赛乐米塔尔建设氢能炼铁试验工厂	6500 万欧元	2019 年 9 月开工	天然气，高炉顶煤气变压吸附制氢（95%），其他可再生氢
瑞典 HYBRIT	10 亿~20 亿瑞典克朗	2016 年成立，2018~2024 年进行中试；2021 年开始在 LKAB 位于 Svartoberget 的地下 25~35m 处建造氢储存设备；2035 年实现商业化	清洁能源发电产生的电力电解水制氢

项目	投资	项目计划	氢气来源
奥钢联 H$_2$Future	1800万欧元	2035年实现氢冶炼	电解水制氢
普锐特冶金—无碳氢基铁矿粉直接还原技术		2019年6月，开发一种不需要烧结或球团等任何预处理工序、使用选矿厂铁精粉的直接还原工艺	可再生能源产生的氢气、传统蒸汽重整炉的富氢气体或者富氢废气
TENOVA与河钢签订氢基ENERGIRON直接还原厂		其直接还原厂将以每生产一吨直接还原铁产生250kg以内CO$_2$为指标。预计2021年底进行投产	
TENOVA与德国Salzgitter Flachstahl GmbH公司签订µDRAL项目		由TENOVA为Salzgitter Flachstahl GmbH公司建立一个利用纯度高达100%的氢气作为还原剂生产直接还原铁（DRI）的示范工厂	

3.6.2.1 安赛乐米塔尔集团开展纯氢炼铁技术研发

安赛乐米塔尔集团投资6500万欧元在其德国汉堡厂进行氢直接还原铁矿石的项目研究，项目思路与瑞典HYBRIT项目类似，并计划在未来几年建设中试厂。目前安米汉堡厂采用天然气生产直接还原铁，安米与弗莱贝格工业大学合作，计划在未来几年在汉堡厂对氢直接还原铁矿石工艺进行试验，中试厂的规模为10万吨/a。另外，该研究项目的氢气来源将首先采用变压吸附法，从安米汉堡厂炉顶煤气中分离氢气，使其纯度达到95%以上，待未来有足够数量绿氢（来自可再生能源的氢）时，将采用绿氢生产。

3.6.2.2 瑞典钢铁HYBRIT项目

瑞典钢铁公司、瑞典国有铁矿石公司（LKAB）和瑞典大瀑布电力公司联合成立合资公司（HYBRIT），旨在联合开发用氢替代炼焦煤和焦炭的突破性炼铁技术。HYBRIT项目研究采用氢与球团矿直接还原生产还原铁，而氢由非化石能源制备。HYBRIT项目研究任务包括：研究可再生能源发电及其对电力系统的影响，寻找有效的可再生能源用于发电，为非化石能源冶炼提供能源，同时降低制氢成本；建设制氢与存储工艺及相关装备，为HYBRIT工艺提供低成本、可靠稳定的氢气，并进行氢气产业链布局；研究氢基直接还原炼铁工艺；研究配套炼钢工艺；研究系统集成、过渡路径和政策等。

2018年6月HYBRIT项目在瑞典Lulea建设中试厂，预计2021～2024年运行，每年生产50万吨直接还原铁。该中试厂可方便地利用瑞典钢铁公司现有炼钢设施和 Norrbotten 铁矿。到 2024 年，该中试厂的建造和运营成本预计为 10亿~20 亿瑞典克朗，目标是在 2035 年之前形成无碳解决方案。作为配套设施，2019 年 10 月 HYBRIT 项目投资 1.5 亿瑞典克朗，瑞典能源署出资近 5000 万瑞典克朗，将于 2021 年在靠近 Lulea 中试厂的 LKAB 位于 Svartoberget 地下 25~35m 处建造新氢气储存设施，该设施预计将于 2022~2024 年运行。瑞典钢铁公司计划2026 年向市场提供第一批非化石能源生产的钢铁产品[50]。

3.6.2.3　奥钢联 H_2FUTURE 项目

2017 年初由奥钢联发起的 H2FUTURE 项目，旨在通过研发突破性的氢气替代焦炭冶炼技术，降低钢铁生产中的 CO_2 排放，最终目标是到 2050 年减少 80%的 CO_2 排放。H2FUTURE 项目的成员单位包括奥钢联、西门子、Verbund（奥地利领先的电力供应商，欧洲最大的水电商）公司、奥地利电网（APG）公司、奥地利 K1-MET 中心组等。该项目将建设世界最大的氢还原中试工厂。西门子作为质子交换膜电解槽的技术提供方，将为奥钢联林茨厂提供电解能力为 6MW 的电解槽，氢气产量为 1200m³/h，电解水产氢效率目标为 80%以上；Verbund 公司作为项目协调方，将利用可再生能源发电，同时提供电网相关服务；奥地利电网公司的主要任务是确保电力平衡供应，保障电网频率稳定；奥地利 K1-MET 中心组将负责研发钢铁生产过程中氢气可替代碳或碳基能源的工序，定量对比研究电解槽系统与其他方案在钢铁行业应用的技术可行性和经济性，同时研究该项目在欧洲甚至是全球钢铁行业的可复制性和大规模应用的潜力。

3.6.2.4　普锐特冶金技术公司开发无碳氢基铁矿粉直接还原技术

2019 年 6 月，普锐特宣布正在开发一种不需要烧结或球团等任何预处理工序即可使用铁精矿的直接还原工艺。该工艺借鉴了 Finmet 工艺开发和设备安装的经验，可采用所有类型的精矿，甚至是粒度小于 0.15mm 的粉矿。新工艺使用氢气作为主要的还原剂，氢气来自绿氢（可再生能源制备的氢气）、传统蒸汽重整炉的富氢气体或者富氢废气。该工艺可显著减少 CO_2 排放，甚至减少到零。直接还原设备采用模块化设计，每个模块的设计产能为 25 万吨/年，可适用于所有规模的钢厂。

为了试验该工艺，并为下一步的工业规模设备的设计提供基础数据，普锐特在奥钢联多纳维茨钢铁公司建立中试厂，于 2020 年第二季度投入运行。中试厂由三个部分组成，包括预热-氧化装置、气体处理设备和还原设备。精矿粉在预热-氧化装置中加热到大约 900℃进入还原设备；氢气由气体供应装置通过导流栅提供；配套的废气余热回收系统保证能源使用得到优化，干法除尘系统解决粉尘排放问题。生产的热态直接还原铁（HDRI）以大约 600℃的温度离开还原设备，供给电弧炉或生产热压块铁。

3.6.2.5 TENOVA 与河钢签订氢基 ENERGIRON 直接还原厂

2020 年 11 月 23 日，TENOVA 公司与河钢签订合同建设高科技的氢能源开发和利用工程，项目中包括一座年产 60 万吨的 ENERGIRON 直接还原厂。该厂的建立将成为中国首座，也是全球首座使用富氢气体的直接还原铁工业化生产厂。

TENOVA 公司总裁兼首席执行官 Stefano Maggiolino 先生表示："这将是中国的第一座气基直接还原厂，该项目对中国钢铁行业来说也是一个重大突破。"TENOVA 公司称，该工艺组合应用了 TENOVA 公司最先进的、最具竞争力的、最环保和最可靠的技术，同时包括最先进的设备和冶金行为预测的数字化模型。

该直接还原厂将使用含氢量约 70% 的补充气源。由于高含量的氢气，河钢集团的工厂以吨直接还原铁仅产生 250kg 二氧化碳的指标，成为全球最绿色的直接还原厂。同时，产生的二氧化碳还将进行选择性回收，并可以在下游工艺进行再利用。因此，吨产品产生的最终净排放仅为约 125kg 二氧化碳。该工厂计划于2021 年底投产。

3.6.2.6 德国 Salzgitter Flachstahl GmbH 公司 μDRAL 项目

2020 年 12 月 23 日，德国 Salzgitter 集团旗下最大的钢铁子公司——Salzgitter Flachstahl GmbH 委托 TENOVA 公司为其建立一个利用纯度高达 100% 氢气作为还原剂生产直接还原铁的示范工厂。该工厂将以 ENERGIRON 技术为基础，地址设立在德国萨尔茨吉特 Salzgitter 钢厂。

该工厂的额定生产能力为 100kg/h。将利用氢气与天然气，在可选还原剂的范围上充分展现出该技术的高度灵活性，可使用纯度高达 100% 的氢气进行冶炼生产。该工厂所生产的直接还原铁将被用于高炉工艺以节省喷煤，还可用在派纳（Peine）工厂电弧炉的熔炼过程中。

3.6.3 氢气直接还原工艺发展趋势

氢气直接还原技术已进入技术成熟、稳定发展的新阶段。在世界钢产量停滞发展的情况下，直接还原铁作为优质钢生产的上等原料得到迅速发展，成为钢铁生产中不可缺少的组成部分。而由于国际环保政策日益严格，直接还原技术的还原气的选用逐渐由 H、C 混合向纯氢气直接还原转变。从整体发展趋势上看，当前全球针对氢气直接还原工艺的研究可以分为三个阶段：首先，建立中试装置研究大规模工业用氢能冶炼的可行性；其次，实现以焦炉煤气、化工等副产品中产生的氢气进行工业化生产；最终，实现清洁能源及可再生能源生产的绿色经济氢气的工业化生产，并进行钢铁高纯氢能冶炼，其中氢能以水电、风电及核电电解水为主。

而目前全球氢气直接还原工艺的研究尚处于第一阶段，即研发、实验阶段，针对氢气直接还原工艺的工业化生产仍存在诸多问题需要解决：

（1）温度影响。由于氢气还原铁氧化物为吸热反应，故当还原气体为纯氢气时，还原气体进入竖炉进行反应后直接还原铁会被冷却。因此，为了保证还原反应的稳定进行，需通过加装预热装置或是改进工艺以实时向反应系统中提供能量以保证还原温度恒定，若通过注入天然气来维持理想的还原温度，根据 Midrex 模型，每吨直接还原铁的天然气注入量（标态）需要保持在 $50m^3$。

（2）氢基产品的应用。大多数直接还原铁用于电炉炼钢。目前电炉炼钢工艺的增碳方式主要是利用金属炉料（如直接还原铁、热压铁块、生铁）或纯碳。在注入氧气后，碳燃烧会产生巨大热量，减少电力消耗，并实现快速熔化。大多数电炉钢厂更倾向于采用碳含量为 1.5%~3% 的直接还原铁，而氢基直接还原工艺生产的直接还原铁中碳含量极低，会对电弧炉冶炼产生负面影响，故氢基直接还原铁的应用成为未来需要解决的问题之一。

（3）绿色氢气生产成本过高。氢气的来源比较广泛，主要有化石能源制氢、含氢物质制氢、化工副产品氢气回收、太阳能和风能制氢等，但就目前来看，大部分的绿色氢气生产成本过高，仅有少部分灰色制氢成本能够用于氢气直接还原生产。以中国为例，根据国际能源署汇总数据，中国生产氢气不同技术路径的成本分别为：电解水制氢 5.5 美元/kg，可再生能源发电制氢 3 美元/kg，天然气制氢 1.8 美元/kg，煤制氢 1 美元/kg。相信随着科技的进步，绿色氢气的制取成本将会逐渐降低，使氢气直接还原炼铁工艺真正实现"零污染、零排放"。

3.7　小结

还原性气体直接还原铁氧化物是一个复杂的过程，而影响还原速率的参数很多。还原反应过程中反应机制较为简单，但由于工艺参数、反应环境参数和反应物种类的变化影响，使得还原反应的反应步骤产生了复杂变化。通过对还原反应过程的热力学和动力学分析，可以得出以下结论：

对氢气直接还原氧化铁反应进行热力学分析的结果表明，随着温度的升高，浮氏体 $Fe_{1-x}O$ 的化学组成更接近赤铁矿 Fe_2O_3；从热力学角度分析，还原性气体的 GOD 越低，其热力学还原力越大，对还原速率有正向影响。

与一氧化碳相比，氢是一种更好的还原剂，因为氢具有更好的动力学行为。对氢气还原铁氧化物进行还原反应吉布斯自由能计算，判断其不同条件下反应的发生方向，并给出 CO 和 H_2 还原氧化铁过程中重要化学反应的平衡常数和标准自由能的变化。此外基于最小自由能原理，对氢气还原铁氧化物的热力学平衡进行了计算，结果表明，当气氛条件能够满足时，产物中的 FeO 或 Fe 将随着体系中

初始 H_2 含量增加而增加；若气氛条件不能满足，产物中的 FeO 或 Fe 含量则会保持不变，直到增加还原剂 H_2 使得还原气氛能够满足条件。

在氧化铁还原过程中，主要发生了以下机制的相互作用：气态物质传质（气体扩散）、孔隙扩散、相界面反应、气体产物扩散、固体产物的成核和生长等。由于动力学机制对还原温度的依赖性，还原温度越高越好。温度越高，动力学行为越好。压力也影响还原速率。绝对压力的增加与还原气体组分分压的增加相得益彰，可以提高还原速率。在还原气体组分分压一定的情况下，绝对压力的增加对还原速率没有明显积极的影响。氧化铁的粒径和孔隙率也影响还原速率。随着氧化铁粒径的增大，随着氧化铁在产品层中的扩散距离的增大，氧化还原速率降低。而较高的孔隙度通常由于较低的扩散阻力而导致更好的还原行为。不同的氧化铁形态导致不同的还原行为。赤铁矿具有最高的孔隙率，还原过程中形成多孔中间产物，还原性最好。磁铁矿首先被氧化为 Fe_2O_3，之后的还原行为与天然赤铁矿相似；而天然磁铁矿在还原过程中易形成致密的中间产物，相对难于被还原。此外，铁矿石中的脉石，如氧化铝等的存在，同样影响还原速率。

还原混合气体中的水蒸气对还原速率的影响很大。一方面，热力学驱动力减小，另一方面，水蒸气可能吸附在自由反应位点上，因此，氢无法很好地利用这些反应位点。另外，吸附机理与温度有关：较低的温度有利于吸附；随着温度的升高，水蒸气的吸附作用减弱。与此同时，金属铁在还原过程中会析出不同形状的铁。一般来说，产物铁层可以分为三种类型：致密、多孔和纤维状（晶须形成）。根据工艺的不同，产物铁层的类型会影响工艺的稳定性。还应注意的是，在流化床还原过程中应避免铁晶须的形成。致密的铁相会对还原速率产生负面影响，因为它们阻止了气体对粒子的还原渗透。与一氧化碳还原过程相比，氢气具有更好的扩散特性。除温度外，气体分子的大小和气体黏度对扩散行为也有重要影响。与一氧化碳相比，氢的分子尺寸和黏度较低，这是其具有良好扩散行为的主要原因。

根据上述原理，对目前工业上典型的氢碳耦合直接还原工艺进行分析，首先关注反应内 H_2 与 CO 混合气体热量供需平衡，结果表明，当 $H_2/CO = 0.28$ 时化学反应的热量供需可能达到平衡，产生的热量与消耗的热量相互抵消。从而可以认为，在这种情况下，要求的还原温度、直接还原竖炉热效率，以及炉顶煤气温度共同决定着直接还原竖炉内的热耗。此外，考虑还原温度和还原气氛中 H_2/CO，分析这一比值对煤气利用率的影响，结果表明，在 800℃以上，随着 H_2/CO 的增加，煤气利用率逐渐升高；当温度低于 800℃时，由于 CO 的还原能力优于 H_2 的还原能力，煤气利用率随 H_2/CO 的增加而降低。

目前进行的大量氢冶金中间试验表明，从化石能源转变为可再生能源（包括可再生氢气）后，钢铁行业可以实现几乎无 CO_2 排放。

依托典型的气基直接还原反应流程，设计氢气直接还原反应工艺，并对其经济效益进行分析。结果表明，以目前的工艺技术，仍存在一些技术问题，且生产成本较高，目前是否具有投资价值，尚值得商榷。

但随着未来科技的进步，绿色氢气的制取成本将会逐渐降低，可使氢气直接还原炼铁工艺实现真正意义上的经济可行，从而实现"零污染、零排放"。

参 考 文 献

[1] Demidov A I, Markelov I A. Thermodynamics of formation of iron oxides and their hydrogen reduction [J]. Russian Journal of Applied Chemistry, 2010, 83 (2): 232~236.

[2] Jozwiak W K, Kaczmarek E, Maniecki T P, et al. Reduction behavior of iron oxides in hydrogen and carbon monoxide atmospheres [J]. Applied Catalysis A, General, 2007, 326 (1): 17~27.

[3] Weiss, Sturn, Winter, et al. Empirical reduction diagrams for reduction of iron ores with H_2 and CO gas mixtures considering non-stoichiometries of oxide phases [J]. Ironmaking & Steelmaking, 2009, 36 (3): 212~216.

[4] Spreitzer D, Schenk J. Reduction of Iron Oxides with Hydrogen—A Review [J]. steel research international, 2019, 90 (10): 1900108.

[5] Giddings R A, Gordon R S. Review of Oxygen Activities and Phase Boundaries in Wustite as Determined by Electromotive-Force and Gravimetric Methods [J]. Journal of the American Ceramic Society, 2010, 56 (3): 111~116.

[6] Pineau A, Kanari N, Gaballah I. Kinetics of reduction of iron oxides by H_2: Part Ⅱ: Low temperature reduction of magnetite [J]. Thermochimica Acta, 2007, 456: 75~88.

[7] Wei Z, Zhang J, Qiang L, et al. Thermodynamic Analyses of Iron Oxides Redox Reactions [M]. John Wiley & Sons, Ltd, 2013.

[8] 李彬. 基于氢气直接还原铁冶炼高纯铁和高纯轴承钢的基础研究 [D]. 北京科技大学, 2020.

[9] Wagner D, Devisme O, Patisson F, et al. A laboratory study of the reduction of iron oxides by hydrogen [C]. Sohn International Symposium on Advanced Processing of Metals and Materials vol. 2, 2006, 43 (44): 3302~3303.

[10] Bashforth, Reginald G. The physical chemistry of metallurgical processes [M]. CHAPMAN & HALL, 1962.

[11] Young J. Chapter 2 Enabling Theory [J]. Corrosion, 2008, 1: 29~79.

[12] Baehr H D. Thermochemical properties of inorganic substances [J]. Forschung im Ingenieurwesen, 1992, 58 (4): 103.

[13] 郭汉杰. 冶金物理化学教程 [M]. 2版. 北京: 冶金工业出版社, 2006.

[14] 任贵义. 炼铁学（下册）[M]. 北京: 冶金工业出版社, 1996.

［15］周继良，邹宗树，周渝生，等. 流化床还原铁精矿粉动力学初算［C］. 2008 年全国冶金物理化学学术会议，2008：4.

［16］韩其勇. 冶金过程动力学［M］. 北京：冶金工业出版社，1983.

［17］Habermann A, Winter F, Hofbauer H, et al. An Experimental Study on the Kinetics of Fluidized Bed Iron Ore Reduction［J］. ISIJ International, 2000, 40（10）：935~942.

［18］Feilmayr C, Thurnhofer A, Winter F, et al. Reduction Behavior of Hematite to Magnetite under Fluidized Bed Conditions［J］. ISIJ International, 2004, 44（7）：1125~1133.

［19］Levenspiel O. Chemical Reaction Engineering, 2nd ed. J［M］. John Wiley & Sons, Inc, 1973.

［20］Bahgat M, Khedr M H. Reduction kinetics, magnetic behavior and morphological changes during reduction of magnetite single crystal［J］. Materials Science & Engineering B, 2007, 138（3）：251~258.

［21］Chen H, Zheng Z, Chen Z, et al. Multistep Reduction Kinetics of Fine Iron Ore with Carbon Monoxide in a Micro Fluidized Bed Reaction Analyzer［J］. Metallurgical and Materials Transactions B, 2017, 48（2）：841~852.

［22］El-Geassy A A, Nasr M I. Influence of the original structure on the kinetics of hydrogen reductionof hematite compacts［J］. Transactions of the Iron and Steel Institute of Japan, 2006, 28（8）：650~658.

［23］El-Rahaiby S K, Rao Y K. The kinetics of reduction of iron oxides at moderate temperatures［J］. Metallurgical Transactions B, 1979, 10（2）：257~269.

［24］Bonalde A, Henriquez A, Manrique M. Kinetic Analysis of the Iron Oxide Reduction Using Hydrogen-Carbon Monoxide Mixtures as Reducing Agent［J］. ISIJ International, 2005, 45（9）：1255~1260.

［25］El-Geassy A A, Rajakumar V. Influence of Particle Size on the Gaseous Reduction of Wustite at 900-1100℃［J］. The Iron and Steel Institute of Japan, 1985, 25（12）：1202~1211.

［26］Teplov O A. Kinetics of the low-temperature hydrogen reduction of magnetite concentrates［J］. Russian Metallurgy（Metally）, 2012, 2012（1）：8~21.

［27］Corbari R, Fruehan R J. Reduction of Iron Oxide Fines to Wustite with CO/CO_2 Gas of Low Reducing Potential［J］. Metallurgical and Materials Transactions B, 2010, 41（2）：318~329.

［28］Higuchi K, Heerema R H. Influence of Artificially Induced Porosity on Strength and Reduction Behavior of Hematite Compacts［J］. ISIJ International, 2005, 45（4）：574~581.

［29］Edstrom J O, Bitsianes G. Solid State Diffusion in the Reduction of Magnetite［J］. JOM, 1955, 7（6）：760~765.

［30］Turkdogan E T, Vinters J V. Gaseous reduction of iron oxides：Part III. Reduction-oxidation of porous and dense iron oxides and iron［J］. Metallurgical Transactions, 1972, 3（6）：1561~1574.

［31］Liu D, Wang X, Zhang J, et al. Study on the controlling steps and reduction kinetics of iron oxide briquettes with $CO-H_2$ mixtures［J］. Metallurgical Research & Technology, 2017, 114（6）：1520~1525.

［32］ Turkdogan E T, Vinters J V. Reducibility of iron ore pellets and effect of additions［J］. Canadian Metallurgical Quarterly, 2013, 12（1）: 9~21.

［33］ Yury Kapelyushin, Yasushi Sasaki, Jianqiang Zhang, et al. Formation of a Network Structure in the Gaseous Reduction of Magnetite Doped with Alumina［J］. Metallurgical and Materials Transactions B, 2017, 48（2）: 108, 109.

［34］ Rochus M H, Hailu S B, Harald F, et al. Method for microscopic analysis of solid starting materials［N］. 2013.

［35］ Paananen T, Heinänen K, Härkki J. Degradation of Iron Oxide Caused by Alumina during Reduction from Magnetite［J］. ISIJ International, 2003, 43（5）: 597~605.

［36］ Lorente E, Herguido J, Peña J A. Steam-iron process: Influence of steam on the kinetics of iron oxide reduction［J］. International Journal of Hydrogen Energy, 2011, 36（21）: 13425~13434.

［37］ Moujahid S E, Rist A. The nucleation of iron on dense wustite: A morphological study［J］. Metallurgical Transactions B, 1988, 19（5）: 787~802.

［38］ Bahgat, Halim A, El-Kelesh, et al. Metallic iron whisker formation and growth during iron oxide reduction: K_2O effect［J］. Ironmaking & Steelmaking, 2009, 36（5）: 379~387.

［39］ Fruehan R J, Li Y, Brabie L, et al. Final stage of reduction of iron ores by hydrogen［J］. Scandinavian Journal of Metallurgy, 2005, 34（3）: 205~212.

［40］ 葛俊礼. 气基直接还原竖炉炉内行为与炉型关系研究［D］. 秦皇岛: 燕山大学, 2014.

［41］ 王兆才. 氧化球团气基竖炉直接还原的基础研究［D］. 沈阳: 东北大学, 2009.

［42］ 方觉. 非高炉炼铁工艺与理论［M］. 北京: 冶金工业出版社, 2010.

［43］ Zuo H B, Wang C, Dong J J, et al. Reduction kinetics of iron oxide pellets with H_2 and CO mixtures［J］. International Journal of Minerals Metallurgy and Materials, 2015, 22（07）: 688~696.

［44］ 赵宗波, 应自伟, 许力贤, 等. 焦炉煤气竖炉法生产直接还原铁的煤气用量探讨［J］. 材料与冶金学报, 2010, 9（002）: 88~91.

［45］ 陈茂熙, 彭华国. 直接还原竖炉还原煤气分析［J］. 钢铁技术, 1995（3）: 1~17.

［46］ 蔺志强. 竖炉直接还原过程中还原气最小需要量的计算方法和应用［J］. 钢铁, 1977（03）: 91~97, 107.

［47］ 郭汉杰, 孙贯永. 非焦煤炼铁工艺及装备的未来（2）——气基直接还原炼铁工艺及装备的前景研究（下）［J］. 冶金设备, 2015（04）: 1~9, 33.

［48］ 应自伟, 储满生, 唐珏, 等. 非高炉炼铁工艺现状及未来适应性分析［J］. 河北冶金, 2019（06）: 1~7, 31.

［49］ 马远. 氢气替代天然气的直接还原工艺研究［N］. 世界金属导报, 2021-01-12（B02）.

［50］ Pei M, Petjniemi M, Regnell A, et al. Toward a Fossil Free Future with HYBRIT: Development of Iron and Steelmaking Technology in Sweden and Finland［J］. Metals-Open Access Metallurgy Journal, 2020, 10（7）: 972~982.

4 氢气熔融还原铁氧化物

4.1 热力学分析

4.1.1 熔融还原热力学分析

现行各种熔融还原工艺中，终还原都是在熔融状态下进行的，因此其反应温度至少是在熔渣温度1450℃以上，在实施二次燃烧技术的铁浴式终还原反应器内其反应温度则高达1600℃以上。至于终还原反应器内的气氛，由于在任何熔融还原工艺中，二次燃烧率均尚未达到100%，因此，终还原反应器内的煤气的氧化度都将小于100%。在现行的比较有工业价值的熔融还原工艺中，煤气的氧化度一般在0~60%。

进入终还原反应器的铁氧化物的形式取决于铁矿石在预还原后的还原度。在不同的预还原度下，进入终还原反应器的铁氧化物的形式如表4-1所示。

表4-1 进入终还原反应器内的铁氧化物的形式

预还原度	铁氧化物形式
0~1/6	$Fe_2O_3+Fe_3O_4$
1/6~1/3	Fe_3O_4+FeO
1/3~1	$FeO+Fe$

在终还原反应器的还原区内，液态FeO的还原过程可分为以下四类：

$$(FeO) + [C] = [Fe] + CO \tag{4-1}$$

$$(FeO) + C = [Fe] + CO \tag{4-2}$$

$$(FeO) + CO = [Fe] + CO_2 \tag{4-3}$$

$$(FeO) + H_2 = [Fe] + H_2O \tag{4-4}$$

不同温度下 CO、H_2 还原固态和液态 Fe_xO 时的平衡气相成分如图 4-1 所示[1]。

图 4-2 所示的 Bauer-Glaessner 图为铁氧化物和 H_2O/H_2 混合物之间的温度平衡关系，以及铁氧化物和 CO/CO_2 之间的平衡关系。图中最左边的两条平衡线代表铁/浮氏体平衡，反应编号为③，而最右边的两条线代表赤铁矿/磁铁矿平衡，反应编号为①。Bauer-Glaessner 图提供了描述所示反应中固相和气相相互作用的两个关键性质：首先，可以从图中所示的平衡线直接推导出所研究气体与不同氧

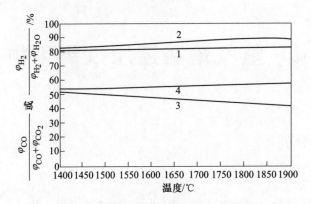

图 4-1 不同温度下 CO、H_2 还原固态和液态 Fe_tO 时的平衡气相成分[1]

1— $FeO(s) + CO = Fe(s) + CO_2$; 2— $FeO(l) + CO = Fe(s) + CO_2$;

3— $FeO(s) + CO = Fe(s) + CO_2$; 4— $FeO(l) + CO = Fe(s) + CO_2$

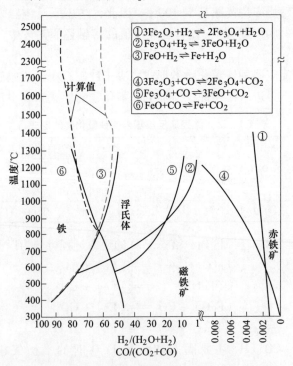

图 4-2 Bauer-Glaessner 图[2]

化铁反应的平衡气体浓度；其次，输入气体浓度的相对位置表明在一定的反应温度下可以达到哪种平衡。

例如，在 1300℃ 的温度下，从浮氏体还原为铁的平衡气体浓度分别为 52% H_2/48% H_2O 和 82%CO/18%CO_2。输入氢气和 CO 的气体利用率分别为 48% 和

18%，因此 H_2/H_2O 比值小于 52/48 和 CO/CO_2 比值小于 82/18 的输入气体不会还原浮氏体。

通过 FactSage 程序的计算，在更高温度（含熔融相）下，外推 FeO 和 H_2/CO 的平衡线，表明在 2500℃时 H_2 的利用率约为 40%，而 CO 利用程度为 10%~15%。需要指出的是，在 2500℃以上，由于 Fe 和 FeO 的显著蒸发，不可能进一步外推平衡线。然而，通过对 FeO 和 H_2 在较高温度（2600~2900℃）下的平衡计算，相对于较低温度的平衡状态，高温平衡状态下 H_2O 含量更高。需要注意的是，H_2O 含量的增加并不是由于氢还原行为的改变，而是由于 FeO 从液相转移到气相，与现有的氢分子反应生成 H_2O 和气态 Fe[2]。

4.1.2 高温氢还原热力学计算

对于铁矿石低温还原有：

$$FeO(s) + H_2(g) \Longrightarrow Fe(s) + H_2O(g), G^\ominus = 23430 - 16.16T \quad (4-5)$$

$$FeO(s) + CO(g) \Longrightarrow Fe(s) + CO_2(g), G^\ominus = -17883 + 21.08T \quad (4-6)$$

$$FeO(s) + C \Longrightarrow Fe + CO(g), \quad G^\ominus = 147904 - 150.22T \quad (4-7)$$

高温反应：

$$FeO(s) \Longrightarrow (FeO), \quad G^\ominus = 31338 - 19.0T \quad (4-8)$$

$$Fe(s) \Longrightarrow [Fe], \quad G^\ominus = 13800 - 7.61T \quad (4-9)$$

由式（4-5）~式（4-9）可得：

$$(FeO) + CO(g) \Longrightarrow [Fe] + CO_2(g), G^\ominus = -35421 + 32.47T \quad (4-10)$$

$$(FeO) + H_2(g) \Longrightarrow [Fe] + H_2O(g), G^\ominus = 5892 - 4.77T \quad (4-11)$$

$$(FeO) + C \Longrightarrow [Fe] + CO(g), \quad G^\ominus = 130336 - 138.83T \quad (4-12)$$

由式（4-5）、式（4-6）和式（4-12）、式（4-13）可以得到熔融态下 H_2 和 CO 还原氧化亚铁的平衡图，如图4-3、图4-4所示。由图可知，铁矿熔融态还原平衡

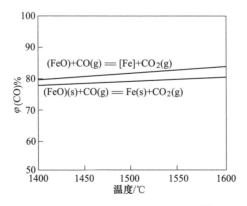

图 4-3　CO 还原氧化亚铁平衡图[3]

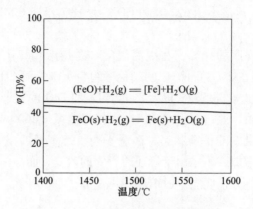

图 4-4　H_2 还原氧化亚铁平衡图[1]

态气氛中的 H_2 和 CO 含量要高于固态还原。在温度为 1500℃ 时，用 H_2 和 CO 还原熔融态氧化亚铁，平衡气相中的 H_2 和 CO 含量分别为 45.6% 和 81.8%[3]。

用热力学程序 FactSage5.5 对氧化铁与两种还原性气体在 1600~2600℃ 的熔融状态下的平衡进行计算。

图 4-5 所示为 1mol FeO 和 1mol H_2 在 1600~2600℃ 温度范围内的热力学平衡图。计算结果表明，1mol FeO 在 1mol H_2 作用下的还原氧相对稳定，但在较高的温度下，H_2O 的还原量略有下降，OH 的还原量有所增加。在 1600℃ 和 2600℃ 时，还原氧（H_2O 和 OH 的总和）在 0.42mol 和 0.38mol 之间变化。

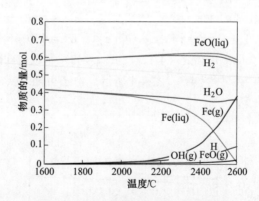

图 4-5　1mol FeO-1mol H_2 的平衡图[2]

图 4-6 所示为 1mol FeO 和 1mol CO 在 1600~2600℃ 温度范围内的热力学平衡图。计算表明，在 1600℃ 的还原过程中，有 0.15mol 的 CO 转化为 CO_2。在 2400℃ 的高温下，可观察到二氧化碳的利用率有所下降；然而，CO 的作用再次显现，有 0.15mol 的 CO 转化为 CO_2。

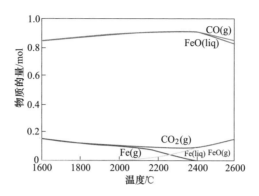

图 4-6 1mol FeO-1mol CO 的平衡图[?]

图 4-7 所示为 1mol FeO、1mol H_2 和 0.2mol CO_2 在 1600~2600℃温度范围内的热力学平衡图。采用这种气体组合是为了评估在选定的 $CO_2/H_2 = 0.2$ 的比率下，液态 FeO 被 H_2 还原的速率，这是实际过程中的一个极端比率。研究发现，在 1600℃下，0.2mol 的 CO_2 可以使纯 H_2 的氧还原量从之前的 0.42mol 降低到 0.25mol。换句话说，它降低了高达 40%的还原速率，但是这种影响在高温下会减弱，在 2600℃时还原速率下降约 24%。

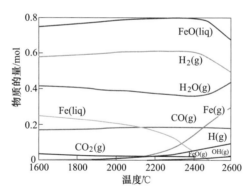

图 4-7 1mol FeO-1mol H_2-0.2mol CO_2 的平衡图[2]

图 4-8 所示为 1mol FeO、1mol H_2 和 0.2mol H_2O 在 1600~2600℃温度范围内的平衡图。在 1600℃下，0.2mol 的水可以使纯 H_2 的还原氧从之前的 0.42mol 降低到 0.30mol。这意味着在 1600℃，由于存在 0.2mol 的水，还原速率降低了约 28%。然而，在 2600℃下，H_2 的还原电位仅比纯 H_2 降低 14%。

图 4-9 对比了 H_2O 对 H_2 还原熔融 FeO 行为和 CO_2 对 H_2 还原熔融 FeO 行为的负面影响。很明显，CO_2 在减缓还原速率方面的影响比 H_2O 大，即在所示的温度范围内，CO_2 的还原氧比 H_2O 的还原氧少[2]。

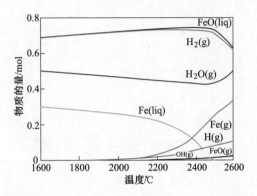

图 4-8　1mol FeO-1mol H_2-0.2mol H_2O 的平衡[2]

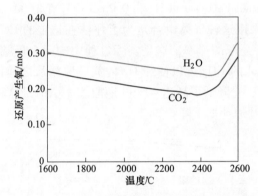

图 4-9　1mol H_2 和 0.2mol H_2O 或 CO_2 还原 1mol FeO 产生氧[2]

4.1.3　C-H_2-O_2-H_2O-CO-CO_2 体系平衡成分计算

选取式（4-13）~式（4-15）作为 C-H_2-O_2-H_2O-CO-CO_2 体系的独立反应：

$$C + O_2 \Longrightarrow CO_2 \tag{4-13}$$

$$2C + O_2 \Longrightarrow 2CO \tag{4-14}$$

$$2H_2 + O_2 \Longrightarrow 2H_2O \tag{4-15}$$

则有分压总和方程：

$$P_{H_2(平)} + P_{H_2O(平)} + P_{CO(平)} + P_{CO_2(平)} + P_{O_2(平)} = 1 \tag{4-16}$$

独立反应的平衡常数方程：

$$K_1 = \frac{P_{CO_2(平)}}{P_{O_2(平)}} \tag{4-17}$$

$$K_2 = \frac{P_{CO(平)}^2}{P_{O_2(平)}} \tag{4-18}$$

$$K_3 = \frac{P_{H_2O(平)}^2}{P_{O_2(平)}P_{H_2(平)}^2} \qquad (4\text{-}19)$$

元素原子摩尔量恒定方程：

$$n_{H_2(初)} = n_{H_2(平)} + n_{H_2O(平)} \qquad (4\text{-}20)$$

联立式（4-17）~式（4-20），就可以对不同初始条件下的平衡态气体组分含量进行计算。设定反应温度为1500℃，体系压力为0.1MPa，下面在不同初始条件下计算系统的平衡成分曲线。图4-10所示为设定初始条件为碳500mol、氢气20mol时，C-H$_2$-O$_2$-H$_2$O-CO-CO体系的平衡成分与氧气加入量的关系。由图可知，平衡体系中没有水和二氧化碳，一氧化碳含量随着氧气量的增加而不断增加，氢气含量则不断减少。图4-11所示为设定初始条件为氧气20mol、氢气20mol，C-H$_2$-O$_2$-H$_2$O-CO-CO$_2$体系的平衡成分与碳加入量的关系。可以看出，随着碳加入量的增加，水和二氧化碳含量逐渐减少，氢气和一氧化碳含量逐渐增加。计算发现，在1500℃，0.1MPa下，当C：O$_2$约为2：1时，体系中的水和二氧化碳消失。

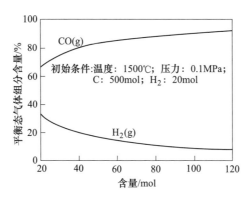

图4-10　C-H$_2$-O$_2$-H$_2$O-CO-CO$_2$体系气体平衡成分与氧含量关系

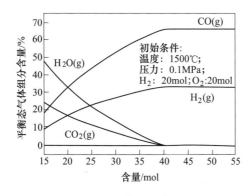

图4-11　C-H$_2$-O$_2$-H$_2$O-CO-CO$_2$体系气体平衡成分与碳含量关系

图 4-12 所示为设定初始条件为碳 25mol、氢气 20mol、氧气 20mol 时，C-H$_2$-O$_2$-H$_2$O-CO-CO$_2$ 体系的平衡成分与温度的关系曲线。可以发现，随着温度的升高，平衡体系中的 CO 和 H$_2$O 的含量略有增加，而 H$_2$ 和 CO$_2$ 的含量则略有下降。因此，提高温度有利于提高氢气的利用率。图 4-13 所示为设定初始条件为氧气 20mol、氢气 20mol、碳 30mol 时，C-H$_2$-O$_2$-H$_2$O-CO-CO$_2$ 体系的平衡成分与压力的关系曲线。可以看出，在 1500℃下，体系压力的变化对平衡组分含量的影响并不显著[3]。

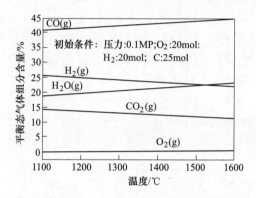

图 4-12　C-H$_2$-O$_2$-H$_2$O-CO-CO$_2$ 体系气体平衡成分与温度关系

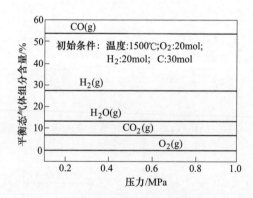

图 4-13　C-H$_2$-O$_2$-H$_2$O-CO-CO$_2$ 体系气体平衡成分与压力关系

4.2　动力学分析

4.2.1　氢气还原熔融态铁氧化物动力学研究

虽然前人对固体铁矿石还原动力学进行了大量的研究，以了解和控制传统的炼铁工艺，然而，对液相氧化铁还原动力学的基础研究还十分缺乏。在碳还原熔融态铁氧化物过程中，CO 气体形成于渣碳界面，生成的气相影响整体还原动力学。

使用气体对熔融氧化铁进行还原时，由于能够准确地评价反应界面面积，所以与固液、液态系统相比，还原速度的评价和反应机制的阐明要容易得多，虽然关于本系统的研究非常匮缺，但是，关于反应的控速阶段，已经进行了相当周密的研究。另外，本系统的实验与固液、液液系统的实验不同，试剂的初始条件应该全部为熔融状态。

非均质气液体系的总还原速率主要受以下三个步骤控制：

（1）气相传质；

（2）界面化学反应；

（3）液相中的传质或液相体积中的扩散。

步骤（1）对总反应速率的影响可以通过还原气流量足够大来消除，也可以通过经验速率方程进行合理修正。在纯 Fe_tO 还原过程中，由于采用固态铁坩埚作为容器，使液态 Fe_tO 和固态铁的活性始终保持统一，因此可以忽略步骤（3）的影响。然而，在含有添加剂的液体 Fe_tO 的还原过程中，这种效应变得非常重要。

4.2.1.1　气相传质的影响

Katayama 等首先用 H_2-H_2O 气体混合物研究了高炉型炉渣中氧化铁的还原速率，研究了纯液态氧化铁在 1673K 和 1723K 下与 H_2 反应的动力学。Ban-ya 认为纯液态氧化铁的氢还原动力学非常快，在大多数实验条件下气相传质占据主导地位，并用混合控制模型估算了界面化学反应速率。

Ban-ya 等[4]研究了铁坩埚中液态氧化铁的氢还原动力学。实验装置如图 4-14所示。样品在 1673K 的 SiC 电阻炉中加热和熔化，然后通过将 H_2-Ar 或 H_2/He 混合物吹到熔体表面来降低熔点。减重率是通过连续记录减重情况来确定的。H_2 分压和气体流速分别在 $20 \sim 0.3$kPa，$0.4 \sim 28$L/min 范围内变化。在整个实验过程中，还原速率与 H_2 在 H_2-Ar 和 H_2-He 气体混合物中的分压成正比。当还原速率受化学反应速率控制，在 1673K 时，表观速率常数 k_a[H_2] 为 1.6×10^{-6}（kg/($m^2 \cdot$s)）。用纯氢测定，比还原率 r 为 1.6×10^{-1}（kg/($m^2 \cdot$s)）。

$$Fe_tO(1) + H_2(g) \Longrightarrow tFe(\delta) + H_2O(g) \tag{4-21}$$

对于式（4-21）的反应，由于反应在熔融状态下进行，Fe_tO 活度始终为 1，因此液相传质不能看作控速环节；根据实验结果（图 4-15），区域 I 的表观反应速率 k_a 与还原气体的种类和气体流量有关，$\log k_a$ 与 $\log V$ 之间存在线性关系，$\log k_a$ 与温度关系较小；区域 II 的曲线与区域 I 相比存在一定偏差，且 $\log k_a$ 与温度关系较明显。因此，可以认为，区域 I 的还原速率是由气液界面处气体侧的传质速度决定的，而区域 II 的还原速率是由气相传质和界面化学反应速率混合控制的。

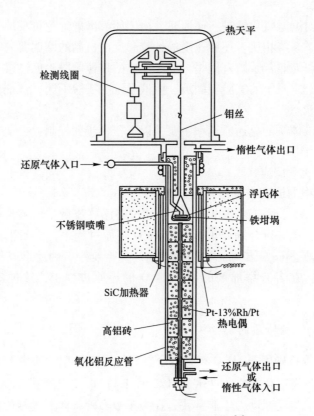

图 4-14　Ban-ya 实验装置原理图[4]

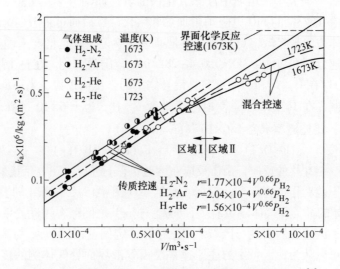

图 4-15　气体流量对 H_2 还原液态氧化铁表观速率的影响[4]

图 4-15 所示为 Ban-ya 等[4]测定的气体流量对 H_2 还原液态氧化铁表观速率的影响。可以看出，在气体流速较低的区域 I，k_a 与气体流量的 2/3 次方成比例，限速环节是气相传质；而在气体流速较高的区域 II，还原速率是由气相传质和界面化学反应混合控制的。从图 4-16 可以看出，在温度一定的条件下，还原速度为气体组成的函数：

$$r = k_a(P_{H_2} - P_{H_2O}/K'_H) \tag{4-22}$$

式中 K'_H——与熔化 Fe_tO 平衡的气相中 $\varphi_{H_2O}/\varphi_{H_2}$ 的比值。

如图 4-16 所示，界面化学反应速率与 H_2 的分压呈线性关系，1673K、纯液态 Fe_tO 的氢气还原速率可表示为：

$$r = k_a[H_2](P_{H_2} - P_{H_2O}/K'_H) = 1.6 \times 10^{-6}(P_{H_2} - P_{H_2O}/K'_H) \tag{4-23}$$

式中 K'_H——（P_{H_2O}/P_{H_2}）与液态 Fe_tO 和纯固态铁平衡时的气体比。

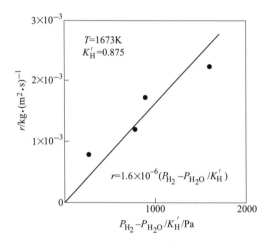

图 4-16 气相组成对 H_2 还原液态氧化铁表观速率的影响[4]

速率常数的 $k_a[H_2]$ = 1.6×10^{-6}kg/（m^2·s·Pa）在 1673K 大约比 CO 大 2 个数量级，即液态 Fe_tO 与氢气的还原速率比 CO 快得多。为了测得更加精确的速率，需要努力以某种形式消除气相传质的影响。

Hayashi 等[5]测量了纯液体 Fe_tO 中氢还原的化学反应速率，制备了立式圆柱形反应器，通过加热螺旋碳化硅，使其保持在 1723～1823K 的恒定温度。N_2-H_2 混合物从上往下经过反应器。结果表明，在 H_2 含量为 5% 的条件下，化学反应限制总还原率；在较高的 H_2 浓度下，由于液相内扩散阻力的增大，反应速率常数降低。结果表明，在 1773K 时，比还原率为 1.58×10^{-1}kg/（m^2·s）。在较高的温度下得到的结果略有不同，但与 Ban-ya 之前的研究结果一致。还发现，添加 CaO 到 Fe_tO 中可以提高化学反应速率，而添加 SiO_2 可以降低化学反应速率。

Katayama H 等[6]测定了在1450℃下，还原气体中 H_2 和 H_2O 含量对 MgO 坩埚内炉渣失重随时间变化的影响。图4-17所示为 Fe_tO 浓度和 H_2O 分压对初始反应速率的影响，其中 N_{FeO} 为渣中 FeO 的摩尔分数，可以发现，P_{H_2O} 越低，N_{FeO} 越高，初始反应速率就越大。

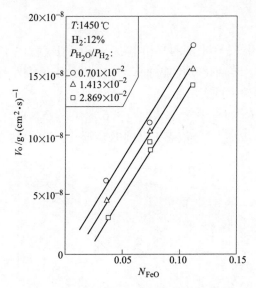

图 4-17 Fe_tO 浓度和 H_2O 分压对初始反应速率的影响[6]

还原率可用式（4-24）表示：

$$V = 4.6 \times 10^{-4} \sqrt{P_{H_2}} \left(N_{FeO} - 0.72 \frac{P_{H_2O}}{P_{H_2}} \right) \quad g/(cm^2 \cdot s) \qquad (4-24)$$

渣中氧化铁的扩散系数为 $3 \times 10^{-4} cm^2/s$；高炉条件下 H_2 和固体碳对渣中 FeO 的还原速率顺序基本相同。

在高还原气流量下，气相传质对液态氧化铁与 CO 的还原速率的影响较小，可以忽略不计。此外，在足够低的 CO 分压下对液态氧化铁与 CO 的还原速率进行了测量，克服了液渣中扩散的限制，测量了不同炉渣成分下 CO 还原的界面化学反应速率。结果表明，化学反应速率与 CO 分压呈线性关系，化学反应的驱动力与气体组成有关。1673K、纯液态 Fe_tO 的 CO 还原速率可表示为：

$$r = k_a[CO](P_{CO} - P_{CO_2}/K_C') \quad kg/(m^2 \cdot s) \qquad (4-25)$$

$$k_a[CO] = \exp(-60700/RT - 13.41) = 1.91 \times 10^{-8} \qquad (4-26)$$

式中，$k_a[CO]$，K_C' 分别为炉渣中 Fe_tO 液体平衡时的表观化学反应速率常数（$kg/(m^2 \cdot s \cdot Pa)$）和气体配比（$P_{CO_2}/P_{CO}$）；变量 $k_a[CO]$ 取决于熔渣的组成。

如图4-18所示为 CaO、SiO_2、Al_2O_3、TiO_2 等添加剂对还原速率的影响。

可以看出这些二元渣中氧化铁的还原速率始终受流量的影响，说明气相中的传质过程仍占主导地位。表观舍伍德值（Sh）由图 4-18 中观察到的还原速率计算得出，并在图 4-19 中以雷诺数（Re）的 0.66 次幂与施密特数（Sc）的 0.5 次幂的乘积作为横坐标作图，得出如图 4-19 所示的还原速率受气相传质控制的结论。

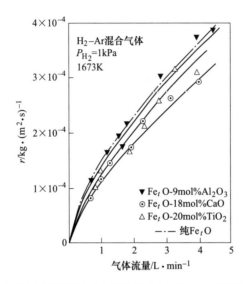

图 4-18 H_2-Ar 混合气体流量对 1673K 时含 9%Al_2O_3、18%CaO、20%TiO_2 的液态氧化铁还原速率的影响[7]

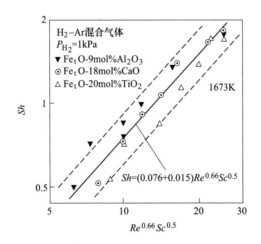

图 4-19 Sh 与 $Re^{0.66}Sc^{0.5}$ 在 1673K 时对含 9%Al_2O_3、18%CaO、20%TiO_2 的氧化铁液体还原的关系[7]

4.2.1.2 液相传质的影响

图 4-20 所示为 $Fe_tO\text{-}M_xO_y$（$M_xO_y = CaO$、Na_2O、TiO_2、SiO_2、P_2O_5）二元渣中 Fe_tO 含量降低时得到的表观速率常数 $k_a[CO]$ 的变化（$M_xO_y = CaO$、Na_2O、TiO_2、SiO_2、P_2O_5），CaO 可增加 $k_a[CO]$，而 TiO_2、SiO_2、P_2O_5 等酸性氧化物会降低 $k_a[CO]$。Al_2O_3、MgO、MnO 在液体 Fe_tO 中的溶解度较小，对其影响不显著。化学反应速率与矿渣碱度的关系比与 Fe_tO 活性的关系更为密切。这在 $Fe_tO\text{-}M_xO_y\text{-}SiO_2$（$M_xO_y = CaO$、$Na_2O$、$MnO$、$MgO$）三元渣中也得到了证实。化学反应速率与 Fe^{3+}/Fe^{2+} 的比例也有着密切的关系。

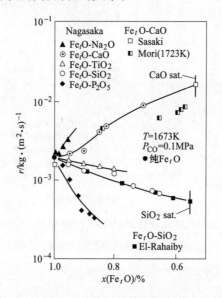

图 4-20 添加氧化物对 1673K 下液态氧化铁 CO 还原化学反应
速率的影响（$P_{CO} = 0.1MPa$）[7]

如图 4-21 所示，表观速率常数与 $N_{FeO_{1.5}}^2/N_{FeO}^3$ 的 1/3 次幂之间存在良好的线性关系，其中 P_2O_5 作为一个强表面活性物质，得到除了 $Fe_tO\text{-}P_2O_5$ 二元渣外体系在 1673K 下表观速率常数的经验速率方程如下：

$$k_a = k_r[CO](N_{FeO_{1.5}}^2/N_{FeO}^3)^{1/3} \tag{4-27}$$

$$k_r[CO] = \exp(-138000/RT - 6.37) = 8.41 \times 10^{-8} \tag{4-28}$$

炉渣中氧化铁的还原速率主要受共存阳离子种类的影响，而 S^{2-}、F^-、Cl^- 等共存阴离子种类对化学反应速率的影响非常小。液态氧化铁还原的化学反应速率受熔体中 Fe^{3+} 和 Fe^{2+} 的比例影响较大，但 Fe^{3+}/Fe^{2+} 比例的真正作用机理目前尚不清楚。为了深入了解液态氧化铁熔体的还原机理，有必要对液态氧化铁熔体的物

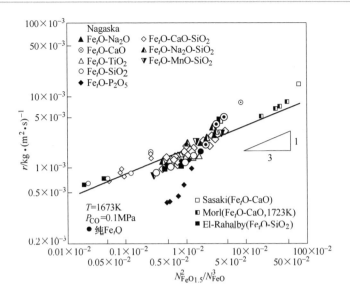

图 4-21　1673K 时液态氧化铁 CO 还原表观化学反应速率与
炉渣中三价铁与二价铁之比的关系（$P_{CO} = 0.1MPa$）[7]

理化学性质和与其他还原剂的还原动力学进行进一步的研究。炉渣中氧化铁的还原速率、氢还原的反应速率要比 C 快得多，而这方面的研究报道较少。

图 4-22 所示为 H_2-Ar 混合气体对 Fe_tO-SiO_2 二元渣还原速率的影响。随着 SiO_2 含量的增加，还原速率变慢，气体流量对还原速率的影响趋于减小。在含 36% SiO_2，气体流量在 3L/min 以上时，还原速率几乎不变。因此，当流量大于 3L/min 时，可以忽略气相传质效果，在含 36% SiO_2 的液态 Fe_tO 中，还原速率可以通过液相传质或界面化学反应来控制。

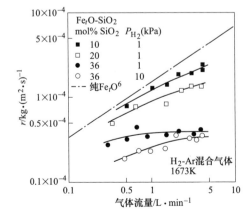

图 4-22　1673K 时液态 Fe_tO-SiO_2 的氢还原速率随 H_2-Ar 混合气体流量的变化[7]

为了验证液相传质对还原速率的影响，采用 H_2-Ar 混合物，在流速为 4L/min 的条件下，考察 H_2 分压对含 36% SiO_2 的 Fe_tO 还原速率的影响（图 4-23）。可以发现，含 36% SiO_2 的液态 Fe_tO 的还原速度几乎与氢气分压无关，并且没有发现总体反应速率与氢气分压的线性关系，表明速度被渣相中的液相传质过程控制。反应速率在更高的氢气分压条件下趋于一个定值，并且发现这个极限速率与 CO 在高 CO 分压条件下还原相同渣系时的极限速率相同，还原速率被液相传质过程控制。很难直接测量氢气还原含有添加剂时的液态 Fe_tO 的界面化学反应速率。因为氢还原的速率要比 CO 还原的速率快得多，所以，气相和液相中传质过程的阻力比界面化学反应的阻力要大。

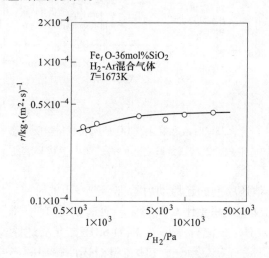

图 4-23 H_2-Ar 混合物中氢气分压对 1673K 时含 36% SiO_2
的液态 Fe_tO 渣的还原速率的影响[7]

Fe_tO 气体还原的化学反应速率由气体成分、液体成分和温度决定的驱动力三项组成。在恒定的液体组成和温度下，$k_a[H_2]$ 和 $k_a[CO]$ 的比值为常数，该比值等于纯液体 Fe_tO 与 CO 和 H_2 的速率常数的比值。在 1673K 的液态 Fe_tO 中，有：

$$k_a[H_2]/k_a[CO] = 1.6 \times 10^{-6}/1.91 \times 10^{-8} = 83.8 \qquad (4-29)$$

如果上述假设是合理的，则可以得到：

$$k_a[H_2] = 7.05 \times 10^{-6} (N_{FeO_{1.5}}^2/N_{FeO}^3)^{1/3} \quad kg/(m^2 \cdot s \cdot Pa) \qquad (4-30)$$

图 4-24 所示为 CaO 和 SiO_2 对 $P_{H_2} = 100$ 时界面化学反应速率的影响。可以看出，随着添加剂含量的增加，气相传质速率变慢，Fe_tO-CaO 体系中氢还原的界面化学反应速率变快，随着 CaO 含量的增加气相传质相对阻力增大。Fe_tO-SiO_2 体系的化学反应速率随着 SiO_2 含量的增加而减慢；然而，由于 Fe_tO 活性的降低，

传质速率也降低了。特别是在 Fe_tO 中加入 SiO_2 后，液相传质阻力明显增大，因此在 Fe_tO-SiO_2 体系中，液相传质过程占据主导地位，在低浓度添加剂和低 H_2 分压下才能确定氢还原的界面化学反应速率。

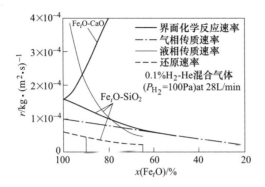

图 4-24 Fe_tO-CaO 和 Fe_tO-SiO_2 二元渣 1673K 时气相传质阻力、
液相传质阻力与界面化学反应的相互关系[7]

Nagasaka T 等[7]在 1673K 进行了一些试验以测量 Fe_tO-CaO 和 Fe_tO-SiO_2 系统在高流量（H_2-He 气体混合物 28L/min）、低氢分压（P_{H_2} = 100Pa）和低浓度的添加剂（少于 5%的 CaO 和二氧化硅）条件下的界面化学反应速率。在这种实验条件下，气相传质效果会得到修正，液相传质效果相对不显著。将得到的表观速率常数与添加剂浓度绘制成图 4-25，可以看出 CaO 略微提高了反应速率常数，SiO_2 降低了氢还原反应的速率。

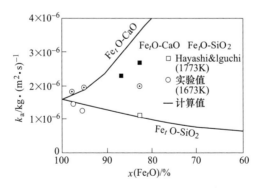

图 4-25 CaO 和 SiO_2 对 1673K 条件下液相氧化铁与氢气还原反应速率常数的影响[7]

CO 还原液态 Fe_tO 的界面化学反应速率与 Sadaki、El-Rahaiby 和 Mori 通过同位素标定的方法测得的 CO_2 分解率结果一致。可以认为 H_2 生成 H_2O 并将氧吸附在液体 Fe_tO 上是氢还原中较可能的限速步骤之一，这可以通过研究使用重水的液态 Fe_tO 的同位素规律来证实。

东北大学 Qu Yingxia 等[8]研究了单个赤铁矿颗粒的熔化和还原行为，图 4-26
所示为 1650K 时，气相组成对粒径 45～53μm 赤铁矿颗粒还原度的影响。结果表
明，随着停留时间的增加，还原度增大，相同停留时间下，还原度随二次燃烧率
PCR（$PCR = (CO_2\%+H_2O\%)/(CO\%+H_2\%+CO_2\% +H_2O\%)$）的增加而减小。对比
两种混合气体，在同一 PCR 条件下，如 PCR 为 38.9% 时，不加 H_2 的气体中铁矿
粉的还原度比加 H_2 时的还原度低 2% 左右。通过热力学分析，在较高温度下 H_2
的还原能力高于 CO 的还原能力，这已被许多研究证实。

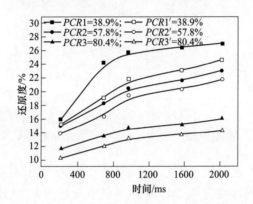

图 4-26　1650K 时，气相组成对粒径 45～53μm 赤铁矿颗粒还原度的影响[8]
（黑色代表 CO-CO$_2$-H$_2$-N$_2$ 混合气体，白色代表 CO-CO$_2$ 混合气体）

图 4-27 所示为 1650K 时粒径对铁矿粉还原度的影响，时间均为 1570ms。结
果表明，随着粒度的增加，铁矿石的还原度几乎呈线性降低。结果表明，随着
PCR 的降低，铁矿石的还原度增加。在相同停留时间内，铁矿粉在含 H_2 的还原
气中的还原度略高于不含 H_2 的还原气中的还原度，与图 4-26 结论一致。

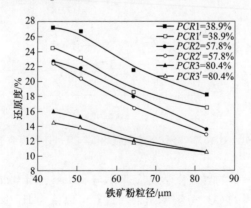

图 4-27　1650K 时粒径对铁矿粉还原度的影响[8]
（黑色代表 CO-CO$_2$-H$_2$-N$_2$ 混合气体，白色代表 CO-CO$_2$ 混合气体）

图 4-28 所示为 5 种不同温度下还原度随时间的变化规律。结果表明，在相同的时间内，铁矿石的还原度随温度的升高而升高。在 1550K 时，在 210 ~ 2020ms 内，铁矿石的还原度都很低。即使是最高点（$t = 2020ms$）也低于 11.11%（赤铁矿完全还原为磁铁矿时，还原度为 11.11%）。在 1600K，时间大于 970ms 时，铁矿石的还原度高于 11.11%。在 1600K 以上的温度下，铁矿石的还原度均高于 11.11%，与停留时间长短无关。在 1700K 和 1750K 两种实验温度下，时间为 2020ms 时，两种还原度相差很小。

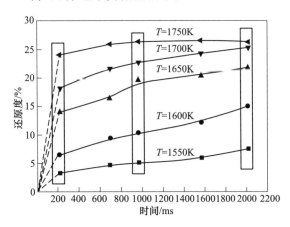

图 4-28 还原时间对铁矿粉还原度的影响[8]
（气相组成为 42.2%+CO+57.8%CO_2，铁矿粉粒径为 45 ~ 53μm）

结果表明，一方面在所有温度下，在 0 ~ 210ms 内的还原速率都比在 210 ~ 2020ms 内的还原速率高得多；另一方面，随着温度的升高，在前 210ms 内的还原速率迅速增加。

对所选样品进行 XRD 检测，并进行了半定量分析。图 4-29 所示为 3 个 XRD 谱图的例子，半定量分析的整体结果见表 4-2。三个具有代表性的例子是：赤铁矿还原温度为 1550K，还原时间 210ms，还原度低于 11.11% 的样品；还原温度为 1650K，还原时间为 970ms，还原度大于 11.11%；还原温度为 1750K，还原时间为 2020ms。

结合图 4-29 和表 4-2 的结果可以发现，在 1550K 时，还原率非常低，在还原时间内只有少量的 FeO 产生，主要反应是由 Fe_2O_3 还原为 Fe_3O_4，还原速率随温度的升高而增大。在 1700K 和 1750K 时，Fe_2O_3 在 210ms 内几乎完全还原为 Fe_3O_4 和 FeO。根据样品中存在的相，表 4-2 中的结果可分为三部分。在 1550K 还原 210 ~ 2020ms，以及在 1600K 还原 210ms，还原率低于 10% 时，还原产物主要相为 Fe_2O_3 和 Fe_3O_4。在 1600K 还原 970 ~ 2020ms，以及在 1650K 还原 210ms，还原度为 10% ~ 15% 时，还原产物主要相为 Fe_2O_3 与 Fe_3O_4 和 FeO 共存。在

1650K 还原 970~2020ms，以及在 1700~1750K 还原 210~2020ms，还原度大于 15%时，还原产物主要相为 Fe₃O₄ 和 FeO。并且，半定量分析小于 3%的物相在图 4-29 所示的 XRD 图谱中也表现出非常微弱的信号。

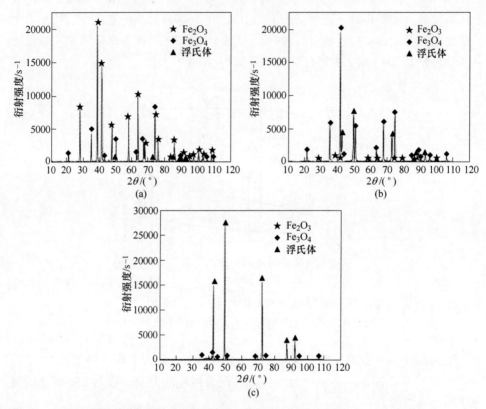

图 4-29　还原铁矿石颗粒 XRD 图（气相成分为 42.2%CO+57.8%CO₂，
铁矿粉粒径为 45~53μm）[8]

（a）1550K，210ms；（b）1650K，970ms；（c）1750K，2020ms

表 4-2　采用 XRD 和化学滴定法半定量测定部分还原铁矿样品中的物相
（气相成分为 42.2%CO+57.8%CO₂，铁矿粉粒径为 45~53μm）[8]

还原时间/ms	成分及还原度	不同温度下的质量分数/%				
		1550K	1600K	1650K	1700K	1750K
210	Fe₂O₃	71	53	16	2	1
	Fe₃O₄	28	45	68	62	27
	FeO	15	2	16	37	72
	还原度	3.3	6.5	13.9	18.0	24.0

还原时间/ms	成分及还原度	不同温度下的质量分数/%				
		1550K	1600K	1650K	1700K	1750K
970	Fe$_2$O$_3$	60	21	1	1	1
	Fe$_3$O$_4$	39	74	65	33	4
	FeO	1	5	34	65	95
	还原度	5.0	10.3	19.5	22.3	26.3
2020	Fe$_2$O$_3$	40	6	0	0	0
	Fe$_3$O$_4$	57	76	44	15	2
	FeO	3	17	56	85	98
	还原度	7.5	15.0	21.8	25.3	26.2

在前 210ms 内，铁矿颗粒的热分解对铁矿低温还原程度的贡献远大于还原作用。当停留时间大于 210ms 时，铁矿石的进一步还原程度几乎完全是由还原引起的。

4.2.2　氢气与其他还原剂对比

根据使用的还原剂的不同，液态氧化铁的还原可大致分为四类：固体碳、溶解在铁水中的碳、还原性气体 H$_2$ 和 CO。

$$\text{Fe}_t\text{O}(l) + \text{C}(s) === t\text{Fe}(l\text{ 或 }s) + \text{CO}(g) \tag{4-31}$$

$$\text{Fe}_t\text{O}(l) + [\text{C}] === t\text{Fe}(l\text{ 或 }s) + \text{CO}(g) \tag{4-32}$$

$$\text{Fe}_t\text{O}(l) + \text{H}_2(g) === t\text{Fe}(l\text{ 或 }s) + \text{H}_2\text{O}(g) \tag{4-33}$$

$$\text{Fe}_t\text{O}(l) + \text{CO}(g) === t\text{Fe}(l\text{ 或 }s) + \text{CO}_2(g) \tag{4-34}$$

在式（4-31）和式（4-32）的体系中，CO 气泡在炉渣与碳界面或炉渣与金属界面处形成，会产生泡沫渣，现象过于复杂，无法定量分析其反应机理。尤其是在泡沫渣中很难确定反应区以及其传输现象，因此对于式（4-31）和式（4-32）反应体系只是定性讨论了反应机理或限速步骤；与之相反，反应系统式（4-33）和式（4-34）更简单并且可以准确确定反应区域，可以对反应速率的限速环节进行精确的讨论。

图 4-30 所示为纯氧化铁与固体碳的总体还原率与温度的关系。对 Takahashi、Sasaki、Tsukibashi 和 Sato 测定的还原速率进行回归分析，得出经验公式为：

$$\ln r = -30000/T + 12.12 \qquad \text{kg}/(\text{m}^2 \cdot s) \tag{4-35}$$

表观活化能约为 250kJ/mol，其限速步骤仍然未知，因此式（4-35）不是基于特定的限速环节得到的，只是整体速率的经验方程。

图 4-31 所示为溶解碳还原纯液体 Fe$_t$O 的表观还原速率与温度的关系。采用 Sato 等人的数据作为液体 Fe$_t$O 的式（4-32）类反应的还原速率，回归分析得到

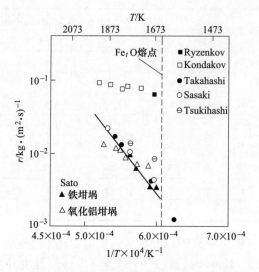

图 4-30   纯氧化铁与固体碳的总体还原率与温度的关系[7]

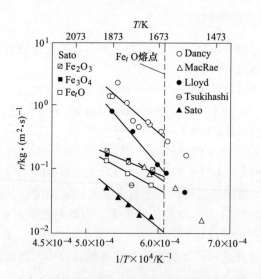

图 4-31   纯液态氧化铁与溶于液态铁的碳整体还原速率的关系[7]
（铁液中的碳含量从 3% 到饱和度）

如下经验公式：

$$\ln r = -20300/T + 7.79 \quad \mathrm{kg/(m^2 \cdot s)} \tag{4-36}$$

表观活化能约为 170kJ/mol，式（4-36）也不是基于特定的限速环节得到的，只是整体速率的经验方程。

图 4-32 所示为还原性气体 H_2 和 CO 还原纯液体 Fe_tO 的表观还原速率与温度

的关系，回归分析得到 $P_{CO}=0.1MPa$ 时的速率方程：

$$\ln r = -7300/T - 1.89 \quad kg/(m^2 \cdot s) \tag{4-37}$$

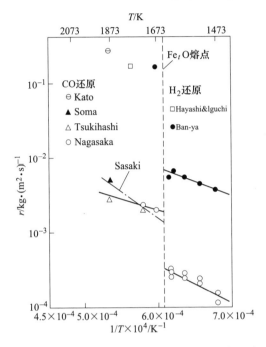

图 4-32 纯液态氧化铁与纯 H_2、纯 CO 还原速率的关系[7]

表观活化能约为 60kJ/mol。由于缺乏实验资料，纯液体 Fe_tO 的氢还原速率与温度的关系不明确。对 H_2-Ar 等离子体还原液态氧化铁进行动力学研究，得到纯 H_2 气氛下的界面化学反应速率在 2600K 左右约为 $1.2kg/(m^2 \cdot s)$。若考虑此值，则氢还原速率的表观活化能估计约为 80kJ/mol。然而，氢分子在等离子体中很可能被分解成氢原子，而这个活跃的氢原子在与离子体的还原反应中起着重要的作用，使等离子体中的环境不同于一般的钢铁生产环境。对比 H_2 和 CO 的还原速率，H_2 还原速度大约比 CO 还原快 2 个数量级。在图 4-32 中，还绘制了纯固体 Fe_tO 与 H_2 和 CO 还原的界面化学反应速率，可以发现，在 Fe_tO 熔点处，液相 Fe_tO 的还原速率不连续地增大。

图 4-33 所示为 4 种反应体系中纯液体 Fe_tO 的还原速率，其中，H_2、CO 的还原速率为界面化学反应速率，固体碳和溶解碳的还原速率为整体速率。可以看出，氢气的还原速率比其他还原剂快 1~2 个数量级。

图 4-34 和图 4-35 所示分别为液态 Fe_tO-CaO、Fe_tO-SiO_2 二元系和 Fe_tO-CaO-SiO_2 渣中固体碳的还原速率。可以看出，CaO 的加入加快了液体 Fe_tO 与固体碳的还原速率，而 SiO_2 降低了其速率。对比图 4-35 和图 4-36 可以看出，在 Fe_tO-

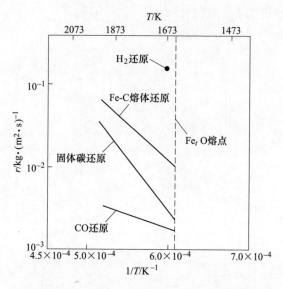

图 4-33 纯液态氧化铁与固体碳、Fe-C 熔体、CO、H_2 的还原速率对比[7]

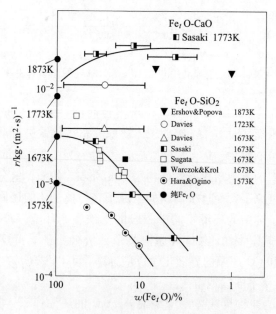

图 4-34 CaO 和 SiO_2 对固态碳还原液态氧化铁速率的影响[7]

CaO-SiO_2 中，Fe_tO 的还原速率随着渣中 Fe_tO 含量的降低而降低。

反应机理或速率决定步骤在以往的大多数研究中尚未阐明。Fruehan 等人尝试用混合控制模型解释碳还原渣中液态 Fe_tO 的还原速率机制。他们基本上考虑

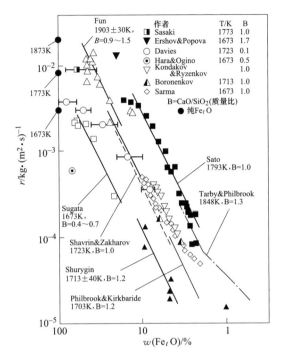

图 4-35 Fe_tO-CaO-SiO_2 渣中 Fe_tO 总还原率与固体碳含量和 Fe_tO 含量的关系[7]

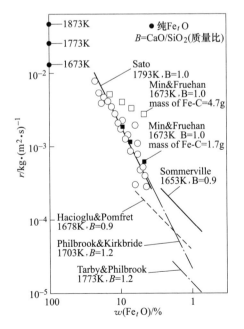

图 4-36 液态 Fe_tO-CaO-SiO_2 渣中 Fe_tO 的总还原速率与渣中 Fe-C 熔体、Fe_tO 含量的关系[7]

了气相传质、液相传质以及碳/气和炉渣/气界面上的化学反应，这表明碳/气或炉渣/气界面上的化学反应具有最大的阻力，在大多数情况下，渣中的界面面积是估算的重要参数。Min 和 Fruehan 在用液态 Fe-C 合金还原含 Fe_tO 渣的研究中发现，金属中的硫明显降低了整体速率。

图 4-37 比较了 H_2、CO 还原速率与图 4-35 和图 4-36 中 1673K 附近的还原速率。可以发现，在 4 种还原体系中，氢还原速率是最快的。因此，在熔池冶炼过程中，应利用煤中挥发性物质产生的氢来还原液态氧化铁；同时由于氢与液态氧化铁发生吸热反应，需要额外的热量或能量[7]。

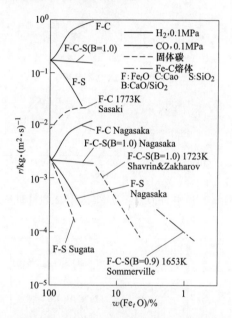

图 4-37　纯液体 Fe_tO、Fe_tO-CaO、Fe_tO-SiO$_2$、Fe_tO-CaO-SiO$_2$
渣在 1673k 时加入各种还原剂的还原速率[7]

T. Nagasaka 等[9]发现，在熔融态 Fe_tO 的还原速度方面，由熔化 Fe-C 合金制成的液态系统最快，其次是由石墨制成的固液系统以及由 CO 制成的气液系统；向 Fe_tO 添加 SiO$_2$ 降低还原速度；在碱度 0.5~1.5 的范围内，渣中 Fe_tO 的还原速度随渣碱度的增加而增大；固体碳在渣中 Fe_tO 的还原速度在 5%~60%Fe_tO 的组成范围内与渣中 Fe_tO 浓度的二次方成线性关系。

4.3　氢在熔融铁氧化物中的行为

4.3.1　高温氢冶金模式

现有的铁矿石高温熔融还原工艺包括铁浴式熔融还原（HIsmelt、DIOS 等）

和 COREX 类熔融还原（包括 COREX、FINEX 等）以及高炉等。

铁浴式熔融还原法可以直接用粉矿进行全煤冶炼，它的突出好处在于无需焦化和造块，并且可以处理廉价的高磷矿，但由于要在铁浴炉下部完成铁矿粉的还原与熔化，在铁浴炉的上部完成气体的二次燃烧，使得氧化气氛和还原气氛同时出现在一座熔炼炉内。如何使得上部燃烧充分而下部氧化铁的还原又不会出现二次氧化这对生产控制的要求很高；另外，铁浴炉上部二次燃烧产生的热量要通过炉渣带入下部还原区，如何保证二者之间的热量迅速高效传递，也是需要进一步解决的问题。由于 HIsmelt 存在氧化与还原的矛盾，以及吸热与供热的矛盾，而且高温尾气也带走了相当多的热量，因此此类流程尚需改进。如果向铁浴炉下部喷吹氢气，通过控制碳的燃烧率，用还原性能优良的氢气来代替碳作为还原剂，从而减轻碳热还原所需的热负荷，达到加快还原速度和降低碳耗的目的，这种技术思想指引我们开发赛思普（CISP）氢基熔融还原新流程，以推动铁浴式熔融还原技术的发展。在此可以分为碳过剩、碳不足和全氢还原三种情况进行讨论，如图 4-38 所示。

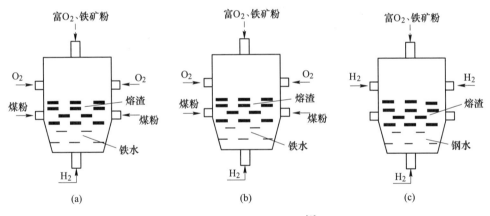

图 4-38 高温氢冶金模式[3]
（a）碳过剩；（b）碳不足；（c）全氢

4.3.1.1 碳过剩

如图 4-38（a）所示，向原铁浴炉中喷吹少量氢气，控制碳的燃烧率，使 C∶O 大于 1∶1。高温条件下（1500℃），喷入铁浴炉内的氢气和煤粉可以很快地与氧化铁发生还原反应，同时，高温下碳也与 H_2O 发生反应：

$$C(s) + H_2O(g) == H_2(s) + CO(g), G^{\ominus} = 134515 - 142.37T \quad (4-38)$$

C-H_2-O_2-H_2O-CO-CO_2 体系的平衡成分中只有 CO 和 H_2，没有 H_2O 和 CO_2。因此，在碳过剩的条件下，通过向铁浴炉下部喷吹 H_2 不能降低还原反应的热负荷。这是由于通入高温区的氢气虽然能够与氧化铁反应，但同时碳也非常容易与 H_2O 发生反应，从而使 H_2O 又转变为 H_2。根据盖斯定量，铁浴炉内的氧化铁还原反应的吸热量并未发生本质改变，高温条件下，这种反应同样需要吸收大量热量，因此在碳过剩条件下，喷吹氢气不能减少下部还原区所需的热量。

4.3.1.2 碳不足

在 1500℃碳不足的条件下，平衡气体成分中将会出现 H_2O 和 CO_2，其含量多少与喷吹的氢气和煤粉比例有关，随着煤粉量的增加，平衡气体成分中的 H_2O 和 CO_2 不断减少，而 CO 和 H_2 含量则不断升高，当 C 和 H_2 的摩尔比大于 2∶1 时，平衡气体成分中的 H_2O 和 CO_2 消失。因此，要想通过向 HIsmelt 铁浴炉中喷吹氢气，从而减轻氧化铁还原所需的热负荷，除非改变 HIsmelt 现有的流程工艺，使铁浴炉内的碳处于不足状态，即控制碳的燃烧率，使 C∶O 小于 1∶1。计算发现，1500℃时，$C-H_2-O_2-H_2O-CO-CO_2$ 平衡体系中的 H_2∶H_2O 不但与 C∶O 有关，而且还与 H_2∶C 有关。随着 C∶O 的升高，H_2∶H_2O 不断升高；而当 C∶O 一定时，H_2 越高，H_2∶H_2O 也越高。

图 4-39 所示为不同 H_2∶C 条件下，吨铁还原能耗变化曲线。可以发现，随着 $H_2/(H_2+C)$ 的提高，吨铁理论能耗不断降低，全碳熔态还原的吨铁理论能耗约为 4GJ，而全氢熔态还原的吨铁理论能耗约为 0.85GJ。因此，向熔炼炉内喷吹氢气，吨铁还原能耗要明显低于全碳还原，而且，H_2∶C 和 C∶O 越高，吨铁理论还原能耗越低。

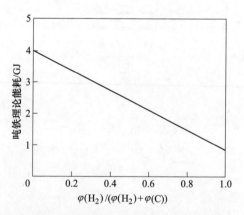

图 4-39 吨铁能耗与 $H_2/(H_2+C)$ 关系[3]

因此，减少喷煤量和增加氢气喷吹量，能够减轻铁浴炉下部还原所需的热负荷，但这样可能会改变目前铁浴法熔融还原炼铁的相关工艺路线，由这一技术思想出发，赛思普（CISP）氢基熔融还原新工艺有可能成为新的炼铁流程，虽然还有许多相关的问题需要提出和解决，但有可能实现氢冶金技术的重大突破。

4.3.1.3 全氢操作

如果减少喷煤量，直至仅喷吹氢气，则成为一种全新的钢铁流程。该流程可以直接从铁矿粉一步生产低碳、低磷、低硅、高硫铁水，这将彻底改变现代钢铁厂的流程模式。由 H_2 还原氧化亚铁平衡图可以得到不同温度下固态和熔态氢气还原的吨铁理论耗氢量曲线，如图4-40所示。

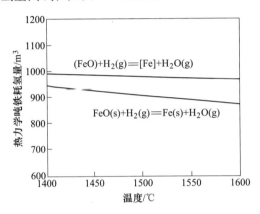

图4-40　热力学吨铁耗氢量随温度变化曲线[3]

由图4-40可知，在1400~1600℃的温度范围内，铁矿石固态和熔态氢气还原的理论吨铁耗氢量均随温度的升高而降低；相同温度下，熔态还原需要的氢气量要高于固态还原。与低温氢冶金工艺（700℃左右）相比，高温熔态铁矿石氢气还原的理论吨铁耗氢量大幅降低。

高温全氢冶金新工艺可以降低还原热负荷，减少二氧化碳等有害气体排放，从而可以实现节能降耗和绿色冶金。但核心问题是，如何解决低能耗低成本制氢问题，否则，无法彻底解决炼铁全流程的高能耗与大排放问题。因此高温全氢冶金工艺的实现还寄希望于制氢技术的根本突破。

综上所述，可以得出如下结论：

（1）在1500℃碳过剩的条件下，在 C-H$_2$-O$_2$-H$_2$O-CO-CO$_2$ 体系的气体平衡成分中不存在 H_2O 和 CO，因此，对于现有的铁浴法熔融还原工艺，向铁浴炉下部喷吹氢气不能降低还原区的热负荷。

（2）如果改变现有的铁浴炉流程，通过减少喷煤量和增加氢气喷吹量，能够达到减轻铁浴炉下部还原所需热负荷的目的，基于这一技术思想的赛思普（CISP）氢基熔融还原新工艺，可能从理论到实践取得重大突破。

（3）在1500℃时，全氢熔态还原的吨铁理论耗氢量为980m^3。

（4）与全氢还原相比，富氢熔态还原应得到优先发展，如何控制气体中的富氢含量是该工艺的技术关键[3]。

4.3.2　氢在熔融铁氧化物中的溶解

双原子气体如 H_2、N_2 和 O_2 以原子形式溶解在液态金属中：

$$1/2X_2(g) \Longrightarrow [X] \tag{4-39}$$

X 的浓度，例如氢气的浓度，与平衡气体分压的平方根成正比；这就是所谓的西弗特定律：

$$[\%H] = K_{H_2} P_{H_2}^{1/2} \tag{4-40}$$

式中，K_{H_2} 和 P_{H_2} 分别是平衡常数和氢分压。

对于溶质含量（$\times 10^{-6}$，质量）和气压（MPa），Turkodogan 给出了 H_2 在铁液中溶解度与温度的关系[2]：

$$\lg \frac{w_{H_2}}{(P_{H_2})^{1/2}} = -\frac{1900}{T} + 2.423 \tag{4-41}$$

Chou Takao 等[10]研究了液态铁中氢的吸收速率和溶解氧的影响，发现，高频感应搅拌下的铁的氢吸收的传质系数 k_H 在 1600℃时为 $k_H = (19 \pm 1) \times 10^{-2}$ cm/s；$P_{H_2} = 0.021 \sim 0.1$ MPa 范围内的氢吸收速度与 $\sqrt{P_{H_2}}$ 成正比；吸收氢活化能为 50kJ/mol；铁液吸收氢的速率可以看作是铁液内氢的扩散速率，传质系数 k_H 与氢的扩散系数 D_H 的 2/3 次方成正比。还发现，铁液中氧浓度低于 0.039% 时传质系数与氧浓度无关，而在吸收氢的过程中表面活性氧几乎不存在不利影响。

Ban-ya 等[11]用 Sievert 法研究了合金元素对氢气在铁液中溶解度的影响，发现在 1548~1672℃时 B、Ge、Al、Sn、Ta 的加入会降低氢在铁液中的溶解度，而 Zr 的加入会增加氢在铁液中的溶解度。

Hirohiko Nozakl 等[12]用 Sievert 法研究了氢在液态铁、液态镍和液态铁合金中的溶解度，发现，氢气在铁水中的溶解度可用下式求得：

$$\lg K_{Fe-H} \left(= [\%H / \sqrt{P_{H_2}}] \right) = -1900/T - 1.577 \tag{4-42}$$

在 1450~1670℃，常压，氢气气氛下，碳、硅和磷可降低氢在合金中的溶解度，而镍则增加了氢在合金中的溶解度。铁硅合金在 Si 浓度为 31%~34% 时，氢的溶解度最小。

总结他们关于不同元素在铁合金中相互作用系数的研究结果，可以得到：

$$\partial \lg f_H^C / \partial [\%C] = 414/T - 0.204, \qquad [\%C] < 2 \tag{4-43}$$

$$\partial \lg f_H^{Si} / \partial [\%Si] = 0.031, \qquad [\%Si] < 2 \tag{4-44}$$

$$\partial \lg f_H^P / \partial [\%P] = 0.015, \qquad [\%P] < 6 \tag{4-45}$$

$$\partial \lg f_H^{Ni} / \partial [\%Ni] = -10.4/T + 0.0040, \qquad [\%Ni] < 50 \tag{4-46}$$

$$\partial \lg f_H^{Al} / \partial [\%Al] = 0.0107, \qquad [\%Al] < 10 \tag{4-47}$$

$$\partial \lg f_H^B / \partial [\%B] = 0.058, \qquad [\%B] < 2.5 \tag{4-48}$$

$$\partial \lg f_H^{Ge} / \partial [\%Ge] = 0.0109, \qquad [\%Ge] < 10 \qquad (4\text{-}49)$$

$$\partial \lg f_H^{Ta} / \partial [\%Ta] = 0.0017, \qquad [\%Ta] < 25 \qquad (4\text{-}50)$$

$$\partial \lg f_H^{Sn} / \partial [\%Sn] = 0.0057, \qquad [\%Sn] < 7 \qquad (4\text{-}51)$$

$$\partial \lg f_H^{Zr} / \partial [\%Zr] = -0.0088, \qquad [\%Zr] < 2 \qquad (4\text{-}52)$$

4.3.3 氢在渣中的溶解

采用不同的实验方法对二元、三元和四元矿渣体系的氢溶解度进行了研究。研究人员发现，溶解在氧化物熔体中的水的溶解度与水蒸气分压的平方根成正比：

$$(H) = C\sqrt{P_{H_2O}} \qquad (4\text{-}53)$$

式中 (H)——氧化物熔体中的氢含量，10^{-6}；

$\qquad P_{H_2O}$——水蒸气的分压；

$\qquad C$——常数，可能根据氧化物的组成和温度而变化。

溶液的形式因熔体的种类不同而不同，如式（4-54）~式（4-56）所解释。

在酸性熔体和网络构建系统中，例如酸性硅酸盐，水蒸气与双键氧反应，解聚熔体形成羟基自由基，因此

$$\begin{array}{ccc} | & | & \\ -Si-O-Si- & + H_2O(g) & === & -Si-OH \ HO-Si- \\ | & | & \end{array} \qquad (4\text{-}54)$$

在碱性熔体中，水与游离氧离子 O^{2-} 反应生成羟基离子，反应如下：

$$O^{2-} + H_2O === 2(OH)^- \qquad (4\text{-}55)$$

对于酸性和碱性熔体，整体反应表现为：

$$O^* + H_2O === 2(OH^*) \qquad (4\text{-}56)$$

其中 O^* 表示双键氧、单键氧（O^-）或 O^{2-}，OH^* 表示与硅单键或自由离子。从这个意义上说，羟基自由基随着双键氧的增加而增加，而羟基离子随着单键氧或自由氧的增加而增加。在这些模式的溶液中，水的行为类似于碱性氧化物对酸性硅酸盐的反应，即水在与硅酸盐中的双键氧反应时破坏了网络结构，水也作为酸性氧化物对碱性硅酸盐的反应结果。

给定熔体成分的平衡常数称为羟基容量 C_{OH}，表示为：

$$C_{OH} = w_{H_2O} / (P_{H_2O})^{1/2} \qquad (4\text{-}57)$$

式中 w_{H_2O}——熔化物中 H_2O 的重量百分比；

$\qquad P_{H_2O}$——水蒸气的分压。

Wahlster 和 Reichel[13] 详细研究了矿渣碱度对熔体中 H_2/H_2O 溶解度的影响。在 $CaO\text{-}SiO_2$ 二元体系中，他们发现 $w_{CaO}/w_{SiO_2} = 1$ 的渣中氢溶解度最小，但氢的溶

解度在碱性和酸性两个方向上都增加了。在碱性渣中，氢根据反应（4-59）溶解，因为游离氧离子的增加；而在酸性渣中，氢根据反应（4-60）溶解，因为硅酸盐中存在的双键氧增加。碱性渣中氢溶解度的增加速率高于酸性渣。

Imai 等[14]和 Wahlster、Reichel[13]也研究了 FeO 含量在 0~40%时对 CaO-FeO-SiO$_2$ 体系的影响，结果如图 4-41 所示。同样，在这两个研究中，$w_{CaO}/w_{SiO_2} = 1$ 的渣中氢的溶解度最小。然而，Imai 发现，与 $w_{CaO}/w_{SiO_2} = 1$ 时相比，氢的溶解度保持不变（在酸性渣中 FeO 为 33%时）。Wahlster 和 Reichel 发现，在渣中 FeO 含量较高（40%）时，氢溶解度最低的是酸性渣。他们将这一发现归因于 Fe^{3+}/Fe^{2+} 的高比例，而 Fe_2O_3 的低氢溶解度阻碍了酸性渣氢溶解度的增加。然而，这种论证显然是不可靠的，因为假定 Fe^{3+} 存在于酸性炉渣中与 Fe^{3+} 在碱性一侧增加的事实相矛盾。

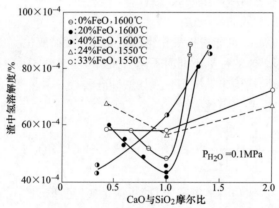

图 4-41　CaO- FeO-SiO$_2$ 渣中氢的溶解度与 CaO/SiO$_2$ 比值的关系[2]

Jung[15]进行了建模工作，以预测 CaO-FeO-SiO$_2$ 体系中羟基 COH 的容量。将建模工作的结果呈现在一个图表中，并与 Wahlster 和 Reichel 测量的结果相比较，得到图 4-42。从图 4-42 中可以看出，在双面箭头之间的区域，计算结果与实验数据基本一致。羟基的容量分布与此一致，在 CaO-SiO$_2$ 二元侧到 FeO 顶点（点划线）的 SiO$_2$ 含量为 50%时观察到几乎最小值。C_{OH} 向更高的碱性和酸性侧增加，碱性侧增加速率也更高。然而，在较高的 FeO 值时，计算结果与点划线上的测量值不符。计算得到的 C_{OH} 随着 FeO 含量的增加而持续下降，而测量得到的 C_{OH} 则随着 FeO 含量的增加而上升约 65%，然后在 FeO 含量为 100%时再次下降至约 0。Jung 还将 CaO-FeO-SiO$_2$ 体系中水的溶解形式划分为 4 个不同的部分，如图 4-43 所示。他证明了最小的水溶性值出现在两种不同溶解机制的水的界面。从图中可以看出，虚线下的渣成分中水主要以 $Ca(OH)_2$ 羟基离子的形式溶解，$Fe(OH)_2$ 的形成非常罕见；而在渣成分虚线上方水主要以（Si-O-H）羟基自由基的形式溶解[2]。

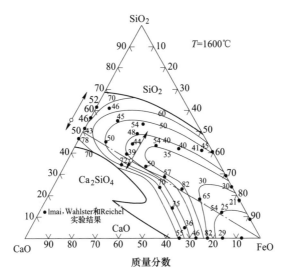

图 4-42　根据 CaO-FeO-SiO$_2$ 体系的测量结果计算得出的 C_{OH} 线

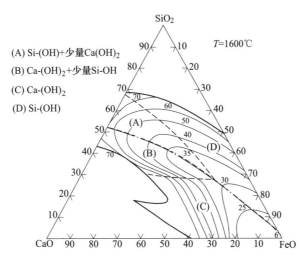

图 4-43　计算得出 CaO-FeO-SiO$_2$ 渣中水的主要溶解形式[2]

4.4　氢气熔融还原工业实践

4.4.1　半工业化试验

（1）孙克强和吴少波等[16]进行了氢冶金技术的实验，成功实现了氢气与氮气切换工作。底吹氢气熔融还原试验的底吹压力为 0.03MPa 左右，底吹氢气流

量为 $1.2\sim1.8m^3/h$。研究发现，冷矿的加入会使得熔渣温度降低，黏度增加，煤和生矿的加入会使炉渣更容易形成泡沫渣，生矿加入会加剧泡沫化的剧烈程度。经预还原处理后的铁矿石的还原效果比生矿更好，对泡沫渣的控制也比生矿好。氢熔融还原可以提高铁的回收率，终渣中全铁含量在2%左右。通过动力学计算得到，底吹氢气还原速率常数在1400℃下单位面积单位渣量为 $0.13\sim0.18g/(cm^2\cdot min\cdot t)$，碳还原（底吹氮气搅拌）情况下为 $0.07\sim0.14g/(cm^2\cdot min\cdot t)$，氢气还原比碳还原更有较好的动力学条件。

（2）倪晓明等[17]进行底吹氢气的千克级氢-碳熔融还原试验，发现氢、碳熔融还原铁矿石反应激烈、速率快，还原速率高于固体碳、熔解碳和气体还原铁氧化物速率，铁矿石在百分之百的还原，在工业生产中可以极大提高生产率；影响反应速率的主要因素为温度、底吹搅拌强度和反应界面面积，升高温度、增加搅拌强度和熔池面积能加快还原速率。

（3）通过10kg底吹氢预试验了解到氢还原是安全的，但是预试验并没有解决工业化实际操作方面的问题。骆琳[18]进行了250kg级氢碳熔融还原热模拟试验研究。试验在中频感应炉中进行，可实现铁矿熔化，并在熔融状态下用氢还原，炉内最大压力为0.18MPa，真空-压力感应炉布局如图4-44所示，试验设备主要由真空熔炼室、感应熔炼装置、测温装置、底吹氢气和氮气装置、气动系统、电气控制系统和水冷系统组成。

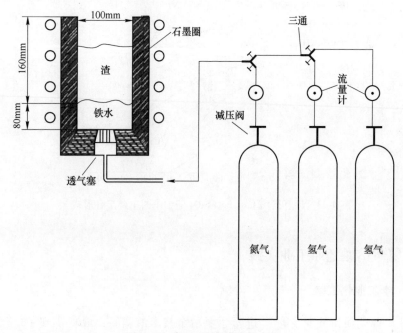

图4-44 真空-压力感应炉布局

试验第一阶段为底吹氮气熔融还原试验,与第二阶段吹氢试验进行比较,考察底吹搅拌条件下的还原动力学影响因素;第二阶段进行底吹氢的熔融还原试验。试验步骤如图4-45所示,还原速率比10kg氢碳熔融还原速率快。底吹氢气的情况下比较剧烈的,这几种底吹搅拌强度相似。氢气在熔融还原中还原速率是比较快的,大于固体碳以及铁水溶解碳还原速度。氢气还原无论在热力学以及动力学方面都有比较有优势,但是由于氢气在熔池里很容易逸出燃烧掉,因此氢气利用问题一直是很重要的研究课题。底吹氢气单位面积单位渣量产生的还原速率常数较大,这是由氢气还原速度快造成的。

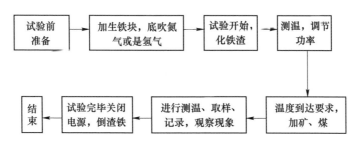

图 4-45 底吹熔融还原试验步骤

在高温下由于 H_2 还原的平衡常数大,从气相平衡的角度看即使高二次燃烧情况下 H_2 仍然可以保持好的还原性,解决了当前熔融还原工艺碳直接还原需高热量和强还原气氛的矛盾。

氢碳熔融还原250kg级的热模拟实验结果表明,在1400℃,氢气还原速率常数为 $0.93 \sim 1.03 g/(cm^3 \cdot min)$,与固体碳比较氢气还原速率快。底吹氢气还原单位面积单位渣量下的还原速率为 $0.13 \sim 0.18 g/(cm^2 \cdot min \cdot t)$,而在碳还原情况下为 $0.07 \sim 0.14 g/(cm^2 \cdot min \cdot t)$。生矿与预还原矿(球团)比较,预还原矿还原效果比生矿彻底,对泡沫渣的控制也比生矿好;搅拌对还原动力学影响比较大。

(4)周林[19]对于氢-碳熔融还原炼铁工艺进行了500kg级熔融还原试验研究,发现,由于氢气密度小,导致底吹氢气转子流量计波动很大。底吹氢时要控制好氢气的压力和流量,若底吹氢压力过小会导致底吹元件的透气塞堵塞,矿石不易被还原;若底吹氢压力过大会导致氢气向感应线圈渗透且有火苗出现,长时间会导致线圈损坏,甚至出现更严重的后果。试验证明,500kg级的熔融还原试验底吹氢气是安全可行的。

(5)王东彦、姜伟忠和李肇毅等[20]进行了碳氢熔融还原中试研究。碳氢熔融还原工艺反应器如图4-46所示。

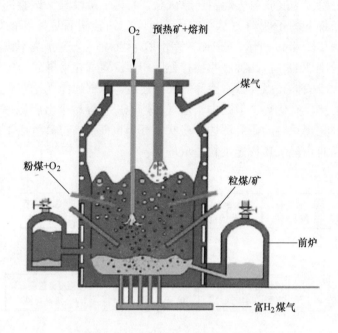

图 4-46 碳氢熔融还原工艺反应器

　　试验选取了对工业放大影响较大和决定高磷矿应用可能性的渣中氧化亚铁的还原效果和铁液中磷的还原效果进行研究。试验加料配比见表 4-3，得到不同煤配比条件下渣中氧化亚铁还原情况，如图 4-47~图 4-50 所示。

表 4-3　试验加料配比　　　　　　　　　　　　　　　　　（kg）

号数	铁矿石（生矿）	煤	还原类别	渣量
1	3.00	0	铁中碳	60
2	1.5	0.38	煤+铁中碳	60
3	3.8	0	氢+铁中碳	40
4	6	0.52	氢+煤+铁中碳	40
5	6（球团）	0.4	氢+煤+铁中碳	40
6	6（球团）		氢+铁中碳	40

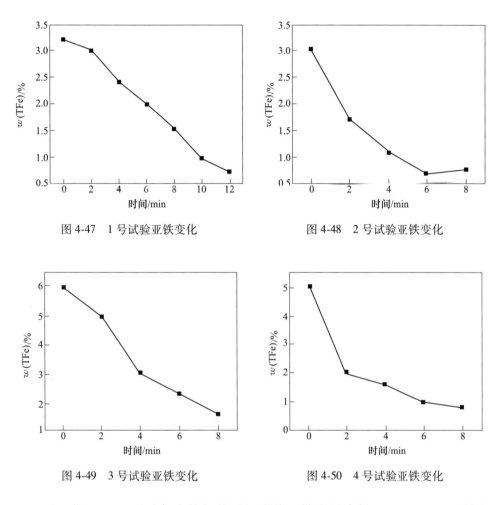

图 4-47　1 号试验亚铁变化　　　　　　　　图 4-48　2 号试验亚铁变化

图 4-49　3 号试验亚铁变化　　　　　　　　图 4-50　4 号试验亚铁变化

可以发现，4 组试验都在较短的时间内将亚铁含量降低至 2% 以下，亚铁含量下降速率从快到慢依次为 4 号、2 号、1 号、3 号。

将碳氢熔融还原工艺反应器的工艺模型简化为三区三流模型，如图 4-51 所示。其中，三区分别为顶吹二次燃烧区、侧吹燃烧区、乳化液滴区；三流分别为矿流、侧吹煤粒/矿粒流、底吹氢气流。各个区域模型建立完毕后，根据边界条件的互相耦合，完成整体反应模型建模和计算，并选取 4 号试验数据进行对比，发现模型结果与计算结果基本符合。

碳氢熔融还原渣中亚铁含量可以方便地控制在 5% 以内；在控制还原参数的条件下，矿石中磷还原进入铁水比例小于 50%；碳氢熔融还原工艺模型得到了中试试验的验证，与试验值基本吻合；得到的二次燃烧率约为 40%。

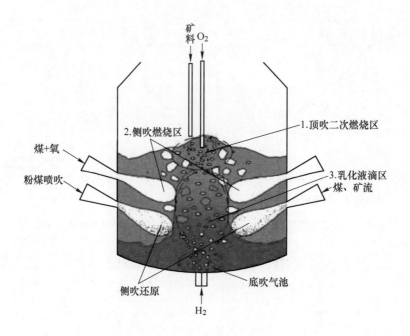

图 4-51 碳氢还原反应器的三区三流模型

4.4.2 工业化实践

2017 年始，建龙集团着手氢冶金新流程的研发工作，北京科技大学团队有幸参加。研发历时 3 年，直至 2020 年底建龙集团旗下的内蒙古赛思普科技有限公司总投资 10.9 亿元、年产 30 万吨的氢基熔融还原法高纯铸造生铁项目设备调试完成，并成功实现热负荷试车。为了把疫情耽搁的工程进度抢回来，公司从 2020 年下半年开始、倒排工期、加班加点、增加设备安装队伍和技术攻坚人员、科学论证、反复试验研究、精心策划，短短几个月时间项目实现了由设备安装到设备调试。

赛思普（CISP）氢基熔融还原的产品为高纯铸造生铁和超高纯铸造生铁，产品与常规高炉铁水比，具有低磷、低硫，低硅、低碳、低有害元素的优点。主要应用于风电、核电、高铁等高端铸件领域。

该项目运用氢基熔融还原新工艺，开辟了焦炉煤气综合利用的新途径，推动了传统"碳冶金"向新型"氢冶金"转变，将带动传统产业以及上下游相关行业同步调整和变革，实现冶金产业向绿色化、精深化、高端化转型。

4.5 小结

实验证明，还原反应在2500℃时，H_2的利用率约为40%，而CO利用率约为10%~15%。在温度为1500℃时，用H_2和CO混合气体还原熔融态氧化亚铁，平衡气相中的H_2和CO含量分别为45.6%和81.8%。应用用热力学软件（Fact-Sage5.5）对两种还原性气体组成的混合气体在1600~2600℃的熔融状态下对氧化铁还原达到的平衡状态进行计算，可以得到H_2和CO在不同气氛下还原氧化亚铁的平衡曲线。通过计算$C-H_2-O_2-H_2O-CO-CO_2$体系的化学平衡，可以得到体系平衡成分与氧含量、碳含量、温度和压力的关系。

氢气还原铁氧化物主要受气相传质、液相传质和界面化学反应速率的影响。氢气流速较低时，限速环节是气相传质；而在氢气流速较高时，还原速率是由气相传质和界面化学反应混合控制的。H_2O分压越低，渣中Fe_tO含量越高，则初始还原速率越高。

在熔融态Fe_tO的还原速度方面，由熔化Fe-C合金制成的液态系统最快，其次是由石墨制成的固液系统，以及由CO制成的气液系统。在几种还原体系中，氢还原速率是最快的。因此，在熔池冶炼过程中，应利用煤中挥发性物质产生的氢来还原液态氧化铁，但由于氢与液态氧化铁发生吸热反应，因此需要额外的热量或能量。

添加CaO到Fe_tO中可以提高化学反应速率，而添加SiO_2、TiO_2、P_2O_5等酸性氧化物可以降低化学反应速率，Al_2O_3、MgO、MnO在液体Fe_tO中的溶解度较小，对其影响不显著。

熔融氧化铁的还原方式根据还原剂的种类可大致分为固体碳还原、熔融态碳还原和还原性气体CO、H_2还原。

高温全氢冶金新工艺可以降低还原热负荷，减少二氧化碳等有害气体排放，从而可以实现节能降耗和绿色冶金。但其核心问题是，如何解决低能耗低成本制氢问题，否则只是在能源转移方面做文章，无法根本解决炼铁全流程的高能耗与大排放问题，因此高温全氢冶金工艺的实现还有赖于制氢技术的根本突破。

液态氧化铁吸收氢气的速率与氢气分压的平方根成正比；在1600℃左右时，B、Ge、Al、Sn、Ta以及C、Si、P的加入会降低氢在铁液中的溶解度，而Zr和Ni的加入会增加氢在铁液中的溶解度。

FeO含量在0~40%时对于$CaO-FeO-SiO_2$体系中氢的溶解度存在影响，但具体的影响机理仍不明确。

目前，仅有部分企业开展了氢气熔融还原铁氧化物的工业试验，结果表明，在控制好氢气压力和流量的前提下，氢气熔融还原铁氧化物的工业化是安全可行的，但仍需解决热量不足的问题。正式准备调试投产的企业只有内蒙古赛思普科技有限公司，其主要计划生产的产品为高纯铸造生铁和超高纯铸造生铁，产品与常规高炉铁水比，具有低磷、低硫，低硅、低碳、低有害元素的优点，主要应用于风电、核电、高铁等高端铸件领域。

参 考 文 献

［1］杨天钧. 熔融还原［M］. 北京：冶金工业出版社，1998.

［2］Badr V K, Sc B, Sc M. Smelting of Iron Oxides Using Hydrogen Based Plasmas［D］. Leoben：Montanuniversität Leoben，2007.

［3］曹朝真，郭培民，赵沛，等. 高温熔态氢冶金技术研究［J］. 钢铁钒钛，2009，30（01）：1~6.

［4］Ban-ya S, Iguchi Y, Nagasaka TJT-t-H. Rate of Reduction of Liquid Wustite with Hydrogen. 2010，70（14）：1689~1696.

［5］Hayashi S, Iguchi Yjii. Hydrogen Reduction of Liquid Iron Oxide Fines in Gas-conveyed Systems. 1994，34（7）：555~561.

［6］Katayama H, Taguchi S, Tsuchiya Njt-t-H. Reduction of Iron Oxide in Molten Slag with H_2 Gas. 1982，68（15）：2279~2286.

［7］Nagasaka T, Hino M, Ban-ya S J M, et al. Interfacial kinetics of hydrogen with liquid slag containing iron oxide［J］. 2000，31（5）：945~955.

［8］Qu Y, Yang Y, Zou Z, et al. Melting and Reduction Behaviour of Individual Fine Hematite Ore Particles. 2015，55（1）：149~157.

［9］Nagasaka T, Ba N-Ya S. Rate of Reduction of Liquid lron Oxide［J］. Tetsu-to-Hagane，2009，78（12）：1753-1767.

［10］Chou T, Takada M, Inouye Mjt-t-H. Rate of Hydrogen Absorption in Liquid Iron and Effect of Dissolved Oxygen. 1976，62（10）：1309~1318.

［11］Ban-ya S, Fuwa Tjt-t-H. The Effect of Al, B, Ge, Ta, Sn and Zr on the Solubility of Hydrogen in Liquid Iron. 1974，60（9）：1299~1309.

［12］Nozaki H, Ban-ya S, Fuwa T, et al. Effect of Carbon, Silicon, Phosphorus and Nickel on the Solubility of Hydrogen in Liquid Iron. 1966，52（13）：1823~1833.

［13］Wahlster M, Reichel H. Die Wasserstofflöslichkeit von Schlacken des Systems CaO-FeO-SiO_2，Archiv für das Eisenhüttenwesen，Heft 1，1969.

［14］Imai A, Ooi H, Emi T J T-T-H. On Dissolution of Water Vapour in Molten Slags［J］. Tetsu to Hagane，1962，48（2）：111-117.

［15］Jung, In-Ho：Thermodynamic modelling of gas solubility in molten slags（Ⅱ）-water, ISIJ International，2006，11（46）：1587~1593.

［16］孙克强，郑少波，郝学彬，等. 氢冶金技术的探索与实践［C］. 2011 年全国冶金节能减排与低碳技术发展研讨会，中国河北唐山，2011.5.

［17］ 倪晓明，骆琳，杨森龙，等．氢-碳熔融还原实验室试验研究［C］.中国金属学会2008年非高炉炼铁年会，中国吉林延吉，2008.6.

［18］ 骆琳.250kg级氢碳熔融还原热模拟试验研究［D］.上海：上海大学，2010.

［19］ 周林，郑少波，王键，等.500公斤级氢-碳熔融还原试验研究［C］.中国金属学会2010年非高炉炼铁学术年会暨钒钛磁铁矿综合利用技术研讨会论文集．攀枝花；2010，223~228.

［20］ 王东彦，姜伟忠，李肇毅，等．宝钢碳氢熔融还原中试研究［C］.第五届宝钢学术年会论文集．上海；2013，1~5.

5 等离子体氢还原铁氧化物

5.1 等离子体的基本性质

5.1.1 等离子体的定义

等离子体由希腊语 $\pi\lambda\alpha\sigma\mu\alpha$ 而来，英文是 plasma，其本意是指血浆、原生质。1879 年英国物理学家 Crooks 在研究阴极射线管时，发现其中存在着带有正电荷和负电荷的带电粒子，是不同于物质通常三种形态（固、液、气）的"物质第四态"[1]。

宏观物质在一定的压力下随温度升高由固态变成液态再变为气态，也有的直接变成气态。当温度继续升高，气态分子热运动加剧。当温度足够高时，分子中的原子由于获得了足够大的动能，便开始彼此分离。分子受热时分裂成原子状态的过程称为离解。若进一步提高温度，原子的外层电子会摆脱原子核的束缚成为自由电子。失去电子的原子变成带电的离子，这个过程称为电离[2]。

除了加热能使原子电离（热电离）外，还可通过吸收光子能量发生电离（光电离），或者使带电粒子在电场中加速获得能量与气体原子碰撞发生能量交换，从而使气体电离（碰撞电离）。

发生的电离无论是部分电离还是完全电离的气体均称为等离子体或等离子态。等离子体是由带正负电荷的粒子组成的气体。由于正负电荷总数相等，故等离子体的净电荷等于零。等离子态与固、液、气三态相比无论在组成上还是在性质上均有本质区别。首先，气体通常是不导电的，等离子体则是一种导电流体。其次，组成粒子间的作用力不同。气体分子间不存在净的电磁力，而等离子中的带电粒子间存在库仑力，并由此导致带电粒子群的种种特有的集体运动。另外，作为一个带电粒子系，等离子体的运动行为明显受到电磁场的影响和约束[3]。

5.1.2 等离子气体的性质

5.1.2.1 输运性质

准确的输运系数，包括黏性系数、热导率、电导率和扩散系数，除了其本身固有的研究价值外，还是进行等离子体数值模拟必不可少的前提条件之一[4]。

图 5-1 所示为 Ar、H_2 和 CH_4 的比热（按 FactSage 计算）、黏度、导热系数和

导电性[5,6]。很明显，在所有这些气体中，Ar 具有最低的比热和导热系数。在给出的整个温度范围内，CH_4 的比热平均值大约是 H_2 的 2.5 倍。H_2 的黏度最低，CH_4 的黏度有所增加，Ar 的黏度增加更多。所有气体的电导率几乎相同。

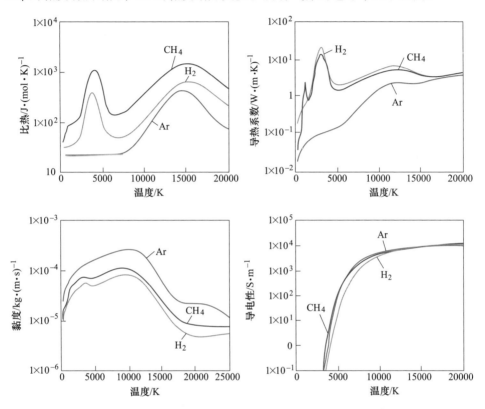

图 5-1 Ar，H_2 和 CH_4 的比热、黏度、导热系数和导电性[5,6]

5.1.2.2 等离子体频率

等离子体中粒子的自由振荡频率称为等离子体频率。等离子体电子振荡频率表达式为：

$$\omega_{pe} = \sqrt{\frac{n_e e^2}{\varepsilon_0 m_e}} \tag{5-1}$$

式中　ω_{pe}——等离子体电子振荡频率；

　　　n_e——等离子体中自由电子的密度；

　　　e——电子电量；

　　　ε_0——真空介电常数；

　　　m_e——电子质量。

等离子体离子振荡频率为：

$$\omega_{pi} = \sqrt{\frac{n_i e^2}{\varepsilon_0 m_i}}$$

(5-2)

式中　n_i——等离子体中自由离子密度

　　　　ω_{pi}——等离子体离子振荡频率；

　　　　m_i——离子质量。

等离子体频率定义为：

$$\omega_p^2 = \omega_{pe}^2 + \omega_{pi}^2$$

(5-3)

式中　ω_p——等离子体频率。

一般来讲，离子质量要远大于电子电量，因此相比于电子振荡频率，离子振荡频率较低。在等离子体中，可以近似认为 $\omega_p = \omega_{pe}$，即[7]：

$$\omega_p = \sqrt{\frac{n_e e^2}{\varepsilon_0 m_e}}$$

(5-4)

5.1.2.3　等离子体温度

20 世纪 80 年代初 Chen D M 等（1981）引入双温度模型——电子温度 T_e 和重粒子温度 T_h 用来描述 NLTE（non-LTE）热等离子体。考虑到电子和重粒子之间巨大的质量差，等离子体温度（或称为气体温度）由重粒子温度 T_h 描述。电子和重粒子温度之间差别越大表明等离子偏离局域热力学平衡越远[4]。通过这 2 个参数和电子数密度 n_e，可以较为方便地判断等离子体所处的状态，即是否处于 LTE 和/或 LCE 状态。图 5-2 所示为几种典型的大气压气体放电等离子体源的参

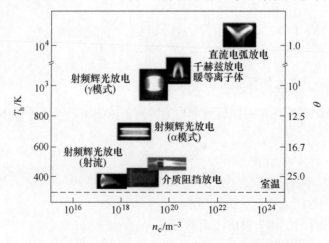

图 5-2　几种典型的大气压气体放电等离子体源参数图谱[1]

（左侧纵坐标为等离子体的重粒子温度，右侧纵坐标则是在假定
等离子体电子温度恒定为 10^4 K 时对应的电子-重粒子温度比）

数图谱，其中 $\theta = T_e/T_h$ 表征等离子体的热力学非平衡度，即当 $\theta = 1$ 时表征等离子体处于 LTE 状态；当 $\theta > 1$ 时表明等离子体偏离 LTE 状态，θ 值越大，表明等离子体偏离 LTE 的程度也越大[1]。

5.1.2.4 德拜长度

在电场的作用下，等离子体中的带电粒子可以自由运动，形成一个新电场（与原电场方向相反），新形成的附加电场会削弱原电场。将一个静止的带正电的点电荷置于等离子体中，周围的正离子被排斥而电子被吸引，这样将在该电荷周围形成球状电子云，使点电荷被屏蔽。中心粒子被电荷云包围，使得它与远处带电粒子之间的库仑力减弱，这就是静电屏蔽现象。屏蔽后的中心粒子的电势为屏蔽库仑势。处于热力学平衡状态时带电粒子的分布服从玻尔兹曼分布：

$$N_e(x) = N_{e0} e^{q_e \varphi(x)/kT} \tag{5-5}$$

式中　q_e——电子带电量，C；

　　　T——电离气体温度，K；

　　N_{e0}——电势 $\varphi = 0$ 时的电子密度；

　$N_e(x)$——电子总数；

　　　k——玻耳兹曼常数。

对等离子体而言，平均位能远小于平均动能，所以有 $q_e\varphi \ll T$，用 N_e 代表其电子密度，N_e 可以表示为：

$$N_e \approx N_{e0}\left(1 - \frac{q_e\varphi}{kT}\right) \tag{5-6}$$

静电荷密度 ρ 由下式表示：

$$\rho = (N_e - N_{e0})q_e = -\frac{N_{e0}q_e^2\varphi}{kT} \tag{5-7}$$

式中　q_e——电子带电量。

电势 φ 满足泊松方程，所以：

$$\nabla^2\varphi = -\frac{\rho}{\varepsilon_0} = \frac{N_{e0}q_e^2\varphi}{\varepsilon_0 kT} = \frac{\varphi}{\lambda_D^2} \tag{5-8}$$

$\lambda_D = (\varepsilon_0 kT/N_e q_e^2)^{1/2}$ 即为等离子体德拜长度，具有长度量纲。

德拜长度是静电作用的屏蔽半径，它表明了等离子体中局部偏离电中性区域的大小，也就是静电屏蔽的作用力程，它是带电粒子温度和等离子体数密度的函数。带电粒子长程库仑作用的相干叠加会使很大范围内的带电粒子群作有序的集体运动，称之为等离子体波。只有当电离气体空间最小尺度远大于德拜长度才可表现出等离子体性质[7]。

5.1.2.5 等离子鞘层

在等离子体发生装置中，由于电子比离子扩散得快，容器壁上会累积大量的负电荷，在容器壁的附近会形成正的空间电荷层，屏蔽壁上负电荷形成的电场，这个厚度约为德拜长度量级的非电中性区域就是等离子体鞘层[8]。鞘层的作用是形成势垒，使较易迁移的属种（通常为电子）受到静电限制，势垒的高度会自身调节，使有足够能量越过势垒到达器壁的电子通量恰好等于到达器壁的离子通量[9]。

5.1.3 等离子体的分类

5.1.3.1 按产生方式分类

根据产生方式，可将等离子体分成天然和人工等离子体。天然等离子体：宇宙中只有0.01%的物质处于非等离子体状态，如恒星星系、星云等都是等离子体，大气上出现的极光、黑夜中天空的余辉均是等离子体的另一种存在形式。人工等离子体：人工方式产生的等离子体在日常生活中随处可见，如霓虹灯里的放电等离子体，等离子炬中电弧放电产生的等离子体，爆炸、冲击波和气体激光器中存在的等离子体以及各种气体放电得到的电离气体。

5.1.3.2 按热力学平衡分类

等离子体根据其中的离子温度和电子温度达到热平衡与否，可以分成三个种类：（1）完全热力学平衡等离子体：整个体系的温度$T > 5 \times 10^3 K$，并且体系处于热平衡状态，各种粒子的平均动能都相同；（2）局部热力学平衡等离子体：整个体系只有部分处于热力学平衡状态；（3）非热力学平衡等离子体：在低气压条件下获得等离子体时气体分子之间的距离非常大。由于自由电子和离子的荷质比相差很大，所以使得电子的平均动能远大于中性粒子和离子这两者的动能，电子的温度能够达到$10^4 K$，而中性粒子和离子的温度仅在300~500K之间。具有以上特征的等离子体称为非热力学平衡等离子体。

5.1.3.3 按电离度分类

在等离子体中含有电子、正离子和中性粒子等三种粒子，其中中性粒子是指不带电荷的粒子，比如原子、分子、原子团等。假设分别以n_e、n_i、n_n表示等离子体中电子、正离子和中性粒子的密度，并定义电离度$\beta = n_e / (n_e + n_n)$，以$\beta$值来表示等离子体的电离程度，则此时等离子体可分为以下三类：当$\beta = 1$时，表示该等离子体完全电离，其电离度是100%；$0.01 < \beta < 1$时，称为部分电离等离子

体；$\beta < 0.01$ 时，称为弱电离等离子体。

5.1.3.4　按照系统温度分类

依据系统温度差异，等离子体可被分为高温等离子体与低温等离子体两大类。粒子温度 $T > 10^8 \sim 10^9 K$，称为高温等离子体。其具有极高的气体温度，可以完全电离，如恒星、氢弹、原子弹等产生的等离子体。而在低温等离子体类别中，又可以进一步依据其温度细分为热等离子体和冷等离子体。在热等离子体中，气体基本可以全部电离，电离率接近100%，电子温度和离子温度相当，均可达到几千至几十万开尔文，属于局部热平衡（Local Thermal Equilibrium，LTE）等离子体。而冷等离子体通常指自然界产生极光的等离子体、冷光源中气体放电等离子体（通常在低气压下产生）、高气压中的电晕放电或脉冲放电等离子体等，其电子温度范围为 $10^4 \sim 10^6 K$[4]，气体温度约为 $100 \sim 1000K$，电子温度较高且远远高于离子温度，具有较低的电离率，其电离率在 $10^{-3} \sim 10^{-1}$ 之间，故又称为非热平衡（Non Thermal Plasma，NTP）等离子体，近年来在等离子体物理学领域受到广泛关注[10]。而随着研究的进展，近年又将处于冷等离子体与热等离子体之间过渡的等离子体称为"暖等离子体"（Warm Plasma），气体温度 $10^3 K$ 量级，而电子温度在 $10^4 K$ 量级附近[4]。

5.2　等离子体氢还原金属氧化物

目前还原金属氧化物的氢气等离子态有两种，即热等离子氢和冷等离子氢。

5.2.1　热等离子体氢

在工业上，铁矿石（主要矿石包括赤铁矿（Fe_2O_3）和磁铁矿（Fe_3O_4））是在高炉中通过碳热还原提取的。传统的工业高炉流程包括多个阶段，需要大型设备。铁矿石形式的氧化铁，无论是块状还是集合体（烧结矿/球团矿/团块），都需通过高炉进行还原。焦炭作为燃料燃烧以产生 CO 和 CO_2 等气态产物，这些气态产物通过以下反应在高温下还原金属氧化物以产生铁[11]：

$$Fe_2O_3 + 3CO \longrightarrow 3CO_2 + 2Fe, \qquad \Delta H = -0.28eV/mol \qquad (5-9)$$

在高炉中用这种方法生产的金属铁含有碳，被称为生铁，需要脱碳才能变成钢。而使用氢等离子体还原氧化铁，较高的等离子体温度和氢气的应用强化了还原过程，并有助于避免产品中的碳，这使得整个钢铁制造过程可以直接完成，从而发明出一步炼钢法生产[11,12]。

等离子还原炼钢工艺的优势在于，它能够容纳细碎的铁精矿，而不需要其预先团聚，与高炉相比，等离子体炉的控制程度更高。等离子熔炉可能会在未来的钢铁工业中消除对焦炉、烧结、高炉和氧气炼钢操作的需求。

一般的还原反应可以用以下的反应式表示：

$$Fe_2O_3 + 3H_2 \longrightarrow 2Fe + 3H_2O \qquad (5\text{-}10)$$

在热氢等离子体中，根据施加的电能，H_2 气体被送到转移的电弧等离子体中进行解离和电离。离解和电离的气体在电弧熔体/固体氧化物界面冷却，并再次部分结合。这会产生巨大的热量（焓源），支持还原自然界中典型的吸热金属氧化物。离解 H_2 的存在在很大程度上取决于界面温度。研究发现，还原率与使用的 H_2 量成正比。这意味着化学反应以非常高的速度进行，而 H_2 的供应是还原的速度限制因素[13]。

早在 1982 年，日本的 Koji Kamiya 等[14]利用 H_2-Ar 直流等离子体炬对熔融 Fe_2O_3 和渣中的 FeO 进行了还原研究。将反应氧化物放置在水冷 Cu 坩埚中，试样重 25~75g，混合气体流量为 20L/min，等离子体的输入功率为 8.3kW。结果表明，熔融 Fe_2O_3 的还原和时间呈直线关系，反应速率和原子氢的分压成比例，由此推测 FeO 和热离解生成的原子氢之间的化学反应是速率的限制性环节。氧化铁还原的速率和渣中 FeO 浓度成正比，纯熔融氧化铁还原显然比渣中溶解的 FeO 快，他们推测反应由界面化学反应和 FeO 在边界层中的传质混合控制。还原反应只发生在由等离子体冲击的熔体表面形成的涡中。

Degout[15]利用常压直流等离子体炬以氢和碳作为还原剂研究了 TiO_2 的还原。实验中利用直流等离子体炬产生的氢等离子体火焰和置于坩埚中 TiO_2 粉末相互作用。Degout 在低于 2200℃ 下利用 10%H_2-90%Ar 等离子气做了类似的实验，通过 X 衍射分析发现产物主要是 TiO（75%（质量分数）Ti）和 Ti_3O_5（64%（质量分数）Ti）。他还在 2000℃ 左右没有碳存在的情况下只利用氢进行还原，反应产物只含有极少量的 Ti_3O_5，主要的仍然是 TiO_2。他指出这可能是由于还原时间短、温度低，在此实验条件下氢不是有效的还原剂。

Kitamura 等[16]利用射频等离子体炬研究了 Fe_2O_3、Cr_2O_3、TiO_2 和 Al_2O_3 在常压 Ar-H_2 和 Ar-CH_4 气体等离子体中的还原。其研究的主要目的是弄清在等离子体中氢和碳对不同氧化物的还原能力。实验中等离子体的温度约在 10000K，利用 5%H_2-95%Ar 等离子气还原 Fe_2O_3 得到了 α-Fe，还原 Cr_2O_3 得到了 Cr、Cr_3O_4 和 Cr_2O_3，还原 TiO_2 得到的反应产物是 Ti_2O_3 和 TiO 的混合物。利用 0.5%CH_4-99.5%Ar 等离子气还原 Fe_2O_3 得到了 α-Fe、Fe-C 和 FeO，还原 Cr_2O_3 得到了 Cr、$Cr_{0.62}C_{0.35}N_{0.03}$ 和 Cr_2O_3，得到的反应产物是 Ti_2O_3、Ti_3O_5 和 TiC 的混合物。实验过程中 Al_2O_3 均未得到还原。还原过程中原始物料是经过熔化、气化悬浮在等离子中得到还原的，等离子体的高温热特性起着重要作用。作者还分析指出，由于在高温下 CO 稳定，所以碳具有很高的的还原能力，而氢在高温下的还原能力较差。

R. A. Palmer[17]等也进行了利用50%H_2-50%Ar直流热等离子体炬还原TiO_2的实验。实验温度在6000K以上，气压为0.1MPa。与以往热等离子体的区别主要在于该研究中采用了相对较高的氢浓度（50%）。在输入功率为13kW、还原时间10~90min条件下，得到含67%~73%Ti的产物。Palmer根据实验结果指出等离子体氢对还原程度没有重要影响，目前的实验技术还不能得到金属Ti。

Watanabe[18]等进行了利用Ar-H_2热等离子体还原SiO_2-Al_2O_3混合物回收金属的实验。从热平衡和反应生成自由能预测了反应体系中存在的主要反应，其结合实验结果指出，可以回收金属Si，但不能还原得到Al。原子氢可能在快速冷却过程中对还原反应起到一定的作用，但主要是热等离子体的高能热量强化了反应的动力学。

Mohai[19]进行了利用Ar-H_2射频热等离子体处理含Fe、Zn氧化物的冶金过程废弃物的实验。反应得到了金属铁和锌，研究中没有探讨还原的机理，主要是利用了等离子体提供的热量。

Dietmar Vogel等[20]研究了Fe、Cr、V的氧化物在Ar/CH_4直流等离子体炬中熔融还原的动力学过程，分析结果表明，还原过程中一氧化碳或碳是主要的还原剂，而还原气体中的氢仅是一种传输介质，等离子体的高温为还原过程提供了有利的动力学条件。

Huczko[21]等利用大气压下射频Ar-H_2热等离子体对Cr_2O_3进行了气相还原，利用光谱仪器估计反应温度在3500~5000℃。实验中先在坩埚中把Cr_2O_3加热气化，用Ar做载气输送气态的铬氧化物和氢等离子体相互作用，反应后的产物沉积于反应器壁上，用射线衍射检测到金属Cr相的存在[22,23]。作者还指出，相对于传统的非均相高温等离子体热分解氧化物，气相反应是实现氢还原高熔点氧化物的一条有效途径。

Nakamura等[26]在功率为15.5kW的氩等离子体火焰中，以0.3g/min的流量加入Fe_2O_3粉末，以13.6L/min的氢气流量进行还原，可实现完全还原。随后，其他研究人员继续研究直流等离子射流反应器中铁矿石的氢还原[24~26]。等离子体射流是用纯氢或氩和氢的混合物操作的，使用了不同粒度范围的赤铁矿精矿。此外，还使用了不同的系统将矿石输送到等离子体区，在那里氧化物颗粒在飞行中被还原。这些工作证明了在等离子体反应器中用氢气还原氧化铁的可行性，但对所需的能量和还原反应的机理仍存在疑问。

Bethleham Steel Corporation的Gold和MacRae等[24]，开发了一种单级等离子体反应器，该反应器使用氢气和天然气混合物将氧化铁粉末直接转化为铁水。他们注意到，从切向引入等离子体区域的粒子黏附在阳极表面的液体滴膜上，在液浴中在底部实现了进一步的还原和结渣。最后，将铁水和炉渣收集在一个保温坩埚中，间歇浇注。电耗（5.41eV/原子铁）接近理论值（4.58eV/原子铁），通过控制气体组成（增加天然气与氢气的比例）、使用更细的粉末、将反应器从100kW放大到1MW，可使电能消耗接近理论值（4.58eV/原子铁）。随后，在法国，进行了1MW规模的通过氢等离子体和天然气从铁矿石直接炼铁的试验。

在欧洲ULCOS计划下，奥地利利奥本大学团队对等离子体氢熔融还原（HPSR）进行了广泛的研究[27]。Hiebler和Plaul[27]在一个使用氢等离子体的实验中演示了从矿石中生产铁水的过程。他们将这一过程命名为HPSR，他们的实验结果发展了等离子体氢熔融还原工厂工业化规模的概念，该工厂使用矿粉，具有在单一阶段连续生产无碳和无硫铁水的能力。

Badr等[28]从热力学、动力学和大规模生产潜力方面考察了氢等离子体熔融还原工艺的特点。其中一个主要的观察结果是，当H_2-Ar混合气中的H_2浓度较高时氢的利用率较低。氢气在混合气中的浓度越低，氢气的利用率越高。Nakamura等[26]将此归因于等离子体中存在的离解氢；此外，他们推测，将氧化物熔体与还原的铁分离可能会改善还原行为，也就是说，只有氧化铁才会与氢发生反应。然而，将温度提高到等离子体温度确实会提高还原速率，但提高幅度在相同的数量级内。在此基础上，比较了在较宽温度范围内H_2和CO还原方铁矿和液态氧化铁的还原速率。观察到在1400~1500℃的较低温度范围内，H_2的还原速度比CO快约2个数量级；而在2000~2600℃的较高温度范围内，H_2和CO的这一动力学差异减小，并在同一数量级内。氢等离子体的还原速度大约是CO等离子体的3.4倍。氢等离子体还原的活化能（23kJ/mol）不到CO等离子体还原活化能（150kJ/mol）的1/6。

5.2.2　冷等离子体氢

和热等离子体还原研究不同，Daniel等[22,23]进行了低温、低压非平衡态氢气微波等离子体还原$FeO \cdot TiO_2$和TiO_2氧化物实验。研究发现，利用等离子态的氢还原$FeO \cdot TiO_2$比传统的H_2还原$FeO \cdot TiO_2$反应的平衡常数大很多，在1123K下，计算得到传统热力学平衡状态下H_2还原$FeO \cdot TiO_2$反应的平衡常数为7.8×10^{-8}，而利用氢等离子体还原$FeO \cdot TiO_2$反应的平衡常数为4.1×10^{13}。在等离子体条件下，H_2的反应分数（产生的H_2O的摩尔数/通入H_2的摩尔数）比传统反应条件下的平衡预测值大420%；分子氢用几个小时才能完成的还原程度，在氢等离子体条件下几分钟内就能达到。

Yasushi等[29,30]进行了在大气压辉光放电和介质阻挡放电等离子体氢中还原

CuO 薄膜实验。Cu 作为电子器件的重要电路材料，由于其暴露于空气中表面会形成层很薄的氧化膜，从而影响它与有机电路材料的黏附结合性能，因此必须进行处理。实验采用了两种试样，一种是通过在 Si 基片上沉积 20nm 厚的铜膜，然后加热氧化；另一种是直接把 CuO 溅射沉积到 Si 基片上，溅射 CuO 膜的厚度为 200nm。实验输入功率为 200W，氢气的流量为 5000cm³/min，氢气的流量为 50cm³/min。放置试样的下极板温度低于 100℃。用 XPS 技术对还原前后的试样进行了分析，发现还原层厚度随时间变化近似呈抛物线形式，从而推测原子氢在还原金属层中的扩散是限制性环节。通过真空紫外线吸收技术发现 Cu_2O 的还原和等离子体相中的氢原子的吸附系数有关。

Ron Kroon[31] 进行了直流放电等离子体氢去除 Si（100）表面氧的实验。他们的研究利用了高真空条件下（0.7~1kPa）氢等离子体的刻蚀作用，室温下 Si（100）表面氧的去除效率依赖于分压比（H_2/H_2O），这个分压反映了 Si 表面被原子氢还原和被残余 H_2 重新氧化过程之间的竞争。实验发现等离子体相中低能氢离子的碰撞有利于表面氧化物的还原。当试样电势保持在 25V，低于等离子体的电势时，还原过程最有效。

Brecelj 等[32] 进行了用 27.12MHz、700W 的射频等离子体氢还原 CuO 薄层的实验，氢气的压力为 0.05~50Pa，实验中测得的电子温度为 1.8~2.2eV，等离子体的密度为（1~3）×10^{15}/m³。室温下，在气体压力为 1Pa 时，CuO 还原的效果最好。这是因为在较高的压力下，在试样表面会形成较厚的吸附气体层，活泼氢粒子在化学吸附层内的复合会导致氢粒子通量减小；而在低压下，由于等离子体中活泼氢粒子浓度减小，因而影响还原效果。

Bullard 和 Lynch[23] 使用 2.45GHz（800~4000Pa，888~1241K，0.4~1.2kW）微波发生器研究了钛铁矿（FeO·TiO_2）粉末的还原机理。样品架在与等离子体接触时以 15r/min 的速度连续旋转，以确保温度均匀分布。结果表明，氢等离子体还原比传统的分子氢还原高出 420%。张玉文等[33] 用直流脉冲辉光放电产生的冷氢等离子体在 2533Pa、960℃ 和 60min 的操作条件下还原 TiO_2 到 Ti_2O_3 的片剂（直径 11mm，厚度 2mm）。在使用分子氢时，只检测到极少量的 $Ti_{10}O_{19}$ 和 Ti_9O_7 物质组分，主要氧化物是未还原的 TiO_2。等离子体中还原的增强被认为是活性氢物质组分的作用的结果。用这些氢物质组分还原氧化物只需要较小的活化能。

张玉文等[34] 还对低温等离子体还原氧化铁进行了尝试，发现了用冷氢等离子体（1466Pa 和 490℃）将 Fe_2O_3 片剂还原为金属铁的方法，这是相同条件下分子氢不可能做到的。反应路径为 $Fe_2O_3 \rightarrow Fe_3O_4 \rightarrow Fe$。研究发现，极性起着至关重要的作用。他们制作了阳极样品、中性样品和阴极样品来还原冷等离子体中的

Fe_2O_3。当样品与电源阳极相连时，没有还原的迹象；当样品不施加电场时，只发生了很小的减少。而当样品与电源阴极相连时，还原率大大增加。Rajput[35]使用 5332Pa、573K 的 2.45GHz 氢等离子微波发生器还原直径 40mm、厚度 3mm 的 Fe_2O_3 粉末片，得到了近乎完全还原的结果。

综上，目前低温等离子体氢主要应用于半导体、微电子等方面的放电清洁和表面改性，除去表层的氧化物[3]。它的主要优点是反应温度低，可以在室温下进行，粒子反应活性高。主要是利用低温等离子体环境中产生的活性粒子和固体表面杂质反应生成挥发性、易于脱附的分子，再通过流动的气体带走。可以根据要去除杂质的类型，选择不同气体或混合气体来作为放电介质。要除去表层的氧化物，一般利用氢或氢和惰性气体的混合气体来产生等离子体[36,37]。

5.3 等离子氢还原热力学分析

5.3.1 热等离子体氢还原热力学

5.3.1.1 热等离子体氢的热力学性质及还原优势

在等离子体氢熔融还原（HPSR）中，气体粒子通过在等离子体氢熔融还原中的等离子体反应堆内石墨电极尖端产生等离子弧而电离[28,38,39]。等离子弧可以激活分子氢。因此，在等离子体弧区存在分子 H_2，原子 H，离子氢 H^+、H_2^+ 和 H_3^+，以及激发态 H^{*} [40]。赤铁矿的还原反应可用式（5-11）表示。

$$Fe_2O_3 + 3 \text{ 等离子态氢（HP）} (2H, 2H^+, H_2^+, 2/3H_3^+, H_2^*) \Longleftrightarrow Fe + 3H_2O(g)$$

$$(5-11)$$

如果等离子体中的粒子（分子、原子、离子和电子）的温度相同，并且每个过程都与其反向过程相平衡，则等离子体处于完全热力学平衡（CTE）状态。等离子体可以分为两类：热等离子体（或平衡等离子体）和冷等离子体（或非平衡等离子体）。在热等离子体中电子和离子的温度是相等的。然而，不仅实验室规模的等离子体，而且一些天然等离子体也不能满足 CTE 的所有条件。在电弧的中心会发生偏离平衡的情况，更有可能处于局部热力学平衡（LTE）状态。在氢等离子体熔融还原中，扩散到等离子弧区的粒子有足够的时间来平衡或处于相同的温度，因此，氢弧等离子体是一种热等离子体，处于局部热力学平衡（LTE）条件下[41~43]。

Robino 等[39]研究了不同摩尔分数的单原子氢在 H 和 H_2 混合物中的标准吉布斯自由能变化。结果表明，随着单原子氢摩尔分数的增加，标准自由能显著降低。尽管离子氢的摩尔分数很低，但其还原能力却非常高。换句话说，单原子氢（H）能够更容易地还原金属氧化物。

张玉文等[44]比较了不同氢物质组分形成水的吉布斯自由能随温度的变化，

得到如下还原电位排序：

$$H^+ > H_2^+ > H_3^+ > H > H_2 \tag{5-12}$$

图 5-3 所示为不同氢物质组分在不同温度下还原 Fe_2O_3、Fe_3O_4 和 FeO 的吉布斯自由能变化，这些变化是采用 FactSage™7.1（数据库：FactPS2017）计算的。它证实了氢等离子体物质组分还原能力的顺序，与张玉文等人的观点是一致的[44]。图 5-3 还表明，当使用氢作为还原剂时，FeO 比其他形式的氧化铁更稳定。

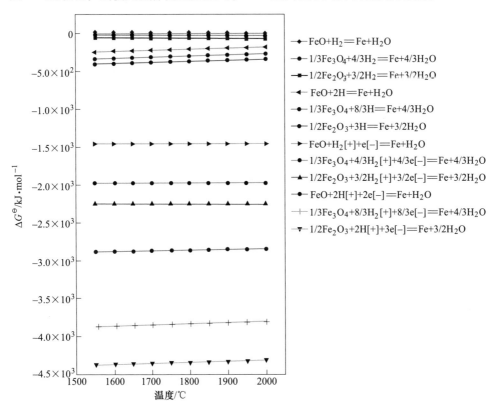

图 5-3 使用 FactSage™7.1.（数据库：FactPS 2017）计算的具有不同化学活性氢物质组分的氧化铁还原 $\Delta G^{\ominus}-T$ 曲线[47]

根据萨哈方程，当温度高于 3000K 时，氢分子开始解离，采用 FactSage™（加拿大多伦多，ON）7.1 热化学软件计算 0.5mol 氢和 0.5mol 氩在平衡状态下的解离和电离，结果如图 5-4 所示，与 Kanhe 等[45] 和 Lisal 等[46] 的结果一致。结果表明解离和电离是两个独立的过程。在 5000℃ 以上，氢完全解离；在 15000℃ 以上，电离过程占主导地位。

在氢等离子体熔融还原过程中，等离子体区域中的氢在高温下被部分电离，从而产生两种不同的气体，即轻电子和重离子。令 n_e 和 n_i 分别是电子和重离子的

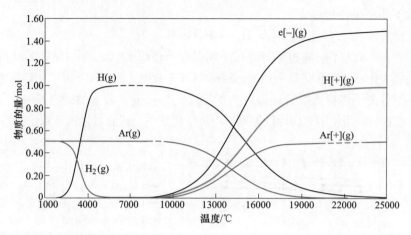

图 5-4　100kPa，不同温度下 H$_2$-Ar 混合物的气体组成（FactSage^{TM}7.1，数据库；FactPS 2017）[47]

个体密度，这些密度可以用来定义电离度。电离度由电离速率和复合速率定义。等离子体中的载流子通过不同的过程损失。

5.3.1.2　电荷极性对铁矿石还原反应的影响

等离子体限制表面可以带正电、带负电或中性。离子和电子的密度在到达等离子体约束表面时会发生变化。在典型的热等离子体中，热边界层位于表面附近。等离子体鞘位于这一层的底部。等离子体鞘层是一层窄层，极性相反的粒子相互吸引，极性相同的粒子相互排斥。

在氢等离子体熔融还原过程中，铁矿石的还原反应可以在两个不同的位置进行：

（1）在弧长范围内的铁矿粉的即时还原；

（2）在液态渣的表面的还原。

虽然固体矿粉没有任何外加电场，但是对液态渣施加正极性后，渣表面的极性是影响还原效率的主要参数之一。Dembovsky[48]描述了冶金反应中表面极性对热力学变量的影响。

没有外加电场（即没有净电流）的表面会排斥电子并吸收正离子。由于电子速度较快，可以首先接触表面，所以表面带负电荷。由于表面带负电荷，所以正离子被吸引到表面，电子被等离子体鞘中的负表面排斥。由于上述原因，正离子的密度增加。

图 5-5 和图 5-6 所示为等离子体状态下的活性粒子分别到达带正电和带负电的反应面的示意图。当表面带正电时，电子密度高于等离子体鞘中离子的密度，反之亦然。

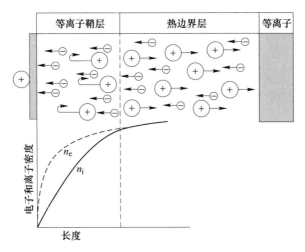

图 5-5 活性粒子在正反应面附近的运动[43,48]

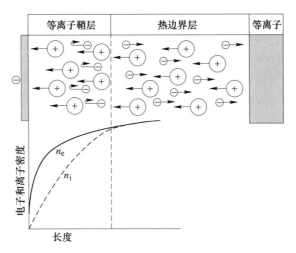

图 5-6 活化粒子在负反应面附近的运动[43,48]

等离子体氢熔融还原电弧具有直流正极性，正极性熔渣会排斥电离氢原子，导致铁氧化物还原速率降低。Dembovsky[48]描述了 10000K 下氧化铁氢气还原反应中表面极性对吉布斯自由能变化的影响。还原反应通过下式进行

$$FeO + xH_2 + yH + zH^+ + ze \longrightarrow Fe + H_2O \qquad (5\text{-}13)$$

氢在高温下会雾化和电离。氢的雾化和电离度以及极性决定了到达反应表面的粒子的摩尔分数，因此，还原反应速率取决于到达表面的颗粒的摩尔分数[13,33,48]。Dembovsky[48]比较了不同极性下氧化铁还原的吉布斯自由能随温度的变化。他指出，当表面极性为负时，吉布斯自由能比其他情况更负。因此，还原

反应以更高的速率进行。

为了评估极性对氧化铁还原反应的影响，使用 FactSageFactSage7.1（数据库：FactPS2017）计算了 3 个还原反应的吉布斯自由能变化，结果如图 5-7 所示。

$$FeO + H_2 \longrightarrow Fe + H_2O \tag{5-14}$$

$$FeO + 2H \longrightarrow Fe + H_2O \tag{5-15}$$

$$FeO + 2H^+ + 2e \longrightarrow Fe + H_2O \tag{5-16}$$

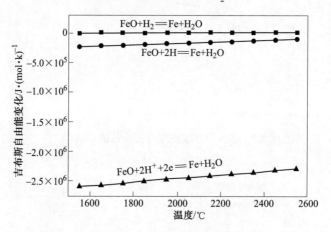

图 5-7　FactSage7.1 计算的不同氢物质组分下 FeO
还原的 $\Delta G^{\ominus}-T$ 曲线（数据库：FactPS2017）[47]

如果在该过程中使用正极性，则所有电离的氢粒子都不能到达反应面，因此，得到的吉布斯自由能是增大的，并且是更正的；在负极性的情况下，氢正离子更容易到达反应面，因此，吉布斯自由能变化更多的是负的。

5.3.1.3　还原反应机理

为了研究高温下氢气还原赤铁矿的反应，用 FactSage™7.1 计算了 Fe_2O_3 和 H_2 的平衡。要评估平衡，首先要确定平衡温度的范围。在氢等离子体熔融还原中，赤铁矿被氢还原。等离子弧区的氢部分雾化和电离。如前所述，在还原铁矿石时，活化氢物质组分是比分子氢更强的还原剂。电弧中心、电弧附近和液态金属表面的温度主要取决于电流、电压、电弧长度和气体成分。Murphy 等[49]模拟了 150A 钨极惰性气体保护焊（TIG）电弧中铁矿石的温度、速度和蒸发过程。结果表明，在氢气的作用下，由于熔池温度较高，约为 2773℃ 时，Fe 的浓度可达 7%。当使用氩气作为等离子体气体时，界面处的液态金属温度和 Fe 浓度分别为 2273℃ 和 0.2%，这是因为氦的导热性能比氩好。等离子体氢熔融还原工艺的气液界面温度尚未确定，然而，它似乎比氩焊电弧等离子体要高得多。这不仅是因为电源的功率更高，而且是因为混合气体中氢气的使用率很高。因此，在平衡计算中，考虑了 1550 ~ 3000℃ 之间的温度范围。考虑该范围的较低部分（即1550℃），以高于纯铁的熔化温度 1537℃。

赤铁矿使用氢的还原反应分两步进行：

$$Fe_2O_3 + H_2 \longrightarrow 2FeO + H_2O \tag{5-17}$$

$$FeO + H_2 \longrightarrow Fe + H_2O \tag{5-18}$$

这意味着，在还原过程的第一步，就形成了 FeO。然后，在操作过程中，氢气将维氏铁矿还原为铁的过程持续进行。为了证明还原顺序，用 FactSage™7.1.1 计算了吉布斯能量变化，结果如图 5-8 所示。图 5-8 显示方程（5-17）的吉布斯能量变化比方程（5-18）的能量变化更负。

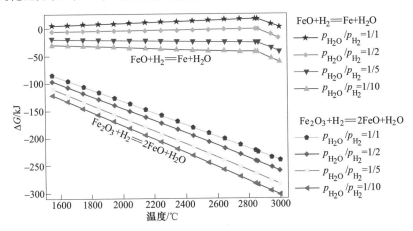

图 5-8　由 FactSageFToxid7.1（数据库：FToxid 2017）计算的 $\Delta G^{\ominus}-T$ 曲线，用于在四种不同的 p_{H_2O}/p_{H_2} 压力比下用氢气还原 Fe_2O_3[47]

图 5-8 所示为 4 种不同的 p_{H_2O}/p_{H_2} 压力比下的两个不同反应的吉布斯能量变化。p_{H_2O}/p_{H_2} 的比值分别为 1/1、1/2、1/5 和 1/10。可以看出，随着水蒸气分压的增加，由于缺少氢气还原铁氧化物，吉布斯自由能降低。因此，在第一步赤铁矿被还原为闪锌矿，然后继续还原为铁。

用氢还原赤铁矿，每摩尔赤铁矿需要 3mol 氢气。Schenk 等[47]对相关均衡进行了研究。图 5-9 所示为 1mol 赤铁矿和 3mol 分子氢的平衡图。结果表明，在1600℃下，氢的平衡利用率为 43%，相应的还原反应公式为：

$$Fe_2O_3 + 3H_2 \longrightarrow 1.74FeO + 0.26Fe + 3 \times (0.57H_2 + 0.43H_2O) \tag{5-19}$$

因此，分子氢的最大利用率为 43%。且在等离子体状态下使用氢时，预计它会更高。为了完全还原 FeO，应进一步向反应物中注入氢气。理论上，对于 43% 的氢气利用率，达到 100% 的氧化铁还原度需要 2.34mol 的氢气：

$$2.34H_2 + FeO \longrightarrow Fe + 2.34 \times (0.57H_2 + 0.43H_2O) \tag{5-20}$$

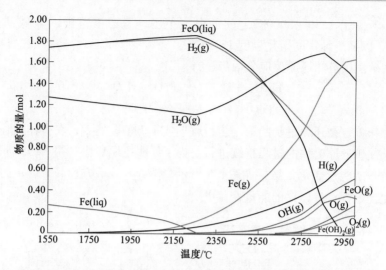

图 5-9 由 FactSage™7.1（数据库 FactPS2017）评估的 3mol 氢气和
1mol Fe_2O_3 在总压为 0.1MPa 的情况下的平衡[47]

当氢气的摩尔浓度为 6.98mol 时，赤铁矿可达到完全还原度：

$$Fe_2O_3 + 6.98H_2 \longrightarrow 2Fe + 6.98 \times (0.57H_2 + 0.43H_2O) \qquad (5-21)$$

与传统炼钢工艺类似，渣中 FeO 浓度及其对还原率的影响也应考虑在内。随着渣中 FeO 浓度的降低，还原率降低，氢气利用率降低。

Kamiya 等[14]研究了 H_2-Ar 等离子体还原熔融氧化铁机理。他们认为，在混合气体中氢气浓度较低的情况下，氢气利用率可以达到 60%。Nagasaka 等[50,51]研究了氢气还原氧化铁熔体的动力学机理。他们比较了不同还原剂对氧化铁的还原率。他们认为，使用氢气还原氧化铁的速度比使用其他还原剂的速度高出 1 个或 2 个数量级。

由图可以看出，随着温度的升高，铁液开始汽化，分子氢开始解离。随着温度的升高，H_2O 和 Fe（液体）逐渐减少，直到 2268℃，FeO 和 H_2 以相同的速率增加。这意味着降幅在下降。原因是水蒸气被解离，形成 H_2、O_2 和 OH。因此，铁被产生的氧气氧化。为了证明这一假设，Schenk 等计算了 1mol 水的平衡，结果如图 5-10 所示。

Baykara 等[52]在温度 2227℃、压力 0.1MPa 的条件下，用水热分解法生产氢气；并进行了质量和能量平衡计算，以确定化学成分。离解水的化学组成见表 5-1[47]，其结果与目前的理论计算结果吻合较好。

对水蒸气平衡的评估表明，水蒸气是解离的，生成分子氧和氢。因此，分别发生以下反应，导致高温下氧化铁的还原率略有下降。

$$2H_2O \longrightarrow 2H_2 + O_2 \qquad (5-22)$$

$$Fe + O_2 \longrightarrow FeO \qquad (5-23)$$

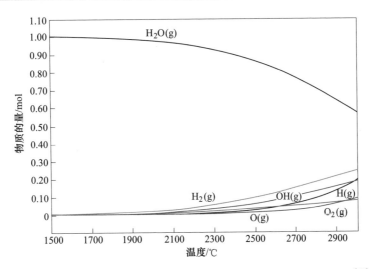

图 5-10　高温下 1mol 水的平衡（FactSage[TM]7.1，数据库 FactPS2017）[47]

表 5-1　水在 2227℃、0.1MPa 下的化学组成

摩尔分数/%	H_2O	H_2	O_2	H	O	OH
Baykara 等[52]	91.14	4.27	1.55	0.53	0.19	2.33
Schenk 等[47]	92.0	4.3	1.6	0.51	0.18	2.33

为评价赤铁矿与 3mol 氢气的还原反应，计算了 2750℃下的氢气利用率，计算结果如下：

$$Fe_2O_3 + 3H_2 \longrightarrow 0.88FeO(1) + 4.45 \times (0.24H_2 +$$
$$0.37H_2O + 0.21Fe(g) + 0.08H + 0.04OH + 0.03FeO(g)) \qquad (5\text{-}24)$$

氢气的利用程度可以用反应中的 H_2O 和 OH 之和来计算。在此温度下，氢气利用率为 58%。

在图 5-9 中，在 2268~2850℃ Fe 被蒸发，FeO 被还原为 Fe(g) 和 H_2O。还原反应产生的水蒸气比解离过程释放的水蒸气多，因此，该温度范围内的水蒸气增加。在图 5-9 中，H_2O 在 2850℃附近有一个峰值，高于这个温度，FeO(1) 逐渐消失，还原速率降低。因此，由于解离过程分子氢的量保持不变，水蒸气减少[47]。

5.3.2　冷等离子体氢还原热力学

非平衡等离子体一般是在较低气压下产生的，这时的分子间距较大，电子在空间长距离被加速，动能很容易达到 10~20eV 的高能量。当这种被加速的电子与气体分子发生非弹性碰撞时，会使分子轨道断裂，从而使分子激发、离解、电离，生成大量的基态或激发态的原子和带电粒子等[53]。在这种情况下，电子具有较高的动能而其他重粒子的温度较低，体系处于非平衡态。非平衡态等离子体中的粒子具有很高的化学活性[39]，因此利用等离子态氢为还原金属氧化物，特别是还原高熔点极难还原的金属氧化物提供了一种潜在的可能途径[44]。

5.3.2.1　非平衡态氢等离子的热力学性质及还原优势

图 5-11 所示为金属-氧化物转化的 Ellingham 图，如 MO-M、H_2O-H_2、H_2O-H 和 H_2O-H$^+$ 线[27,54]。H_2O-H_2 线位于部分 MO-M 线下方，表明分子氢只能还原位于其上方的金属氧化物，而不能还原位于其下方的金属氧化物。有趣的是，H_2O-H 和 H_2O-H$^+$ 线位于所有金属氧化物-金属线的下方。这说明从理论上讲 $\Delta G^{\ominus}$ 的 H_2O-H 和 H_2O-H$^+$ 线的值分别为 H_2O-H_2 线的 3 倍和 15 倍[27]。这一因素表明使用氢等离子体（由单原子氢、离子氢和振动激发的氢分子组成）还原金属和合金生产中的氧化物矿物具有优势。

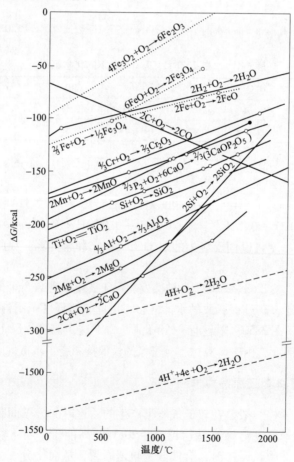

图 5-11　不同氧化物的 Ellingham 图[27]

（1kcal＝4.1868kJ）

　　虽然不同研究的结果存在着一定的差异，但总体来说，在中等气压下的非平衡态氢等离子体中，原子氢是主要的活泼粒子，其他粒子的相对浓度较小。

　　在氢等离子体体系中存在的 8 种粒子中可直接参加金属氧化物还原反应过程的粒子有分子态 H_2，原子态 H^+、H_2^+、H_3^+、H。这些氢粒子氧化生成 H_2O 的氧势如图 5-12 所示。不同状态的氢粒子（不包括激发态的粒子）的还原能力的大小顺序为：$H^+ > H_2^+ > H_3^+ > H > H_2$。这个还原能力大小顺序表明了各种纯氢粒子的还原能力，而非平衡态的等离子反应气体为这几种粒子的混合物，各种氢粒子在不同的气体放电形式下分布各不相同。

　　从图 5-12 可以看出，由离子氢 H^+、H_2^+ 和 H_3^+ 生成 H_2O 的标准吉布斯自由能变化为很大的负值，当它们和氧化物反应生成中性粒子 H_2O 时，其浓度虽然较小，但在热力学上仍会具有较强的还原势。如果在非平衡等离子体中通过电子碰撞产生大量的离子氢，则等离子体的还原能力将进一步增强。含有较多 H^+、H_2^+ 和 H_3^+ 的等离子体对于非常稳定的氧化物具有很大的还原潜力。

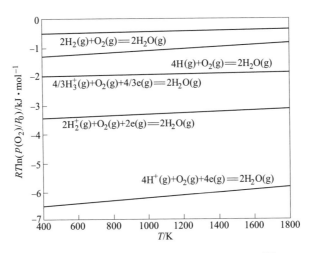

图 5-12　不同氢粒子生成 H_2O 的自由能变化[55]

　　在纯氢等离子体体系中，浓度最大的活泼粒子是氢原子。另外，对于粒子的寿命，等离子体系中氢原子，特别是其中亚稳态的氢原子比较稳定[53]。所以，在等离子体系中氢原子是对金属氧化物的还原具有很重要化学反应价值的粒子，原子氢的还原能力可能是构成等离子态的氢总体还原能力的主体[44]。

5.3.2.2　单原子氢的作用

　　单原子氢为还原极稳定的氧化物提供了一种潜在的有用手段，因为 H_2O-H 线位于 Ellingham 图（图 5-11）中大多数金属氧化物的下方。由于平衡常数（$K =$

p_{H_2O}/p_{H_2}）确定了金属氧化物与氢还原所需的分子/原子氢的平衡分压，故根据已有的数据[27,54]，可以画出铁氧化物还原（图中所述反应）的分子氢平衡分压与温度、原子氢平衡分压与温度的对应直线[35]。铁氧化物还原反应的原子氢平衡分压与温度的关系如图 5-13 所示。结果表明，与分子氢不同的是，这些反应的原子氢平衡分压随温度的降低而降低。这些条件有利于在低温下使用非热氢等离子体直接还原氧化物。

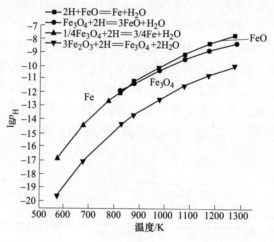

图 5-13   还原反应的温度-分压位置[35]

Rouine[56]计算了在 1000K 下用分子氢和原子氢完全还原金属氧化物所产生的每摩尔水的标准吉布斯自由能变化（$\Delta G_f^{\ominus}$）。相应的数据按易还原性的顺序显示在表 5-2 中（例如，FeO 比 K_2O 更容易还原）。$\Delta G_f^{\ominus}$ 正值表明，在 1000K 时分子氢不会显著还原这些氧化物，但是，在原子氢存在的情况下，在这个温度下，这些氧化物的还原在热力学上是可以进行的。在氢原子存在的情况下，自发还原所需的温度显著降低（即使在低温下，$\Delta G_f^{\ominus}$ 也变为负值，如后面的公式所示）。Bergh[57]测定了无电极放电等离子体中分子氢还原氧化物的温度。他发现原子氢的还原温度比分子氢低很多，相应的数据见表 5-3。

表 5-2   在 1000K 下用分子氢或原子氢完全还原给定
氧化物产生的每摩尔 H_2O 标准态吉布斯能[56]

氧化物	用 H_2 还原/kJ·mol O_2^{-1}	用 H 还原/kJ·mol O_2^{-1}
FeO	12.328	−287.396
K_2O	12.849	−286.875
Na_2O	68.360	−231.364
Cr_2O_3	87.536	−212.187

氧化物	用 H_2 还原/kJ·mol O_2^{-1}	用 H 还原/kJ·mol O_2^{-1}
MnO	114.173	−185.551
SiO_2	164.156	−135.568
TiO_2	178.961	−120.763
Al_2O_3	245.991	−53.733
MgO	284.092	−15.632

表 5-3　氧化物在分子氢和原子氢中的还原温度[13]

氧化物	在 H_2 中的还原温度/℃	在 H 中的还原温度/℃
MoO_3	610	43
GeO_2	560	35
WO_3	535	25
SnO_2	490	100
Fe_2O_3	310	40
PbO	300	25
Cu_2O	265	25
NiO	250	62
CuO	140	25

虽然原子氢（H）的平衡分压随着温度的降低而降低，但相对于分子氢（H_2）来说，原子氢是不稳定的。此外，不能实现具有可用寿命的纯 H 气氛，但可以产生具有不同比例 H 的 H 和 H_2 的混合物。这些亚稳态混合物的寿命可能适用于金属氧化物的还原。为了评估这种混合物对金属氧化物还原的效用，Robino 等[39]开发了一种测定 H 和 H_2 混合物以及各种金属-金属氧化物体系平衡的方法。

图 5-14 所示为原子氢和分子氢的存在对氢等离子体标准自由能的影响。由图可以看出，反应 $[4n/(2-n)]H+[4(1-n)/(2-n)]H_2+O_2 = 2H_2O$ 随着原子氢摩尔分数（即 n）从 0 变为 1（n 的增量为 0.2）。对于不存在原子氢的分子氢（即 $n=0$），反应为 $2H_2O+O_2 = 2H_2O$。结果表明，随着 n 的增加，$\Delta G^\ominus$ 明显减小，使金属氧化物的还原更加可行。

5.3.2.3　离子氢的作用

在氢等离子体中，既存在单原子氢，也存在离子氢物质组分。虽然离子氢的密度较小，但其还原电位要高得多。根据张玉文等的研究[44]，中压下氢等离子

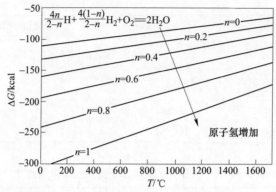

图 5-14　$\dfrac{4n}{2-n}H+\dfrac{4(1-n)}{2-n}H_2+O_2 \Longrightarrow 2H_2O$ 反应标准自由能的温度变化

（1kcal = 4.1868kJ）

体中的主要化学活性物质组分为 H^+、H_2^+、H_3^+、H 这些物质组分的还原能力大小顺序为 $H^+>H_2^+>H_3^+>H>H_2$。张玉文等[34]计算了不同化学活性物质组分还原赤铁矿的自由能。如果氢在金属层中的扩散不是速率限制步骤，则还原过程取决于活性物质组分的性质及其在试样表面前方的浓度。

5.3.2.4　振动激发氢分子的作用

除了原子和离子物质组分外，等离子体还含有振动激发的分子。自由振动激发的分子在等离子体物理和分子气体化学中扮演着极其重要的角色[58]。这主要基于以下事实：

（1）分子气体中放电能量的最大部分（通常超过 95%）通常从等离子体电子转移，从而要诱导分子振动，并转移到不同的弛豫通道和化学反应[58]。

（2）与基态分子的反应相比，涉及振动激发的分子反应效率要高得多。这种反应性的增加是由激发分子旋转和振动中储存的额外能量造成的。由于这种额外储存的能量，分子的吸热过程可以得到极大的增强，这对振动激发氢离子的广泛应用是很重要的。金属氧化物的还原是典型的吸热过程。与参与吸热反应的振动激发分子相关的额外内能可转化为产物的平均动能[58]。

（3）H_2、N_2、CO、CO_2 等几种分子可以在较长时间内保持振动能而不松弛。这样的振动能导致相当大量的能量积累，这些能量可以选择性地用于化学反应。

（4）幸运的是，氢等离子体中的还原不仅可以在低温下进行，而且可以被振动激发的氢分子通过表面解离激发[11,35]。

5.3.2.5　电荷极性在热力学中的作用

还原过程发生在等离子体-衬底/颗粒/粉末界面，还原气体处于等离子体状态。

当导电的等离子体与处于固态或液态的被加工材料接触时，电荷极性必须发挥重要作用，才能将所需物质从等离子体区域吸引到发生所需反应的界面。Dembovsky[48]研究了外加电场的影响，并报道了带电材料吸引相反极性的粒子，排斥具有自身极性的粒子。显然，带正电的表面会吸引电子，但会排斥正离子，因此，与该表面反应的粒子将是中性原子和分子；相反，带负电荷的表面会排斥电子，因此它只会与正离子和电中性原子和分子发生反应。从实践的角度来看，这是相当重要的。

5.3.2.6 还原反应机理

张玉文等[34]的实验结果表明，等离子态氢的还原能力明显优于分子氢。这是因为氢气在物理场的作用下被激活，产生了氢的活性基团。这些活性基团既可以是原子态氢，亦可以是氢的各种离子。氢活性基团与氧的亲和力远高于氢分子、碳和一氧化碳。热力学计算说明，在可行的温度范围内原子态氢的还原能力最强。

在较低温度情况下，分子氢的还原能力较弱，氧化铁的氢还原只能在很高 P_{H_2}/P_{H_2O} 比例气氛下进行，这就意味着还原气体的使用效率大大降低。而氢活性基团的引入可极大提高氢的还原能力。如果在某一温度下氧化铁的氢还原不能自发进行，即反应的吉布斯自由能变化为正值，那么可向体系施加物理场后以产生活性基团，强化氢的还原能力，使还原反应自发进行。过程的热力学耦合可描述如下。

分子氢还原：

$$Fe_2O_3 + 3H_2(g) = 2Fe + 3H_2O(g), \Delta G_1^\ominus > 0 \qquad (5-25)$$

分子氢的激活：

$$H_2(g) = 2H(g), \qquad \Delta G_2^\ominus < 0 \qquad (5-26)$$

热力学耦合式（5-25）~式（5-26）：

$$Fe_2O_3 + 6H(g) = 2Fe + 3H_2O(g), \Delta G_3^\ominus = \Delta G_1^\ominus - 3\Delta G_2^\ominus < 0$$

$$(5-27)$$

氢活性基团中除了氢原子外，还可能有 H^+、H^{2+} 和 H^{3+} 等粒子。表5-4为728K时不同形态的氢粒子还原 Fe_2O_3 的化学反应平衡常数。对比不同氢粒子的数值可以发现还原能力最强的是 H^+，其次是 H_2^+、H_3^+、H 和 H_2。这里要强调的是，施加物理场后使气体分子离解和电离，气体分子氢与活性基团氢之间存在一个比例（平衡）常数，常数的数值取决于物理场的施加方式、功率、温度和气体压力以及和反应器有关的参数。在低温等离子体中活性基团的成分还是比较少的[34]。

表5-4 不同形态的氢还原 Fe_2O_3 的化学反应平衡常数 k[55]

温度/K	H_2	H	H^+	H_2^+	H_3^+
728	6.951×10^{-1}	5.926×10^{23}	5.907×10^{212}	1.137×10^{105}	4.727×10^{53}

下面讨论使用微波辅助低温氢等离子体还原赤铁矿。这一过程中的重要反应如下：

$$3Fe_2O_3 + H_2 \rule[0.5ex]{1em}{0.4pt}\rule[0.3ex]{1em}{0.4pt} 2Fe_3O_4 + H_2O \tag{5-28}$$

$$w/(4w-3)Fe_3O_4 + H_2 \rule[0.5ex]{1em}{0.4pt}\rule[0.3ex]{1em}{0.4pt} 3/(4w-3)Fe_wO + H_2O \tag{5-29}$$

$$Fe_wO + H_2 \rule[0.5ex]{1em}{0.4pt}\rule[0.3ex]{1em}{0.4pt} wFe + H_2O \tag{5-30}$$

$$Fe_3O_4 + 4H_2 \rule[0.5ex]{1em}{0.4pt}\rule[0.3ex]{1em}{0.4pt} 3Fe + 4H_2O \tag{5-31}$$

$$2H_2 + O_2 \rule[0.5ex]{1em}{0.4pt}\rule[0.3ex]{1em}{0.4pt} 2H_2O \tag{5-32}$$

$$2Fe + O_2 \rule[0.5ex]{1em}{0.4pt}\rule[0.3ex]{1em}{0.4pt} 2FeO \tag{5-33}$$

$$4H + O_2 \rule[0.5ex]{1em}{0.4pt}\rule[0.3ex]{1em}{0.4pt} 2H_2O \tag{5-34}$$

$$4H^+ + 2O^{2-} \rule[0.5ex]{1em}{0.4pt}\rule[0.3ex]{1em}{0.4pt} 2H_2O \tag{5-35}$$

研究表明，分子氢是氧化铁的良好还原剂，它遵循反应式（5-28）~式（5-31）。此处，w 是浮氏体铁/氧的原子比，已知其在浮氏体/铁边界为 0.95，在浮氏体/四氧化三铁边界为 0.85，低于 833K 时，浮氏体是不稳定的，因此根据反应（5-31），四氧化三铁直接还原为金属铁。

还已知反应式（5-29）和式（5-30）在任何温度下都具有吸热性，而反应式（5-28）在 827~913K 的温度范围内具有微弱的吸热性，在其他温度下具有放热性，显然，在氢气等离子体中还原铁矿石可能有不同的可能途径，因为等离子体本身包含不同的物质组分，即激发的氢分子、氢原子、离子氢和其他气态物质组分。图 5-15（a）给出了反应式（5-28）~式（5-31）的分子氢平衡分压与温度的关系。可以看出，反应式（5-28）在所有温度，氢分压低至 10^{-5} 的情况下都是可行的。但是，其他反应式（5-29）~式（5-31）需要相对较高的氢分压。此外，随着温度降低，氢的平衡分压增加。图 5-15（b）与（a）类似，其中原子氢为还原剂，是根据文献中的可用数据绘制的[27,54,59]。该图表明，与分子氢的情况不同，这些反应中原子氢的平衡分压随着温度的降低而降低。这些条件有利于在低温下使用非热氢等离子体生产直接还原铁（DRI）。

没有等离子体的氢气只能在相对较高的温度下还原赤铁矿。在约 1073K 还原作用是明显的，而在 573K 时还原作用可以忽略不计。然而，在微波辅助的非热氢等离子体存在下，赤铁矿的还原在所有温度下都是非常有效的。实验数据和文献数据表明，等离子体环境中存在的振动激发的氢分子在 573K 刺激了还原过程，这一发现为利用氢等离子体制备 DRI 开辟了新的可能性。

通过氢气或氢气等离子体还原铁矿石具有以下特征：

（1）在 1073K 时，氢气本身对赤铁矿有明显的还原作用，但在 573K 时，还原作用可以忽略不计。

（2）在微波辅助的低温氢等离子体中，赤铁矿的还原在各种温度条件下都是非常有效的。

（3）在等离子体环境中，从赤铁矿到金属铁的反应是循序渐进的：$Fe_2O_3 \rightarrow Fe_3O_4 \rightarrow FeO \rightarrow Fe$。

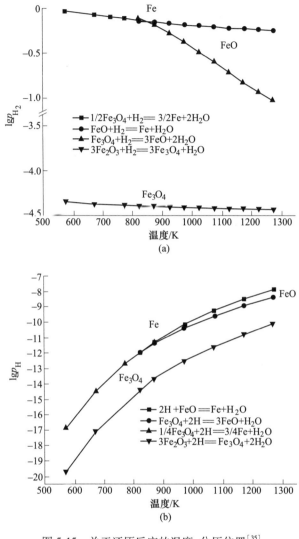

图 5-15　关于还原反应的温度-分压位置[35]
（a）分子氢；（b）原子氢

（4）在等离子体环境中的所有物质组分中，振动激发的氢分子似乎是在573℃下刺激反应的主要原因[60]。

5.4　等离子氢还原动力学分析

5.4.1　热等离子体氢还原动力学

要发生化学反应，反应粒子必须首先发生碰撞，即以足够的动能相互接触，以越过活化能垒。随着系统温度的升高，携带足够能量的分子的数量也会增加，这些分子在碰撞时会发生反应。然而，相互碰撞并不是反应所需的全部条件。通过改变某些试剂的浓度，不仅可以影响反应速率，还可以识别出反应机理中控速步骤，即限制整个反应速率的步骤。

要发生反应，反应物必须首先碰撞，以应对活化障碍。系统温度的升高可增加具有足够能量进行反应的分子的数量。还原速率由过程中最慢的步骤定义，其限制了整个反应速率。Kamiya 等[14]提出了一种利用氢等离子体通过以下步骤还原氧化铁的机理：

（1）气相中氢到反应区的传质；（2）氧气通过液膜从熔融的氧化铁到反应界面的传质；（3）氢粒子在反应界面的吸附；（4）在反应界面的吸附和解离氧化铁；（5）在反应界面上的还原和水蒸气的形成；（6）反应界面上水的脱附；（7）水通过气膜从反应界面到体相的传质。

Hayashi 等[61]提出了气体输送系统中氢气还原氧化铁的机理（图 5-16）。在该模型中，考虑了气体流动的传质步骤和界面还原反应。

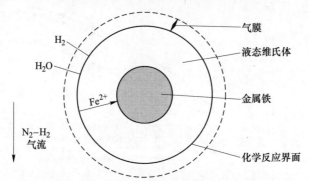

图 5-16　单一氧化铁颗粒的还原反应模型[61]

Nagasaka 等[51]提出了氢气还原氧化铁的以下限制步骤：

（1）气流中的传质；

（2）界面还原反应；

（3）液相中氧向反应表面的传质。

当使用足够的还原剂时，气液体系中的还原速率主要由界面上的化学反应决定。

在等离子体-金属氧化物相互作用的背景下，振动激发氢分子的作用在文献[56，62]中被阐明。无振动激发的分子可以继承在旋转和振动中储存的高达4.5eV 的内部能量。它们通过非弹性碰撞和化学反应将内部能量传递给气相中的其他分子和原子。结果使反应物质组分的内能增加，活化势垒降低，使反应更容易进行。

图 5-17[33] 所示为不同氢物质组分的氧化物还原的活化能分布示意图。E_1 为 H_2 还原金属氧化物活化能，E_2 为 H 还原金属氧化物活化能，E_3 为 H^* 激发态氢还原金属氧化物活化能，E_A 为 A^* 高能激发态氢还原金属氧化物活化能。由图可以看出，分子氢将金属氧化物还原成金属可以在高温下进行，然而，较高的活化能实际上阻止了还原的发生。氢可以被激发到活化态（原子或离子），而被激发的物质组分中的能量仍然很高。活化氢的物质组分中，反应活化能（E_2 和 E_3）低于热分子氢物质组分中反应的活化能（E_1）。当活性物质组分具有更高的能量时，活化能（E_A）可能为零或负。

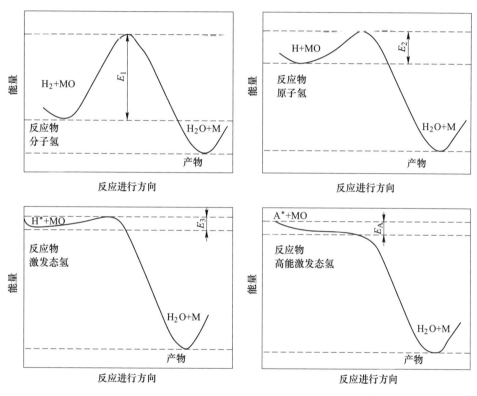

图 5-17 不同氢物质组分金属氧化物还原活化能示意图[33]

活性物质组分除了影响气相化学外，还影响等离子体表面相互作用。表面化学过程（如氢等离子体还原金属氧化物）强烈依赖于进入表面的活性物质的通量和能量。活性物质在金属氧化物表面的振动-平动弛豫比在气相中的振动-平动弛豫快得多。活性物质组分的这种松弛会导致表面过热。这可以进一步刺激表面氧化物还原过程，同时保持较低的气体温度。

Kamiya 等[14] 为研究铁矿石还原速率准备了一个简单的实验装置，如图 5-18 所示。该装置是由直流等离子体炬与钨阴极、水冷铜阳极和水冷铜坩埚组成。在其中矿石部分被非转移氩等离子体熔化，然后被转移氩等离子体熔化，最后将等离子体气体转换为 H_2-Ar 混合物。矿石重量在 $25\sim75g$ 之间，混合气流流速（标态）为 $20L/min$，输入直流功率 $8.3kW$。

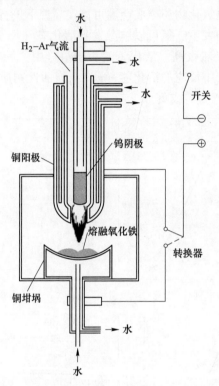

图 5-18 实验装置原理[14]

实验结果表明，该装置的氢利用率约为 44%。这与分子 H_2 从平衡角度还原 FeO 是一致的。同时，当进气 H_2 浓度较低，Ar-H_2 混合气中 H_2 浓度小于 20% 时，氢气利用率较高（60%~70%）。在 Nakamura 等[26]的研究中也发现了这种低 H_2 百分比下氢利用率较高的现象。Nakamura 一定程度上是因为等离子体中出现了游离氢。此外，他还推测，从还原铁中分离氧化物熔体可能改善还原行为，即氧化铁单独与氢反应。Lemperle[63]认为，氢原子的新效应，即更高的利用率，可能在低浓度的 H_2 下出现，但当原子氢的重组速率增加时（在更高浓度的 H_2 下）这种新效应就消失了。

Nakamura 等[26]和 Lemperle[63]的研究结果与 Kamiya[14]的结果基本一致。然而，由于进行的工作中反应面积（电弧熔体界面）近似，所得到的结果应该会有轻微的偏差。

在等离子体状态下，氢气还原氧化铁的速率大于分子状态[64]。Gilles 和

Clump[24]研究了直流等离子体射流中氢气还原铁矿石的反应。他们使用带有水冷等离子火炬的直流等离子射流来产生熔炼过程所需的电弧。采用 63~74μm 和 44~53μm 两种不同粒度分布的铁矿粉进行试验。铁矿粉被连续送入还原区的水冷铜坩埚，然后在等离子弧区用纯氢气或氩和氢的混合物进行还原。还原程度随着铁矿石粒度的增加而降低；此外，还原程度随着等离子体能量和等离子体温度的增加而增大。因此，对氧化物颗粒的传热是还原过程的限制动力学因素[65]。

氢、固体碳、Fe-C 熔体和 CO 还原铁氧化物的速率的比较，关于用 CO 还原熔融的铁氧化物，Nagasaka 等[51]与大多数相关研究[66~68]进行比较。除 Badr 等[28]的结果外，结果彼此吻合良好。后来被 Soma[66]更正。Nagasaka 等[51]结果表明，CO 还原 FeO 的速率仅比熔点高出将近一个数量级。

固体碳对纯液态 FeO 的还原率受温度的影响很大。而且，直到 1893K 时，Fe-C 对液态氧化铁的还原率显著高于固态碳对氧化铁的还原率。

氢、固体碳、Fe-C 熔体和 CO 还原液态氧化铁的速率如图 5-19 所示。H₂ 和 CO 的还原称为界面化学反应。相反，对于固态碳和 Fe-C 熔体的还原要考虑总速率。因此，氢的还原速率比其他还原剂高一两个数量级[51]。

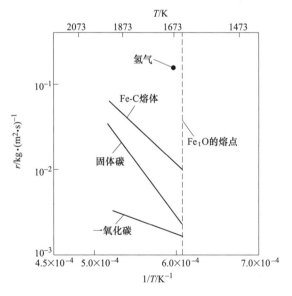

图 5-19 固体碳、Fe-C 熔体、CO 和 H₂ 对纯液态氧化铁的还原速率[51]

5.4.1.1 碱度对还原率的影响

在等离子体氢熔融还原工艺中，炉渣的温度和碱度是影响还原率的参数。炉渣的部分固化会导致还原速率降低，这是由于有限的氧向反应表面传输。Badr[28]通过实验评估了矿渣碱度对还原率的影响，没有发现线性相关。此外，在高 CaO 含量下，氢利用度降低。Kamiya 等[14]也没有观察到碱度从 0 改变为 2 时还原率的任何明显变化。文献 [13] 研究了 CaO、Al_2O_3 和 TiO_2 等添加剂对氢气在不同流速的 H_2-Ar 混合物中还原 Fe_tO 的影响。他们观察到气体流量的增加改善了氧化铁的还原率，即流量在这些二元炉渣中起着重要的作用，结果，传质过程是气相中的限速步骤。

渣的温度和碱度是影响还原行为的参数，因为部分凝固限制了氧向还原界面的输送。Badr[28]研究了添加 0、10% 和 20%（质量分数）CaO 的 Al_2O_3-SiO_2-FeO 三元渣系。使用的卡拉加斯矿渣的 FeO 含量为 30%（质量分数），Al_2O_3 含量为 40%（质量分数），CaO 含量为 0%（质量分数），在 1500℃ 的温度下，渣在此过程中固化。但是，当 CaO 含量增加到 20%（质量分数）时，在碱度为 1 时，渣处于液态，还原程度可达 98%。渣中 CaO 含量增加，渣量增加，能源需求增加。此外，酸性炉渣会降低耐火材料的使用寿命。因此，建议在 1600℃ 以上的温度和较低的碱度下操作。他还在碱度为 0.06、1、1.5、2 和 2.5 的情况下进行了一些实验，以评估碱度对氢等离子体熔融还原过程中脱磷行为的影响。在较高的碱度（B_2：1.5、2 和 2.5）的情况下，磷水平下降。

表 5-5 为 Naseri 等的实验方案[65]。

表 5-5　实验方案

实验系列	实验编号	石灰（g）/铁矿粉（g）	碱度（CaO/SiO_2）	总的气流量(0.1MPa 压，25℃，标态)/L·min^{-1}	H_2/Ar（摩尔比）/%
碱度	实验 1	0/100	0	5	50/50
	实验 2	1.7/98.3	0.8		
	实验 3	3.3/96.7	1.6		
	实验 4	4.9/95.1	2.3		
	实验 5	6.4/93.6	2.9		
连续给料	实验 6	3.3/96.7	1.6		

5.4.1.2　氢的还原度

Naseri 等[65]研究了用 H_2 和 H_2/CO 还原氧化铁粉的还原程度，并讨论了结果。图 5-20[65]所示为对于所有实验，氢气还原 100g 粉末的程度（R_{D,H_2}）。

由图可以看出，碱度 2.3 是达到最高 R_D 的最佳值。前者碱度分别为 0 和 0.8 的实验 1 和 2 表现出最小的 R_D。但是，在 1250s 后，实验 1 在 R_D 方面条件更好。实验 3 和 5，即碱度分别为 1.6 和 2.9 的 R_D 值大约在同一范围内。

碳对还原过程的贡献如图 5-21 所示。该图给出了每个实验的总还原度（R_{D,H_2+C}），即碳（$R_{D,C}$）和氢（R_{D,H_2}）的还原度之和。

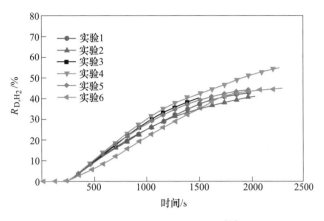

图 5-20　氢的还原度（R_D）[65]

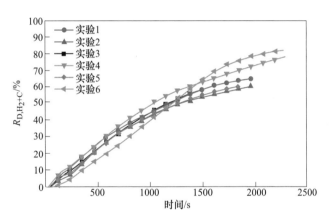

图 5-21　碳和氢的还原的总还原度[65]

　　通过对于具有不同碱度的实验，发现有助于还原铁氧化物的碳量大约在相同范围内。因此，实验 1～5 还原程度均匀地增加。相反，连续给料的实验 6 的还原度显著增加。1500s 后，实验 6 的总还原度大于其他实验。

　　为了排除碳对还原反应的影响，可以使用钨电极代替 HGE。Badr[28] 通过使用钨电极进行了一系列实验，比较了使用氢热等离子体和 HGE 的赤铁矿的还原率。他从 HGE 中减去了碳所还原的氧，然后发现钨电极和 HGE 对氧化铁的还原速率非常吻合。

5.4.1.3　还原速率

　　每个实验都计算了只考虑氢的氧化铁的还原率，相应的结果如图 5-22 所示。图 5-22 所示为水的形成除去的氧气的速率。由图可以看出，0.73g/min 是最高的还原速率，随着时间的推移，还原速率下降到 0.2g/min 以下。

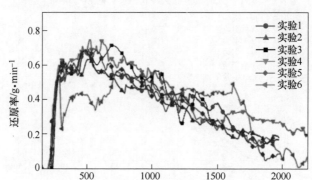

图 5-22　氢气还原氧化铁的速率[65]

由于坩埚内氧化铁含量较低，实验 6 的还原率在 220~750s 的时间范围内低于其他实验；同时，铁矿石的连续装料导致了降幅的提高。请注意，在 1250~1700s 的时间范围内，还原速率在 0.4~0.5g/min 之间，高于其他实验。这说明在连续给矿的情况下，还原速度可以保持不变并得到优化。

5.4.1.4　产生的铁和渣

Naseri 等[65]通过质量平衡和能量平衡计算出炉渣的重量和化学成分。利用各试验的 R_D 值以及样品（铁矿石和石灰混合物）和尾气的化学成分计算出各炉渣的化学成分。表 5-6 为操作时间为 1495s 时每个实验的产品和副产品的主要参数值。

表 5-6　操作 1495s 时的实验产品和副产品[65]

参　数	单位	Ex. 1	Ex. 2	Ex. 3	Ex. 4	Ex. 5	Ex. 6
产生的铁	g	26.01	21.63	25.55	28.84	21.67	30.34
M_D	%	39.49	33.41	40.12	46.03	35.14	47.64
渣重量	g	54.73	60.54	55.53	51.45	60.88	49.32
R_{D,H_2}	%	36.70	35	40.2	42.00	39.00	34.86
$R_{D,C}$	%	21.3	18.78	18.3	20.54	15.98	28.8
R_{D,H_2+C}	%	58.00	53.78	58.5	62.54	54.98	63.66
平均氢气利用率（$\overline{\eta}_{H_2}$）	（%）	26.35	24.71	27.92	28.69	26.22	24.23

赤铁矿被还原为 Fe 和 FeO，前者被认为是产生的铁，后者是渣的一部分。在 1495s 最大的金属化量，即生产的铁与总铁的比率为实验 4，碱度为 2.3，是 46%（质量分数）。金属化程度最低的是实验 2，碱度为 0.8。

实验 6 的（$\overline{\eta}_{H_2}$）为 24.23%（质量分数），低于所有其他实验。然而，金属化率为 47.64%（质量分数），高于所有其他实验。

为了在更长的时间内评估该工艺的效率，将一些实验的操作时间延长到 1975s。表 5-7 为主要还原参数的计算结果。

表 5-7 操作 1975s 时的实验产品和副产品[65]

参数	单位	实验 1	实验 2	实验 4	实验 5	实验 6
产生的铁	g	33.02	28.15	38.05	26.83	43.88
渣重量	g	45.64	52.09	39.51	54.18	31.82
R_{D,H_2}	%	42.8	40.8	50.9	43.9	43.57
$R_{D,C}$	%	22.59	19.96	21.84	16.89	34.85
R_{D,H_2+C}	%	6539	60.76	72.74	60.79	78.42
$\overline{\eta}_{H_2}$	%	22.52	21.11	25.48	21.62	22.18

随着操作时间的增加，产生的铁和金属化增加。实验 6 在 1495s 和 1975s 的金属化的差异大大高于其他实验，这是因为将铁矿石连续供入坩埚，导致还原区的铁氧化物被还原。这一解释可以作为对实验 6 的 $\overline{\eta}_{H_2}$ 低降幅的例证。这说明在连续的氢等离子体熔融还原过程中还原率可以保持恒定。

1975s 的 R_{D,H_2} 在每种情况下都超过 40%，而随着碳对还原过程的贡献，R_{D,H_2+C} 可能达到 78%。

图 5-23 所示为 1495s 时的 R_{D,H_2}，$R_{D,C}$，R_{D,H_2+C} 和 $\overline{\eta}_{H_2}$。

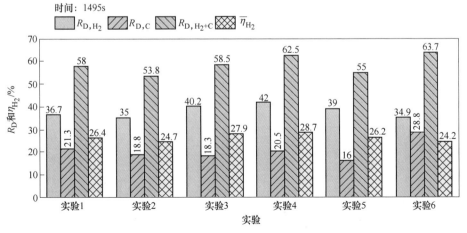

图 5-23 1495s 时的 R_D 和 $\overline{\eta}_{H_2}$[65]

批量进料实验的 $R_{D,C}$ 在 15%~22% 之间；但是，连续供入铁矿石时的比例为 28.8%。R_{D,H_2+C} 在 53%~64% 之间；碱度为 2.3 的实验 4 的还原程度最高。碳在还原过程中的高贡献导致实验 6 的总还原度增加。1495s 的 $\overline{\eta}_{H_2}$ 值大于 25%。图 5-24 所示为 1975s 时的 R_D 值。可以看出，随着实验时间的延长，还原程度逐渐增大；同时，随实验时间的增加，$\overline{\eta}_{H_2}$ 降低。

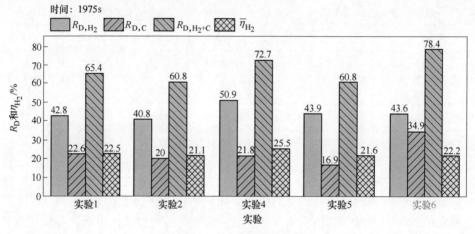

图 5-24　1975s 后的 R_D 和 $\overline{\eta}_{H_2}$

5.4.1.5　渣的形成

表 5-8 为每种情况下炉渣的重量。为了计算炉渣的化学成分，进行了质量和能量平衡，因为通过计算无法确定 Fe_2O_3 和 FeO 的量（Fe 可能以两种形式存在于炉渣中）。因此，在还原区温度相同的范围内，通过 FactSageTM7. 2（Thermfact/CRCT（加拿大蒙特利尔））在平衡状态下研究了相稳定性，例如，计算出实验 5 的炉渣成分（反应时间为 1975s）并列在表 5-8 中。

表 5-8　计算得出的实验 5 的炉渣成分[65]　　　　　　　（%）

成分	实验 5	成分	实验 5
CaO	10.04	Fe_2O_3	3.21
SiO_2	3.444	K_2O	0.03
Al_2O_3	1.94	MnO	0.34
FeO	80.62	P	0.22
MgO	0.14	S	0.01

而炉渣的实际成分表明，炉渣的碱度低于预期。计算的炉渣碱度是 2.9；然而，根据真实情况，为 1.6[65]，主要原因是耐火材料进入熔体。由于耐火材料衬

里的黏结剂。采用水玻璃，耐火材料的熔融和与炉渣的混合增加了 SiO_2 的含量，因此导致是实际碱度较低。炉渣真实成分偏差的另一个原因是氧化铁还原程度较高。由于炉渣没有均化，暴露在还原剂和等离子弧中的氧化铁颗粒被还原，其余被部分熔化的材料掩埋在钢坩埚中的氧化铁颗粒不能还原，导致坩埚中产生非均质渣。因此，为了达到还原过程的最佳条件，坩埚内的材料应该完全熔化。然而，在实验室规模的设施中，由于使用低功率炉子和用水冷却系统，在操作过程中不可能将材料保持在液相中。因此，实验室规模的设施不可能实现高度减排[65]。

5.4.2　冷等离子体氢还原动力学

利用冷等离子体氢还原金属氧化物时，参加还原过程的氢粒子具有很高的能量和化学活性，试样表面存在离子鞘层，穿过鞘层的粒子运动状况会被鞘层影响，高能粒子与试样表面之间的会发生碰撞，这些非平衡态等离子体的物理化学特性都与普通的分子氢还原过程有很大的差异，这也意味着等离子体氢还原金属氧化物具有独特的微观和宏观动力学机制。

冷等离子体氢还原金属氧化物的反应为等离子体相与固相间的反应，由氢等离子体相、还原金属层以及近似平板型的金属氧化物试样构成的还原体系抽象模型如图 5-25 所示[3]。其中，C_{H_p} 为中性的等离子体相中氢粒子的浓度，C_{H_0} 为试样表面氢粒子的浓度，C_{H_i} 为还原反应界面上氢粒子的浓度，$C_{H_平}$ 为还原反应界面上氢粒子的平衡浓度，C_{MeO} 为金属氧化物的浓度。

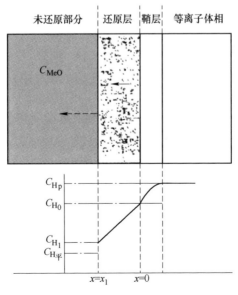

图 5-25　等离子体氢还原氧化物反应机理模型示意图[3]

有关研究表明[30]，在相同温度下，氢粒子的扩散系数是固相中氧原子扩散系数的几百倍。因此，可以得出以下冷等离子体氢还原金属氧化物的历程：等离子体相中的氢粒子首先和试样表面的金属氧化物发生还原反应，生成金属和H_2O；随着还原反应的进行，反应界面逐渐由表面向内部推移，氢粒子扩散穿过产物金属层，到达反应界面上的氢粒子继续还原氧化物。

整个还原历程主要包括以下环节[3]：

（1）在等离子体相中分子氢被离解、电离为活泼的原子氢和离子氢；

（2）原子氢在试样表面外扩散，正离子氢在鞘层内被电场加速；

（3）活泼的氢粒子在产物表面吸附、溶解，并向内扩散；

（4）在反应物-生成物界面（MeO-Me）上进行还原反应；

（5）反应界面上生成的气体产物H_2O透过还原物层（Me）向表面移动或扩散；

（6）气体产物H_2O在试样表面脱附，溶入气相。

张玉文[3]施加直流电场来强化氢的还原能力，还原过程出现了"缓慢—加速—缓慢"三个阶段的变化。由于高能氢粒子对试样表面的碰撞产生了更多的活性点，使新相晶核的形成变得很容易，因此新相的形成不会成为整个还原反应的限制性环节，前两个阶段的反应速率主要受制于到达氧化物表面活性氢粒子流的浓度或通量，如果阻碍或限制活性粒子流通量，反应会在一个很长时间内维持很低的速率进行，随着还原的进一步进行，表面的产物金属层加厚，由于在低温还原时形成的金属颗粒较小，金属产物层比较致密，因此等离子体氢还原氧化物第三阶段的速率限制性环节可能是产物金属层中氢粒子向反应界面的内扩散。特克道根在进一步分析了 Mckewan 测定的致密 Fe_2O_3 烧结球团（$\rho = 5g/cm^3$）在压力为 0.25~40atm 的氢气中还原实验的数据后指出，还原率达到约50%以后，还原过程的速率可能由气体在产物铁层中的扩散控制[69]。

对于反应的前两个阶段，到达氧化物表面的活性氢粒子流的通量是反应的限制性环节时，当外扩散和界面反应处于局部准稳态时，在反应界面上有 $J_H(t) = -\nu_H$，

即有：

$$J_H(t) = 2C_{MeO}\frac{dx_i}{dt} \tag{5-36}$$

式中　x_i——还原层厚度；

　　$J_H(t)$——活性氢粒子通量。

即：

$$\frac{dx_i}{dt} = \frac{1}{2C_{MeO}}J_H(t) \tag{5-37}$$

对上式积分可以得到还原层厚度随时间的变化关系。当试样直接放置于阴极上时，在反应的开始阶段试样相当于一个绝缘体[8]，这个鞘层电压相对于直流电场下的阴极鞘层电压小得多，对穿过鞘层的离子加速作用相对较小；另外，在试样下面阴极表面强电场的作用下，部分氢离子会偏离试样而向阴极表面运动，$J_H(t)$ 具有一个较小的值，因而反应开始阶段还原速率较小。随着还原的进行，当试样表面逐渐被还原为金属导电层，试样就和下面的阴极之间的电势差逐渐变小，即试样表面电势逐渐降低，而试样表面鞘层的压降随之增大，直至试样表面与阴极完全导通，这时相当于给试样加了一个很高的负偏压，使试样表面的离子鞘层转变为高电压阴极鞘层，在试样表面较强电场的作用下，更多的氢离子在鞘层内被加速到更大的能量撞击到试样上，从而使还原反应速率增大，即 $J_H(t)$ 随着还原的进行逐渐增大。

当试样表面与阴极完全导通后，在一定的放电条件下，试样表面存在一个稳定的阴极鞘层，在 Me/MeO 界面上的氢粒子和金属氧化物间的化学反应进行得很快。假设：（1）忽略在被还原的金属层中原子氢的损失；（2）虽然 Me/MeO 界面由表面向里逐渐推进，但和等离子体氢的扩散相比较，认为界面是静止的（准静态假设），则被还原的金属层中氢粒子的内扩散会成为整个过程的限制性环节。

由假设（2）可知，被还原金属层中氢粒子的通量（J_H）可以用稳态的菲克第一定律表示为：

$$J_H = -\frac{D_H}{x_t}(C_{H_1} - C_{H_0}) \tag{5-38}$$

式中　D_H——产物金属层中氢粒子的扩散系数。

由于在反应界面上 $J_H = -\nu_H$，故由假设（1）可知，与 C_{H_0} 相比 C_{H_1} 很小，可以忽略。因此，可以得到：

$$J_H/2 = -\frac{D_H}{2x_t}(0 - C_{H_0}) = C_{MeO}\frac{dx_1}{dt} \tag{5-39}$$

张玉文还推导得到 MeO 被还原深度随时间（t）的变化关系[3]：

$$x_1 = \left(\frac{D_H C_{H_0}}{C_{MeO}}\right)^{1/2}\sqrt{t} \tag{5-40}$$

还原层厚度随时间的变化趋势与等离子体的放电参数直接相关，加速阶段直接起因于试样表面鞘层电压的变化。因此，从本质上来说，离子鞘层电压值变化的大小以及等离子体体系中含有的离子密度直接影响还原过程的加速情况。开始加速的时间与试样的高度、等离子体的密度、加速阶段的长短与电压变化决定了加速离子的能量、离子的数量、最终达到的还原层厚度与加速离子的能量决定的穿透厚度有着密切的关系。

Rajput 等[35]在 573K 的不同时间段内进行了一系列实验，保持其他参数不变。之所以选择这个特定的温度，是因为在这个温度下，在没有等离子体的情况下，氢的还原可以忽略不计[35]。主要目的是论证在等离子体存在下还原的可行性。在实验中，时间是从可以看到辉光放电的瞬间开始计算的。在动力学研究的所有实验中，都使用了致密赤铁矿球团。实验结果以质量平衡的形式在表 5-9 中列出。

表 5-9　不同时间段氢等离子体还原致密赤铁矿球团的研究[35]

系列	时间/s	初始重量/×10⁻³kg	最终重量/×10⁻³kg	Fe 含量/%	Fe₂O₃ 含量/%	还原率/%
1	0	14.87	14.64	59.92	85.60	2.64（6.00）
2	600	14.94	14.17	59.67	85.25	16.92（20.18）
3	1800	14.89	13.15	59.54	85.06	38.78（45.69）
4	2700	14.91	12.46	59.69	85.28	60.65（64.3）
5	3600	14.91	12.21	59.79	85.43	64.71（70.56）
6	5400	14.92	11.74	58.89	84.12	73.90（84.48）
7	7200	14.92	11.21	58.96	84.28	90.64（98.23）

温度 573K，微波功率 750W，压力 5.33×10^3 Pa，氢气流量 3.33×10^{-6} m³/s。括号中的值表示计算出的还原率。

从实验数据推导出的动力学曲线图如图 5-26 所示。在 573K 下进行了以下重要观测：

（1）到等离子体撞击时，已经发生了 2.64% 的还原，此时为零时间。在这个阶段，只有 Fe₂O₃ 和 Fe₃O₄ 存在。在 600s 时，虽然存在以磁铁矿为主的三种铁氧化物，但没有观察到金属铁峰。

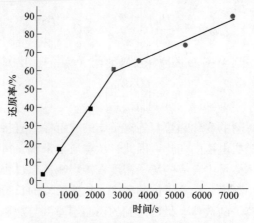

图 5-26　氢等离子体还原赤铁矿的动力学曲线
（温度 573K，氢气流量 3.33×10^{-6} m³/s，微波功率 750W，压力 5.33×10^3 Pa）

（2）1800s 左右没有 Fe_2O_3 峰，XRD 谱中只有 Fe 和 FeO 峰占主导地位，也有一些 Fe_3O_4 峰。

（3）2700s 后，Fe_2O_3、F_3O_4 峰完全消失，只有 Fe 峰，很少有 FeO 峰。这一阶段球团还原质量分数为 60%～65%。随着时间的推移，Fe 含量增加，FeO 含量降低。赤铁矿还原的经典还原顺序为：$Fe_2O_3 \rightarrow Fe_3O_4 \rightarrow FeO \rightarrow Fe$。

然而，在等离子体存在的情况下，可以观察到关于总体还原的两个附加特征。首先，尽管 FeO 在 573K 时不稳定，但它在产物中以中间阶段产物的形式出现。其次，速率曲线在 2700s 之前是线性的，然后偏离线性。在反应后期，只有浮氏体的还原利于 FeO 还原为 Fe。直到 2700s，即在第一线性区域内，根据氢耗计算出的还原速率为 2.97×10^{19} mol/s。这一速率在 2700～7200s 期间降至 0.938×10^{19} mol/s，系统的供氢率为 8.963×10^{19} mol/s，这是以 3.33×10^{-3} L/s 的总供氢量计算的。结果表明，还原反应在前 2700s 的耗氢率为供氢量的 33.13%，在 2700～7200s 的后期降至 10.47%。有趣的是，根据图 5-15（a），在 573K 下氢分压接近 1 的情况下不可能产生金属铁。这表明，观察到的磁铁矿还原为金属铁的现象不是由分子氢单独造成的。

已知在氢等离子体中产生的离子氢、原子氢、激发氢分子和其他活性物质组分可以刺激还原过程。由于已知在 573K 时离子氢的生成最少，那么在 573K 时观察到的还原是原子氢造成的吗？Sharda 和 Misra 估计了在类似的微波辅助等离子体装置中原子氢的生成速率，测定了微波辅助氢等离子体的温度 T_e 和电子密度 n_e 等特性。在 5.33×10^3 Pa 下，这 2 个值分别为 13.4×10^{-19} J 和 7.2×10^{17} /m^3，从这些数据中产生原子氢的速率估计为 10^{15} mol/s。因此，系统中产生的原子氢可能只占总还原量的 0.1%，即它不太可能在大于 10^{19} mol/s 的水平上刺激还原。预计离子产氢速率仍低于原子产氢速率，因此也排除了其为活性物质组分的可能性。

除了离子和原子物质组分，振动激发的氢分子还通过其表面解离和氢原子扩散到晶体结构来刺激化学过程。Gabriel 等强调，振动和旋转激发的氢分子的激发水平决定了许多气相过程的速率。他们指出，在直流电弧放电火炬中，振动激发的分子可继承高达 7.2×10^{-19} J 的内能，内能大于 1.6×10^{-19} J 的 H_2 密度可达 10^{19} mol 量级。Manklevich 等报道了 H/C/Ar 混合气体的微波活化，他们列出了决定功率密度分布的最重要的等离子体辅助化学反应，以及最大电子密度（$n_e \approx 3 \times 10^{17}$ m^{-3}）和气体温度（$T \approx 2930$K）。根据 Manklevich 等的说法，近 66% 的功率输入被分割成振动激发［$H_2(\nu=0)$ 到 $H_2(\nu=1)$］，反应速率约为 10^{26} mol/（$m^3 \cdot s$）。旋转激发［$H_2(J=0)$ 至 $H_2(J=2)$］约占输入功率的 27%，相当于 10^{26} mol/（$m^3 \cdot s$）量级的反应速率。Manklevich 等的实验数据为振动激发的 H_2 分子的存在提供了证据，这与观测到的还原速率相匹配。因此，一种可能性是振动激发的 H_2 分子是氧化铁还原的物质组分，另一种可能性是氢等离子体的原子和离子物质组分作为催化剂推动铁矿石还原。显然，还需要更多的研究来进一步了解低温下氢等离子体还原过程的反应机理[35]。

5.5　等离子氢还原工业实践

等离子体氢熔融还原工厂的设计理念，是每小时连续生产 75t 液态钢，如图 5-27 所示。这相当于年产 120 万吨的钢厂。粒径在 1~10mm 之间的矿粉在炉子的热废气中被预热，并被预还原成方铁矿。与直接还原法相比，该预还原反应并不重要，因为在随后的液相反应中还原速度要快得多并且氢气的利用程度要高得多。

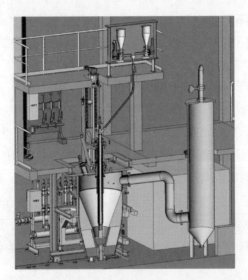

图 5-27　等离子体氢熔融还原工艺示意图（HPSR）

HPSR 将预热粉矿连续运输到等离子体氢熔融还原反应器中，并添加少量的石灰或白云石以达到合适的炉渣黏度。通过 6 个倾斜放置的空心电极，将还原气体和直流电引入熔体中，达到集中能量的目的。需要持续提供 82MW 的电力和 100m³/h（标态）的氢气。来自反应器的热废气与冷气体混合，以达到预热矿石所需的温度。随后将气体清洗并干燥，并将气体再循环，重新使用之前添加额外的 H_2 和 Ar 以弥补所需的浓度。矿粉的还原度至少为 97%，这使铁素损耗保持在 3% 以下，磷的还原率保持在 50% 以下。液态炉渣（最大 6t/h）被喷溅到反应器壁，起到保护层的作用，并以一种可控的方式脱落。

液态铁被虹吸管连续抽出并进行脱气以除去氢气，从而将其还原和合金化到所需标准。

HPSRIJ 的概念十分新颖，但只有在经过工业试验几年反复的研究工作后才能实现，而且必须解决以下问题：

（1）连续预热矿粉并将其输送到等离子体氢熔融还原反应器；

（2）反应堆设计和高能量的控制；

（3）控制必要的大量气体；

（4）反应堆的耐火衬里和冷却。

在假定这些问题能够得到适当解决的前提下，Hiebler 对当前和可能的钢铁生产路线进行了经济比较。

在图 5-28 中，通过该工艺生产的热轧带钢的当前每吨成本被认为是为 100%。比较表明，HPSR 是最佳选择，可降低成本 21%，FINMELT 是 FINMET 工艺的进一步发展，采用与等离子体氢熔融还原相似的方式将热直接还原铁连续装入电弧炉。计算中还模拟了高于当前 40%电能成本所造成的总成本差异，并调查了这种差异对各个成本组和总成本的影响。

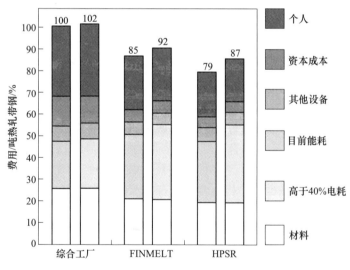

图 5-28　不同炼钢技术的生产成本[27]

可以发现，电能成本是等离子体氢熔融还原的最大影响因素，生产氢气和熔炼所需的电能成本每增加 40%，热轧带钢的生产成本每吨将增加 8%。但即便如此，等离子体氢熔融还原的总成本仍比综合钢铁厂目前的优化成本低约 13%。

其他因素对成本的影响较低，因为等离子体氢熔融还原过程是一步法，是连续的，影响因素与两步法炼钢工艺 FINMELT 流程类似。

图 5-29 所示为对 3 条生产路线每条路线的潜力的综合评估。不能单凭生产

成本就作出大开发和财政投资的决策。除了可量化或部分可量化的值之外，还有许多因素只能相对主观地进行判断：值越小或 6 个轴的每一轴上的面积越小，这一过程就越有利。

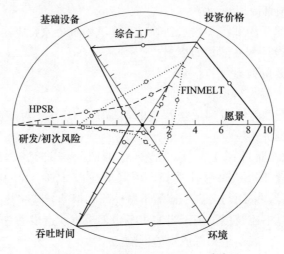

图 5-29　不同工序的技术评估[27]

"投资价格"包括所需的成本和资本以及产品销售收入。它表示每个生产单元的工艺主观价值。由于综合钢铁厂只长流程的大型设备，工厂的必要成本将"投资价格"推高至更简单、更小的 FINMELT 和 HPSR 生产线的"投资价格"之上。

"愿景"下显示了未来的可能性、发展潜力和相对价值，这些价值无法计算，只能给出主观的数字。综合钢厂的发展潜力（产品质量和价格、能耗、灵活性、新工艺、基础设施等）已经进行了广泛的技术和经济优化，但发展潜力很低。FINMELT 与预先减少矿粉相结合，具有巨大的未来潜力。一步法 HPSR 工艺在各个方面都具有最大的发展潜力，特别是新产品的质量。

环境考虑因素也表明，只要使用的能源不是来自化石燃料来源，HPSR 就是首选。二氧化碳、二氧化硫、氮氧化物排放量可降至最低。不太可能有废水污染。

从吞吐时间可以看出。在一个组织良好的钢铁厂，将原材料送到热轧厂大约需要 40h，在这个过程中会产生有相关的冷却损失。FINMELT 的预计吞吐时间为 6h，HPSR 的吞吐时间为 3h。这导致客户服务和生产数量的高度灵活性，以及对正在进行的产品的临时存储水平较低，从而降低了资本锁定。

HPSR 工艺的研发需求和投资风险最高，而常规钢厂的研发需求和投资风险最低。FINMELT 的风险较低，因为可以直接减少矿石粉尘质量的保持。

在新建钢铁厂时，基础设备尤为重要。未来，与客户的距离、一致的质量和交货期、灵活性、简单的物流以及钢材生产商和使用商之间的开发合作等因素将变得越来越重要。成本效益高的等离子体氢熔融还原电厂最能满足这些要求。较小的生产单元允许针对特定客户进行专门生产。在运输距离短、不需要仓储的情况下，在质量和数量上对客户的要求作出反应的灵活性是无与伦比的优势。与综合钢铁厂相比，由于工厂规模较小，投资、基础设施和人员成本等固定成本较低。除了满负荷运行工厂所需的较低成本外，如果工厂必须在额定产能下运行，则较低的固定成本也是有利的。较小的单元也有利于生产协同，并且更容易管理。

在所有标准的评估中，HPSR 的面积很小，表明它具有最大的未来潜力，但开发成本也很高。由于对天然气的需求，FINMELT 仅适合在某些地点使用。在熔融直接还原炼铁热方向开展必要的开发工作，也将有利于 HPSR 的发展。

以上介绍了一种以铁矿石为原料，以氢气为还原剂，以电能为原料的炼钢新工艺。开展了基础性科学工作和技术攻关。实验结果引发了工业规模等离子体氢熔融还原工厂的概念的形成，该工厂具有利用铁矿石粉尘在单一阶段连续生产无碳和无硫铁水的能力。一项技术评估表明，等离子体氢熔融还原工厂如果在当前投入使用，将使钢铁生产比传统炼钢路线便宜 20%，并且产品质量更高、灵活性更强，而且绝对环保[27]。

5.6　小结

等离子体是由带正负电荷的粒子组成的气体，按系统温度划分可以分为高温等离子体与低温等离子体两大类。而在低温等离子体类别中，又可以进一步依据其温度细分为热等离子体和冷等离子体。热等离子体属于局部热平衡等离子体，而冷等离子体又称为非热平衡等离子体。

目前还原铁氧化物的氢气等离子态有两种：热等离子体氢和冷等离子体氢。与传统的氢气还原铁氧化物比较，等离子体氢因为存在不同状态的氢粒子，而且不同种类的氢粒子的还原能力的大小顺序为：$H^+>H_2^+>H_3^+>H>H_2$，可以使反应的吉布斯自由能降低，还原反应更容易进行，因此具备更大的热力学优势，有广阔的发展前景。

并且从环保角度来看，氢等离子熔炼还原工艺因为不需要碳的参与显示出潜在的优势。

因此，可以期望，第一种情况是随着电能价格更加低廉，氢的获取也更低廉，在铁矿石还原领域，等离子体还原工艺应该会有相应规模的发展；第二种情况可能是化石燃料日益短缺，减少二氧化碳排放的负担越来越重，这可能迫使钢铁制造商在某个时候必须放弃传统的钢铁冶炼工艺，铁矿石氢等离子体还原工艺得到足够的发展。第三种情况，是期待等离子体技术取得重大突破，自由基（H

和 H^+）在还原过程中大量存在，并对金属氧化物的还原反应做出主要贡献，从而显著改善还原动力学进程，进而明显降低该过程的经济成本，这样，就可能实现氢等离子体还原炼铁工艺的大规模发展。

参 考 文 献

［1］ 李和平，于达仁，孙文廷，等．大气压放电等离子体研究进展综述［J］．高电压技术，2016，42（12）：3697~3727.

［2］ Raizer Y P, Allen J E. Gas discharge physics［M］. 2. Springer Berlin，1997.

［3］ 张玉文．冷等离子体氢还原金属氧化物的基础研究［D］．上海：上海大学，2005.

［4］ 张晓宁．非平衡热等离子体输运性质的研究［D］．上海：中国科学技术大学，2015.

［5］ Murphy A. Transport coefficients of hydrogen and argon-hydrogen plasmas［J］. Plasma Chemistry and Plasma Processing，2000，20（3）：279~297.

［6］ Murphy A B, Arundelli C. Transport coefficients of argon, nitrogen, oxygen, argon-nitrogen, and argon-oxygen plasmas［J］. Plasma Chemistry and Plasma Processing，1994，14（4）：451~490.

［7］ 方圆．再入等离子鞘层中的电磁波传输特性研究［D］．哈尔滨：哈尔滨工业大学，2014.

［8］ 菅井秀郎，海波，电子科技，等．等离子体电子工程学［M］．北京：科学出版社，2002.

［9］ 邹秀．低温等离子体磁鞘特性的研究［D］．大连：大连理工大学，2005.

［10］ 俞茂兰．常压等离子体还原氧化铜工艺的研究［D］．西安：长安大学，2016.

［11］ Fridman A. Plasma chemistry［M］. Cambridge university press，2008.

［12］ Zvetkov Y V, Panfilov S. Low-temperature plasma in reduction processes：Moscow，Nauka，1980.

［13］ Sabat K C, Rajput P, Paramguru R K, et al. Reduction of Oxide Minerals by Hydrogen Plasma：An Overview［J］. Plasma Chemistry and Plasma Processing，2014，34（1）：1~23.

［14］ Kamiya K, Kitahara N, Morinaka I, et al. Reduction of molten iron oxide and FeO bearing slags by H_2-Ar plasma［J］. Transactions of the Iron and Steel Institute of Japan，1984，24（1）：7~16.

［15］ Degout D, Kassabji F, Fauchais P. Titanium dioxide plasma treatment［J］. Plasma chemistry and plasma processing，1984，4（3）：179~198.

［16］ Kitamura T, Shibata K, Takeda K. In-flight reduction of Fe_2O_3, Cr_2O_3, TiO_2 and Al_2O_3 by Ar-H_2 and Ar-CH_4 plasma［J］. ISIJ international，1993，33（11）：1150~1158.

［17］ Palmer R, Doan T, Lloyd P, et al. Reduction of TiO_2 with hydrogen plasma［J］. Plasma chemistry and plasma processing，2002，22（3）：335~350.

［18］ Watanabe T, Soyama M, Kanzawa A, et al. Reduction and separation of silica-alumina mixture with argon-hydrogen thermal plasmas［J］. Thin solid films，1999，345（1）：161~166.

［19］ Mohai I, Szépvölgyi J, Karoly Z, et al. Reduction of metallurgical wastes in an RF thermal plasma reactor [J]. Plasma Chemistry and Plasma Processing, 2001, 21 (4): 547~563.

[20] Vogel D, Steinmetz E, Wilhelmi H. Experiments on the smelting reduction of oxides of iron, chromium and vanadium and their mixtures with argon/methane-plasmas [J]. Steel Research, 1989, 60 (3-4): 177~181.

[21] Huczko A, Meubus P. Vapor phase reduction of chromic oxide in an Ar-H_2 Rf Plasma [J]. Metallurgical Transactions B, 1988, 19 (6): 927~933.

[22] Bullard D, Lynch D. Reduction of ilmenite in a nonequilibrium hydrogen plasma [J]. Metallurgical and Materials Transactions B, 1997, 28 (3): 517~519.

[23] Bullard D E, Lynch D C. Reduction of titanium dioxide in a nonequilibrium hydrogen plasma [J]. Metallurgical and Materials Transactions B, 1997, 28 (6): 1069~1080.

[24] Gilles H L, Clump C W. Reduction of iron ore with hydrogen in a direct current plasma jet [J]. Industrial & Engineering Chemistry Process Design and Development, 1970, 9 (2): 194~207.

[25] Chin M. Ecology of a tropical peat swamp: a study of the influence of pH on the macroinvertebrate fauna and trophic dynamics in the Tanjung Karang irrigation project district (PhD dissertation) [J]. Kuala Lumpur, Malaysia: Monash University Malaysia, 2003.

[26] Nakamura Y, Ito M, Ishikawa H. Reduction and dephosphorization of molten iron oxide with hydrogen-argon plasma [J]. Plasma chemistry and plasma processing, 1981, 1 (2): 149~160.

[27] Hiebler H, Plaul J. Hydrogen plasma smelting reduction-an option for steelmaking in the future [J]. Metalurgija, 2004, 43 (3): 155~162.

[28] Badr K. Smelting of iron oxides using hydrogen based plasmas [D]. University of Leoben, 2007.

[29] Sawada Y, Taguchi N, Tachibana K. Reduction of copper oxide thin films with hydrogen plasma generated by a dielectric-barrier glow discharge [J]. Japanese journal of applied physics, 1999, 38 (11R): 6506.

[30] Sawada Y, Tamaru H, Kogoma M, et al. The reduction of copper oxide thin films with hydrogen plasma generated by an atmospheric-pressure glow discharge [J]. Journal of Physics D: Applied Physics, 1996, 29 (10): 2539.

[31] Kroon R. Removal of oxygen from the Si (100) surface in a DC hydrogen plasma [J]. Japanese journal of applied physics, 1997, 36 (8R): 5068.

[32] Brecelj F, Mozetic M. Reduction of metal oxide thin layers by hydrogen plasma [J]. Vacuum, 1990, 40 (1-2): 177~181.

[33] 张玉文, 丁伟中, 鲁雄刚, 等. Reduction of TiO_2 with hydrogen cold plasma in DC pulsed glow discharge [J]. 中国有色金属学会会刊 (英文版), 2005, 15 (3): 594~599.

[34] 张玉文, 丁伟中, 郭曙强, 等. 非平衡等离子态氢还原金属氧化物的实验 [J]. 上海金属, 2004 (04): 17~20.

[35] Rajput P, Bhoi B, Sahoo S, et al. Preliminary investigation into direct reduction of iron in low temperature hydrogen plasma [J]. Ironmaking & Steelmaking, 2013, 40 (1): 61~68.

[36] Mozetič M. Discharge cleaning with hydrogen plasma [J]. Vacuum, 2001, 61 (2-4):

367~371.

[37] Bogaerts A, Neyts E, Gijbels R, et al. Gas discharge plasmas and their applications [J]. Spectrochimica Acta Part B: Atomic Spectroscopy, 2002, 57 (4): 609~658.

[38] Badr K, Bäck E, Krieger W. Reduction of iron ore by a mixture of Ar-H_2 with CO and CO_2 under plasma application [C]. Proceedings of the 18th International Symposium on Plasma Chemistry, Kyoto, Japan, 2007: 26~31.

[39] Robino C. Representation of mixed reactive gases on free energy (Ellingharn-Richardson) diagrams [J]. Metallurgical and materials Transactions B, 1996, 27 (1): 65~69.

[40] Boulos M I. Thermal plasma processing [J]. IEEE transactions on Plasma Science, 1991, 19 (6): 1078~1089.

[41] Trelles J, Heberlein J, Pfender E. Non-equilibrium modelling of arc plasma torches [J]. Journal of Physics D: Applied Physics, 2007, 40 (19): 5937.

[42] Bentley R E. A departure from local thermodynamic equilibrium within a freely burning arc and asymmetrical Thomson electron features [J]. Journal of Physics D: Applied Physics, 1997, 30 (20): 2880.

[43] Boulos M I, Fauchais P, Pfender E. Thermal plasmas: fundamentals and applications [M]. Springer Science & Business Media, 2013.

[44] 张玉文, 丁伟中, 郭曙强, 等. 等离子态氢还原金属氧化物初探 [J]. 中国有色金属学报, 2004 (02): 317~321.

[45] Kanhe N S, Tak A, Bhoraskar S, et al. Transport properties of Ar-Al plasma at 1 atmosphere [C]. AIP Conference Proceedings, 2012: 1025~1026.

[46] Lisal M, Smith W R, Bureš M, et al. REMC computer simulations of the thermodynamic properties of argon and air plasmas [J]. Molecular Physics, 2002, 100 (15): 2487~2497.

[47] Naseri Seftejani M, Schenk J. Thermodynamic of Liquid Iron Ore Reduction by Hydrogen Thermal Plasma [J]. Metals, 2018, 8 (12).

[48] Dembovsky V. How the Polarity of a Surface Reacting With a Low-Temperature Plasma Affects the Thermodynamic Variables in Metallurgical Reactions [J]. Acta Physica Slovaca, 1984, 34 (1): 11~18.

[49] Murphy A B, Tanaka M, Yamamoto K, et al. CFD modelling of arc welding: The importance of the arc plasma [C]. Seventh International Conference on CFD in the Minerals and Process Industries, Melbourne, December, 2009.

[50] Nagasaka T, Ban-Ya S. Rate of reduction of liquid iron oxide [J]. Tetsu-to-Hagané, 1992, 78 (12): 1753~1767.

[51] Nagasaka T, Hino M, Ban-Ya S. Interfacial kinetics of hydrogen with liquid slag containing iron oxide [J]. Metallurgical and Materials Transactions B, 2000, 31 (5): 945~955.

[52] Baykara S, Bilgen E. An overall assessment of hydrogen production by solar water thermolysis [J]. International journal of hydrogen energy, 1989, 14 (12): 881~891.

[53] Polak L, Lebedev Y. Plasma Chemistry, Cambridge Int [J]. Science Publ., Cambridge (UK), 1998.

［54］ Dembovsky V. Zu Fragen der Thermodynamik und Reaktionskinetik in der Plasmametallurgie ［J］. Neue Hütte, 1987, 32（6）: 214~219.

［55］ Roine A. HSC Chemistry for Windows-Chemical Reaction and Equilibrium Software with Extensive Thermochemical Database ［J］. Outokumpu, HSC chemistry for Windows-Chemical ReOutokumpu Research Oy. Pori, 1999.

［56］ Rouine A. HSC thermodynamic database ［J］. Outokumpu Research Centre, Pori, 1989.

［57］ Bergh A. Atomic hydrogen as a reducing agent ［J］. The Bell System Technical Journal, 1965, 44（2）: 261~271.

［58］ Fridman A, Kennedy L A. Plasma physics and engineering ［M］. CRC press, 2021.

［59］ Coudurier L, Hopkins D W, Wilkomirsky I. Fundamentals of Metallurgical Processes: International Series on Materials Science and Technology ［M］. 27. Elsevier, 2013.

［60］ Rajput P, Sabat K C, Paramguru R K, et al. Direct reduction of iron in low temperature hydrogen plasma ［J］. Ironmaking & Steelmaking, 2014, 41（10）: 721~731.

［61］ Hayashi S, Iguchi Y. Hydrogen reduction of liquid iron oxide fines in gas-conveyed systems ［J］. ISIJ international, 1994, 34（7）: 555~561.

［62］ Mankelevich Y A, Ashfold M N, Ma J. Plasma-chemical processes in microwave plasma-enhanced chemical vapor deposition reactors operating with C/H/Ar gas mixtures ［J］. Journal of applied physics, 2008, 104（11）: 113304.

［63］ Lemperle M, Weigel A. On the smelting reduction of iron ores with hydrogen-argon plasma ［J］. Steel Research, 1985, 56（9）: 465~469.

［64］ Naseri Seftejani M, Schenk J, Zarl M A. Reduction of Haematite Using Hydrogen Thermal Plasma ［J］. Materials（Basel）, 2019, 12（10）.

［65］ Naseri Seftejani M, Schenk J, Spreitzer D, et al. Slag Formation during Reduction of Iron Oxide Using Hydrogen Plasma Smelting Reduction ［J］. Materials（Basel）, 2020, 13（4）.

［66］ Soma T. Smelting reduction of iron ore ［J］. Bull. Jpn. Inst. Met., 1982, 21: 620~625.

［67］ Tsukihashi F, Amatatsu M, Soma T. Reduction of molten iron ore with carbon ［J］. Tetsu-to-Hagané, 1982, 68（14）: 1880~1888.

［68］ Nagasaka T, Iguchi Y, Ban-Ya S. Effect of additives on the rate of reduction of liquid iron oxide with CO ［J］. Tetsu-to-Hagané, 1989, 75（1）: 74~81.

［69］ 特克道根 E, 魏季和, 傅杰. 高温工艺物理化学 ［M］. 北京: 冶金工业出版社, 1988.

6 氢气在高炉炼铁过程中的行为

6.1 现代高炉的进展和挑战

现代高炉炼铁工艺经历近 200 年的发展历程，进入 21 世纪后，高炉炼铁技术发展迅猛，取得了显著的技术进步。当前，面对原燃料条件的变化、生态环境的制约、经济形势的波动，高炉炼铁技术受到巨大的挑战和威胁。未来高炉炼铁的技术发展理念应是低碳绿色、高效低耗、智能集约，同时要实现生铁生产、能源转换和消纳废弃物"三大功能"。以高炉为中心的新一代炼铁工艺流程设计和优化，以实现整个炼铁工序的动态有序、协同连续，将是未来炼铁工艺技术创新的重点课题。论述循环经济理念下的高炉炼铁技术发展趋向，阐述未来高炉炼铁的技术发展路线，指出高炉炼铁实现低碳绿色发展的关键共性技术创新等，成为目前高炉炼铁的重要任务。

当前乃至未来相当长一段时期内，高炉工序仍是钢铁企业最主要的生产流程，同时也是钢铁企业能量消耗和 CO_2 排放最大的工序，约占整个钢铁工业排放量的 70%。因此，高炉工序的节能减排在钢铁企业中占有至关重要的地位。但是，高炉炼铁技术经过精料、高风温、富氧鼓风、合理布料、煤粉喷吹以及低硅操作等一系列改造后，再依靠这些传统炼铁技术的改进已无法进一步满足国家对高炉节能减排的要求。

因此，在这些传统高炉炼铁技术的基础上，冶金工作者提出了一系列革新的低碳高炉炼铁技术，包括高炉喷吹富氢气体技术、炉顶煤气循环技术以及炉料热装工艺[1]等，以期通过富氢还原实现 CO_2 的减排，同时合理利用高温炉料的富余热量降低吨铁能耗。这些革新高炉炼铁技术的研究和应用有望进一步降低焦炭等还原剂的消耗，减少碳排放，缓解企业环境压力，同时还可以改善高炉性能，实现钢铁企业的节能减排目标。

由于高炉富氢冶炼时氢还原铁矿石后的产物是 H_2O，因此随着高炉内还原气体中 H_2 含量的增加，高炉所排放的 CO_2 气体总量将减少，可满足我国钢铁企业节能低碳的需求。焦炉煤气是焦炉炼焦产生的富氢高热值气体，其氢气含量高达 60%，是用于高炉喷吹的优质气体。因此，富氢高炉冶炼可以进一步降低钢铁企业 CO_2 排放，实现高炉低碳炼铁并取得效益。

6.1.1 低碳高炉炼铁技术的提出

随着高炉冶炼技术的不断发展，通过采用精料处理、高温热风、富氧喷煤、顶压操作、合理布料等新技术，传统高炉炼铁操作的研发已发展到相当的高度，工艺已趋于成熟，碳消耗与碳排放已接近常规高炉炼铁操作的极限，仅仅依靠现有技术进一步降低能耗、减少 CO_2 排放的效果极其有限。因此，相关国家和组织制定了钢铁工业应对 CO_2 减排的研究计划，通过突破性的炼铁技术实现高炉的低碳操作和生产的超高效率化，即"低碳高炉炼铁技术"。如欧盟启动了"超低 CO_2 制钢"（ULCOS）计划，日本拟定了低碳排放工业技术路线图及"环境和谐型炼铁项目"（COURSE50）。

ULCOS 计划是由欧洲钢铁技术平台指导委员会实施的超低 CO_2 炼钢研发项目，旨在减少 CO_2 排放，延缓全球气候变暖，同时抢占未来低碳经济模式的制高点，并获取低碳技术带来的巨大经济效益。ULCOS 项目是当前世界钢铁工业范围内涉及成员最多、研究领域最广的项目，包括新的低碳钢铁技术、生物质利用技术、CO_2 捕集和封存技术以及对欧盟和全球未来不同碳约束情景进行的研究，最终目标是研究出革新的低碳炼钢技术，到 2050 年使吨钢 CO_2 的排放量减少50%。在低碳高炉炼铁新技术方面，主要研究了炉顶煤气循环工艺（TGR-BF）（图 6-1）[2]。该工艺有 3 个主要特点：一是使用纯氧代替传统的预热空气（即全氧喷吹）；二是 CO_2 分离、捕集和储存；三是使用回收的 CO 循环作为

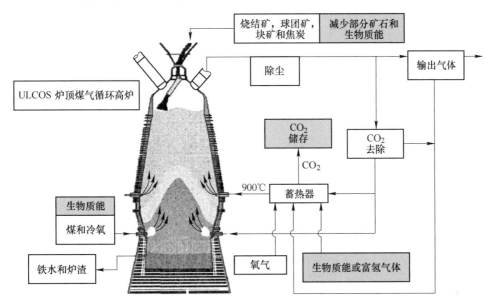

图 6-1 ULCOS 项目提出的高炉煤气循环再生新工艺

还原剂，减少焦炭用量。结果表明，TGR-BF 技术在试验高炉上易于操作、安全性好、效率高、稳定性强。其中，将脱 CO_2 后的部分炉顶煤气加热到 1200℃ 后与氧气和煤粉混合通过炉缸风口喷吹入炉内，同时将脱 CO_2 后的炉顶煤气加热到 900℃ 后从炉身适当位置喷吹的方案减排效果最佳，可降低 26% 的 CO_2 排放。

COURSE50 计划是由日本钢铁联盟发起的国家级项目，该项目由 NEDO 资助，新日铁住金、神户制钢、JFE 钢铁以及日新钢铁等合作研究。COURSE50 项目以"创新的炼铁工艺"为主要研究内容，同时兼顾经济发展和环境保护，最终目标是实现高炉炼铁过程 CO_2 减排达 30%。减少 CO_2 排放的主要措施包括改质后的富氢焦炉煤气还原铁矿石技术和从高炉煤气中捕集、分离和回收 CO_2 技术。目前，该项目已经完成了第一阶段（2008~2012 年）的工作，第二阶段（2013~2017 年）研究也已开展，预计 2030 年进行工业化推广。

另外，日本 JFE 钢铁公司在 2006~2012 年开展了竖炉法铁焦项目，将低黏结性煤和铁矿石粉碎到一定粒度，加入黏结剂按一定比例混合后压块，再经竖炉炭化生产高反应性的铁焦新型炉料[3]。使用铁焦新型炉料将改变炉内的还原机制，降低高炉热空区温度，加快铁氧化物还原，降低能量消耗和 CO_2 排放。JFE 公司于 2011 年成功开发铁焦技术，在京滨厂中型高炉代替 10% 焦炭（中试规模，铁焦日产 30t），经过多次连续使用后，取得炉况正常、焦比下降的显著效果；2013 年，在千叶厂 5153m^3 的高炉上进行了试验，铁焦使用量为 43kg/t，高炉操作稳定，燃料比降低 13~15kg/t；2016 年开始正式进入实证研究阶段，在 JFE 西日本制铁所福山地区建设了一座日产能为 300t 的实证设备，目的是扩大生产规模、确立可长期应用的操作技术等。计划到 2030 年左右以 1500t/d 的产能规模投入实际应用。届时，铁焦将成为日本钢铁业的主要减排技术之一。

在全球温室气体排放持续上升形势下，钢企，尤其是长流程钢企如何有效降低 CO_2 排放强度成为亟待解决的问题。钢铁工业能源消耗总量和碳排放量大，在现有长流程钢铁冶炼工艺基础上进行碳减排，持续降低碳排放量难度巨大。因此，世界各国正积极研发各类"低碳"冶炼工艺，其中氢冶金成为行业研究热点方向[4]。

氢能作为一种清洁的二次能源，具有无污染、零碳排的特点，氢冶金是利用氢能替代部分或全部的煤焦作为还原剂，将铁矿石还原为金属铁的气基直接还原技术，可从源头上实现低碳炼铁，成为钢铁行业绿色发展的新方向。该技术取消了高排放的焦炭、烧结工序，能够实现低碳甚至零碳排放，同时可降低硫化物、氮氧化物和颗粒物的排放，减少冶炼过程固体废弃物的产生，达到清洁生产目标。

6.1.2　富氢高炉冶炼的发展

氢冶金是当前低碳发展、能源变革的重要方向，也是钢铁行业绿色化的根本出路。欧盟、日本都在进行富氢炼铁技术开发，德国蒂森克虏伯公司已经开展了高炉喷吹氢气炼铁试验。2020 年 10 月 21 日，钢铁研究总院与山西晋南钢铁集团有限公司签订了 2000m³ 高炉规模化喷吹氢气项目协议，利用钢铁研究总院在氢冶金技术方面的研发优势，建设我国首座低碳富氢炼铁高炉，引领我国低碳炼铁技术的发展。该项目的实施可以大幅度降低能耗、减少污染物排放和大幅度提高生产效率和产品质量，具有良好的经济、社会和环境效益。

采用氢还原或富氢气体还原，即可降低 CO_2 的产生量，也可以降低冶炼过程的碳排放。随着高炉冶炼技术的进步，特别是向高炉内部喷吹煤粉、富氢还原气体（天然气、焦炉煤气、人造煤气）、废塑料以及其他含氢燃料，可使高炉内部 H_2 含量显著提高。高炉内气体成分的变化会影响高炉炉料的冶金性能。近年来，各国专家对全球气候变暖给予了极大的关注。在导致气候变暖的各种气体中，CO_2 的贡献率占 50% 以上，钢铁行业由于其能源密集型特点，成为 CO_2 排放的一个重点行业。而高炉内部的 H_2 还原铁矿石后的产物为 H_2O，高炉内 H_2 含量增加有利于减少钢铁行业 CO_2 的排放。

早在 1999 年，J. C. Agarwal 和 Oscar Lingiardi 就开始研究采用 H_2 作为高炉冶炼的还原剂，以减少煤炭的利用，从而达到高炉冶炼过程中节能减排的目的。而为了进一步的减少 CO_2 排放，美国、瑞典、加拿大、韩国、日本等国开始发展低碳技术，研究其在钢铁行业的应用，并且最终开发出了几种最有发展前景的低碳冶炼技术，包括日本 COURSE50 项目、蒂森克虏伯集团"以氢代煤"高炉冶炼项目等。

日本钢铁联盟提出的 COURSE50 项目[5]围绕高炉碳减排，开发了部分使用氢代替焦炭作为还原剂的氢还原炼铁法，并预期通过该支柱技术研发应用，实现碳减排目标为 10%。利用 2015 年在新日铁住金君津厂建成的小型试验高炉（容积 10m³），进行炉煤气改质富氢焦和高炉风口喷吹试验[6]，随后进行了炉体解剖研究，确认使用部分氢作为还原剂的氢还原炼铁法可使 CO_2 排放量降低并接近期望的减排目标。

除此之外，COURSE50 项目还利用氢气还原铁矿石，并且结合 VPSA 技术和 CO_2 收集和储存技术（CCS）分离高炉煤气，采用一种新的焦炉煤气氢分离技术，以及高炉煤气净化技术，达到综合减排的效果。具体流程如图 6-2 所示。

在该项技术的基础上 Tatsuya KON、Moritoshi MIZUTAN 研究了富氢气氛下铁矿石的还原行为，对不同富氢氛围下的含铁矿物的还原过程、铁矿石的矿相变化以及气流状况进行了验证和分析，发现富氢条件下能够提高含铁矿物的还原度，改善含铁矿物的矿相生成状况，并且能够极大地减少 CO_2 的排放。

另外，蒂森克虏伯集团与液化空气公司合作，计划到 2050 年投资 100 亿欧元，开展"以氢代煤"高炉冶炼项目[7]。2018 年 11 月 11 日，蒂森克虏伯正式

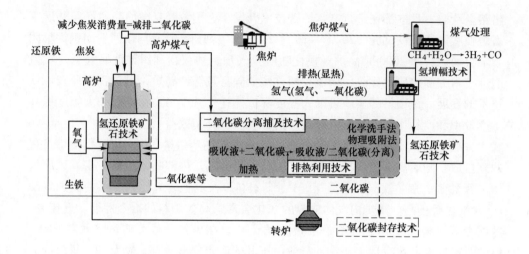

图 6-2　日本 COURSE50 项目流程[5]

将氢气通过一个风口注入杜伊斯堡 9 号高炉，开始进行氢气炼铁试验。若进展顺利，蒂森克虏伯计划逐步将氢气使用范围扩展到该高炉全部 28 个风口。此外，蒂森克虏伯还计划从 2022 年开始，在该地区其他 3 座高炉使用氢气部分代替煤进行冶炼，从而降低钢铁生产的 CO_2 排放，预计降幅可高达 20%。此外，液化空气公司将通过其位于莱茵-鲁尔区全长 200km 的管道确保氢气的稳定供应。

　　以上这些节能减排技术以及新型高炉技术的开发，大多使用 H_2 或者富氢燃料代替或者部分代替高炉中的煤和焦炭等还原剂，对高炉含铁炉料进行还原，进而实现 CO_2 减排，节约不可再生资源的，达到高产节能。在全球碳排放政策的制约和限制下，这些低碳技术和工艺的推广和实行是保证钢铁行业长久可持续发展，以及绿色发展的有效途径。

6.2　氢气在高炉内反应的热力学

　　热力学和动力学的研究有助于更好地解释富氢条件下含铁矿物还原过程的矿相演变和形成机理。研究表明，铁矿石还原的过程一般是分级进行的，并且在 843K 前后的反应温度下的还原状况是不相同的。

　　当反应温度 $T>843K$ 时，该温度下铁氧化物的还原顺序为 $Fe_2O_3 \rightarrow Fe_3O_4 > FeO > Fe$；当反应温度 T 约为 843K 时，铁氧化物的还原顺序则变为 $Fe_2O_3 \rightarrow Fe_3O_4 > Fe$。不同温度下两个顺序的共同点是 Fe_2O_3 首先都必须先还原成 Fe_3O_4（黑色，有铁磁性）；两个顺序的区别是，由于低于 843K 时 Fe_2O_3 不及 Fe_3O_4 稳定，所以先生成 Fe_3O_4，再通过 CO，不经过 FeO 阶段直接还原成 Fe。而 $T>843K$，Fe_3O_4 需先还原成 FeO，再由 FeO 还原成 Fe[8]。由于还原过程是由高价氧化物到低价氧化物甚至单质元素的一个转变过程，因此随着反应进程的推进，越往后期还原反应就会变得越困难。

6.2.1　热力学分析

根据还原热力学基本方程式：

$$\Delta G_m = \Delta G_m^{\ominus} + RT\ln Q \qquad (6\text{-}1)$$

式中　　ΔG_m——反应产物与反应物的自由能的差；

　　　　$\Delta G_m^{\ominus}$——反应在标准态时产物与反应物的自由能的差。

在标准态条件下，$\Delta G_m = 0$ 时有：

$$\Delta G_m^{\ominus} = -RT\ln Q = -RT\ln K \qquad (6\text{-}2)$$

其中，则可以得到：

$$-\frac{\Delta G_m^{\ominus}}{RT} = \ln\frac{p(CO_2)}{p(CO)} \quad \text{或} \quad \ln\frac{p(H_2O)}{p(H_2)} \qquad (6\text{-}3)$$

此时，

$$\eta = \frac{p(CO_2)}{p(CO) + p(CO_2)} \quad \text{或} \quad \ln\frac{p(H_2O)}{p(H_2) + p(H_2O)} = \frac{K}{1+K} \qquad (6\text{-}4)$$

式中　　$\Delta G_m^{\ominus}$——标准摩尔吉布斯自由能，J/mol；

　　　　T——温度，K；

　　　　R——理想气体常数；

　　　　p——气体分压，Pa；

　　　　η——利用率。

6.2.2　还原热力学

所谓氢冶金，即在还原冶炼过程中主要用气体氢作还原剂，最终产物是水，实现二氧化碳零排放。可见，实现氢冶金发展方式，是钢铁工业发展低碳经济的最佳选择。此外，该还原反应是分层进行的，从颗粒的外层向内层进行。即过程中外层的还原程度高，每一个被还原出来的新相形成一层，包围着原来的高价氧化物。某时刻，当颗粒外表面已是金属铁时，内部的各层还是各种氧化程度的氧化物，如 FeO、Fe_3O_4，最内层可能还是 Fe_2O_3。由此可知，用细分散的 Fe_2O_3 还原可大大加速还原过程，这不仅由于颗粒的比表面大，而且还缩短了还原性气体和产物气体的扩散时间。

用 CO 还原比用 H_2 还原难进行，需要的温度比用 HB（加湿鼓风）还原的温度要高。这是由于 H_2 分子可被氧化物表面晶格拉伸、分裂成活性高的 H 原子。而 CO 分子中 C 原子与 O 原子间存在三重键，不可能被金属氧化物表面晶格完全拉开，需要较高温度才能拉长、削弱 CO 的化学键。

6.2.2.1 CO 还原热力学

热力学计算主要采用 FactSage 软件进行计算、绘图，并利用 Origin 软件进行曲线的标注和绘制，具体过程如下。

CO 还原过程中主要发生以下几个反应：

$$3Fe_2O_3 + CO \rightleftharpoons 3Fe_3O_4(s) + CO_2 \tag{6-5}$$
$$\Delta_r G_m^\ominus = -41.00T - 53131, \lg K = 2726/T + 2.144$$

$$Fe_2O_3(s) + 3CO \rightleftharpoons 2Fe(s) + 3CO_2 \tag{6-6}$$
$$\Delta_r G_m^\ominus = -40.16T - 35380, \lg K = -1373/T - 0.341\lg T + 0.41 - 10^{-3}T + 2.303$$

$$\frac{1}{4}Fe_3O_4(s) + CO \rightleftharpoons \frac{3}{4}Fe(s) + CO_2 \tag{6-7}$$
$$\Delta_r G_m^\ominus = 8.58T - 9382, \lg K = -2426/T - 0.99T$$

$$FeO + CO \rightleftharpoons Fe + CO_2 \tag{6-8}$$
$$\Delta_r G_m^\ominus = 24.60T - 22800, \lg K = 688/T - 0.9$$

根据式（6-3）与式（6-4）以及化学反应方程式（6-5）~式（6-8），可以做出如图 6-3 所示不同温度下 CO 还原铁氧化物的平衡相图。

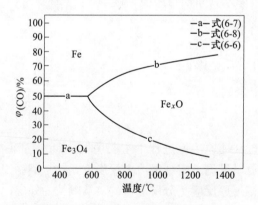

图 6-3　CO 还原铁氧化物的平衡相图

由图 6-4、图 6-3 可以看到，化学方程式（6-6）~式（6-8）的热力学反应温度分别为 881K、1093K、927K。随着温度的升高，式（6-6）所需的吉布斯自由能降低，式（6-7）和式（6-8）所需的吉布斯自由能升高。结合 CO 还原平衡相图可以得出反应式（6-6）在 881K 后随温度的升高转化率增大，式（6-7）与式（6-8）在 1093K 和 927K 之前反应能够正向进行。由 CO 还原铁氧化物平衡相图可以看到，式（6-5）大部分反应在初期基本已经完成转换，转换为 Fe_3O_4 的吉布斯自由能远远低于其他反应的吉布斯自由能。

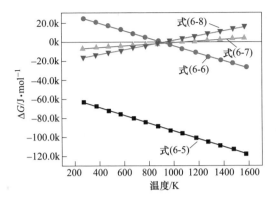

图 6-4　CO 还原铁氧化物 ΔG 时随温度的变化规律

6.2.2.2　H_2 还原热力学

$$3Fe_2O_3 + H_2 \Longrightarrow 2Fe_3O_4 + H_2O \tag{6-9}$$

$$\Delta_r G_m^\ominus = -111.42T - 41425, \lg K = -131/T + 4.42$$

$$Fe_3O_4 + H_2 \Longrightarrow 3FeO + H_2O \tag{6-10}$$

$$\Delta_r G_m^\ominus = -69.16T - 66105, \lg K = -3410/T + 3.61$$

$$\frac{1}{4}FeO + H_2 \Longrightarrow \frac{3}{4}Fe + H_2O \tag{6-11}$$

$$\Delta_r G_m^\ominus = -25.94T + 29700, \lg K = -3110/T + 2.72T$$

$$FeO + H_2 \Longrightarrow Fe + H_2O \tag{6-12}$$

$$\Delta_r G_m^\ominus = -11.6T + 17580, \lg K = -1225/T + 0.845$$

同理，由图 6-5、图 6-6 可以看到，化学方程式（6-10）～式（6-12）的热力学反应温度分别为 950K、1145K 和 1515K。随着温度的升高，式（6-10）～式（6-12）所需的吉布斯自由能降低。并且 H_2 的还原情况为，在温度 $T>843K$

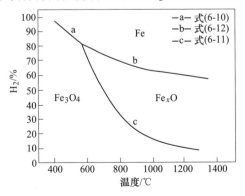

图 6-5　H_2 还原铁氧化物的平衡相图

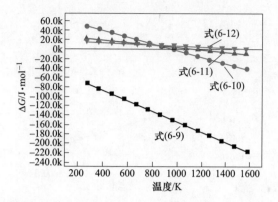

图 6-6 H_2 还原铁氧化物 ΔG 时随温度的变化规律

时铁氧化物的还原顺序依次为 $Fe_2O_3 \rightarrow Fe_3O_4 \rightarrow FeO \rightarrow Fe$；在温度 $T < 843K$ 时铁氧化物的还原顺序依次为 $Fe_2O_3 \rightarrow Fe_3O_4 \rightarrow Fe$，由此绘制 H_2 还原氧化铁的平衡图，如图 6-5 所示。而且在还原过程中，H_2 平衡图在高温时向右下倾斜，说明 H_2 在温度较高时还原性能更强。

6.2.3 H_2 和 CO 耦合反应的热力学

还原气体中如果同时存在 CO 和 H_2，在进行还原的同时两种还原气体之间同样也会发生水煤气反应和析碳反应。图 6-7 所示为析碳反应和水煤气反应平衡相图。

$$CO_2 + H_2 \Longrightarrow CO + H_2O \tag{6-13}$$

$$\Delta_r G_m^\ominus = -26.8T + 29490, \lg K = 1951/T - 1.469$$

$$2CO \Longrightarrow CO_2 + C(s) \tag{6-14}$$

$$\Delta_r G_m^\ominus = 174.47T - 166550, \lg K = 8698.5/T - 8.931$$

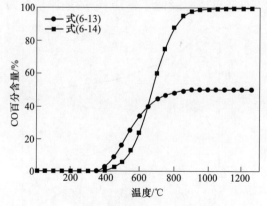

图 6-7 析碳反应和水煤气反应平衡相图

还原反应发生的同时还原气体 CO 与 H_2 之间还会发生水煤气反应，并且在混合还原气占比不同情况下会产生不同反应：同一温度下，当 H_2 小于 CO 含量时水煤气会同时消耗 H_2 与 CO，并且部分 CO 有可能发生式（6-14）的析碳反应，还原反应主要依靠 CO 还原；当 H_2 大于 CO 含量时，由于 H_2O 比 CO_2 稳定，水煤气反应会正向进行，促进 CO 的还原，还原反应受到 CO 和 H_2 同时控制。因此，也会造成几种不同结果：CO 控制还原、H_2+CO 混合控制还原以及 H_2 控制还原。

由图 6-8 可以看到，混合还原气情况下反应的平衡相图显示水煤气反应式（6-13）和反应式（6-6）和式（6-11）交于 T_c 和 T_d 两点，析碳反应式（6-14）交于式（6-11）和式（6-12）于 T_a 和 T_b 两点。此时，$T<T_d$ 时还原反应由 CO 控制，$T_d<T<T_c$ 时还原反应由 CO 和 H_2 混合控制，$T>T_d$ 时还原反应由 H_2 控制；$T<T_d$ 时还原反应为 CO 还原 Fe_2O_3 转化为 Fe_3O_4 的过程，$T_a<T<T_b$ 主要为 CO 还原 Fe_2O_3 转化为 Fe_xO 的过程，$T>T_b$ 时还原反应为 CO 还原 Fe_2O_3 转化为 Fe 的过程。

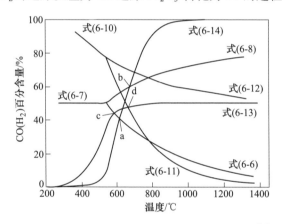

图 6-8　CO+H_2 混合还原气氛下的反应平衡相图[9]

6.2.4　不同 H_2-CO 配比时还原氧化铁的热力学行为

还原气体和温度的组成决定了在热力学条件下的最大气体利用率。通过热力学计算可获得最大的气体利用率，但是必须依靠足够的动力学条件才能使实际的气体利用率接近该最大值。

6.2.4.1　H_2 的添加量对铁氧化物还原行为的影响

随着 H_2 的增加，球团的质量损失增大，结果如图 6-9 所示。在减重的初始阶段质量损失明显，而在减重的后期质量损失缓慢。对 700℃不同气氛下球团的相组成进行 XRD 分析，结果如图 6-10 所示。在 700℃时，金属铁是主要析出相，

同时还有 $Fe_{0.9}Si_{0.1}$、$Al_{0.7}Fe_3Si_{0.3}$、$MgFe_2O_4$ 和 $Fe_{2.95}Si_{0.05}O_4$。随着 H_2 的增加，还原性球团产物强度峰值增强，但 Fe_3O_4 和 FeO 减小甚至消失，这说明 H_2 的加入促进了球团还原。

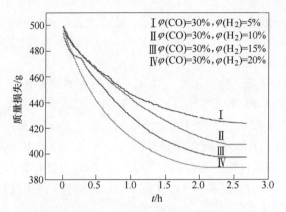

图 6-9　添加 H_2 对球团质量损失的影响[10]

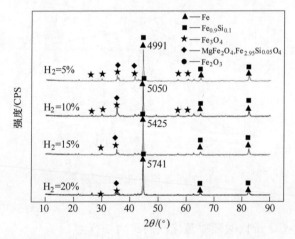

图 6-10　700℃下不同 H_2 含量还原球团后的 XRD 图谱[10]

图 6-11（a）和（c）所示分别为 700℃ 和 900℃ 时球团还原度和还原时间的关系。采用试错法拟合对数函数，得到了一阶反应来描述还原度与还原时间的关系。通过求解一阶还原度微分方程计算还原率，结果分别如图 6-11（b）、（d）、（f）所示。

从图 6-11 可以看出，在还原的初始阶段，还原速率很快，还原程度迅速增加，后期由于产物层的阻力变厚，还原程度变得不那么明显。H_2 的加入对反应程度有积极的影响。从图 6-11（a）和（b）可以看出，30% CO+20% H_2 处理

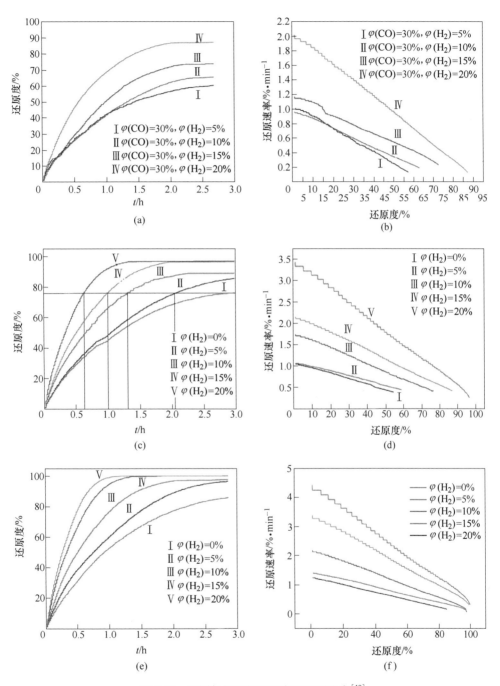

图 6-11 不同气氛下的还原度和还原速率[10]

（a）还原度，700℃；（b）还原速率，700℃；（c）还原度，900℃；

（d）还原速率，900℃；（e）还原度，1000℃；（f）还原速率，1000℃

2.5h 后，还原度可达 87.32%，而 30% CO+5% H_2 时还原度仅为 60.41%，还原速率约为后者的 2 倍。结果证明，即使温度低于 847℃，氢气还是比 CO 更为有效的还原气体，这是因为 H_2 的分子大小小于 CO，并且 H_2 在固体中的扩散系数大于 CO 扩散系数的 3 倍。

由图 6-11（c）可以看出，还原率随着 900℃下 H_2 含量的增加而显著增加。即当 H_2 的添加量分别为 0%、5%、10%、15% 和 20% 时，达到还原程度的时间为 3h、2.05h、1.30h、0.98h 和 0.63h。同时，随着 H_2 的增加，对还原率的影响也有所不同。如图 6-11（b）、（d）和（f）所示，当 H_2 含量小于 5% 时，H_2 含量对还原率的影响较弱。在 700℃ 和 900℃ 时，H_2 从 15% 增至 20% 时，还原率的增加最为明显。对于 1000℃，随着 H_2 含量从 10% 增加到 15%，对还原率的增加产生的影响要比从 15% 增加到 20% 的影响更大，这可以说明 H_2 含量高于 15% 时，已不再是决定速率的因素，因此注气高炉中的 H_2 含量应低于 15%。

6.2.4.2　温度对铁氧化物还原行为的影响

图 6-12 将不同温度下颗粒还原的等温线分组。温度从 700℃ 升高到 1000℃，还原速度加快。从图 6-12（b）可以看出，当 H_2 含量为 5% 时，随温度的升高对

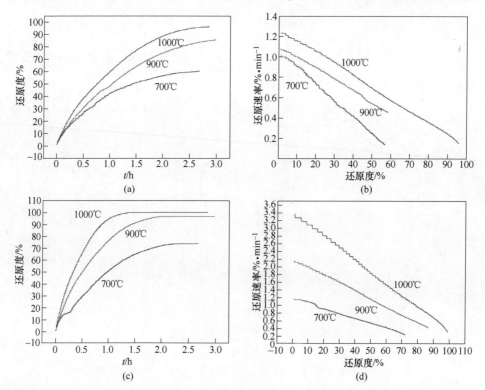

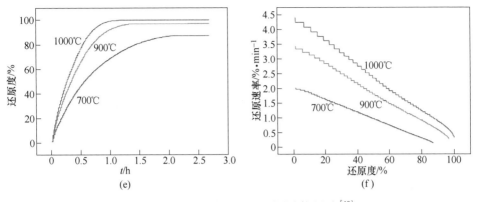

(e) (f)

图 6-12 不同温度下的还原度和还原速率[10]

（a）还原度，30%CO+5%H_2；（b）还原速率，30%CO+5%H_2；（c）还原度，30%CO+15%H_2；

（d）还原速率，30%CO+15%H_2；（e）还原度，30%CO+20%H_2；（f）还原速率，30%CO+20%H_2

还原速率的影响很小，可以推断出当 H_2 含量低于5%时温度不是还原反应的限制因素，注气高炉中的 H_2 含量应大于5%。当 H_2 含量为20%时，在900~1000℃的温度下还原度接近，还原速率缓慢增加，可以推断 H_2 含量不再是20%以上还原反应的限制因素，因此，注气高炉中的 H_2 含量应低于20%。

在不同温度下，30%CO+10% H_2 还原样品的 XRD 谱图如图 6-13 所示。在 700℃时，球团主要由含少量 Fe_3O_4、FeO、$Fe_{0.9}Si_{0.1}$、$Al_{0.7}Fe_3Si_{0.3}$、$MgFe_2O_4$ 和 $Fe_{2.95}Si_{0.05}O_4$ 的金属铁组成，而在 900℃时，Fe_3O_4 和 FeO 逐渐减弱，甚至消失。当温度升至 1000℃时，$MgFe_2O_4$ 和 Mg_2SiO_4 的衍射峰明显减弱，这反映了铁氧化物先还原，$MgFe_2O_4$ 和 Mg_2SiO_4 再还原。还原后，在 1000℃下，铁氧化物几乎被 30%CO+10%H_2 还原。

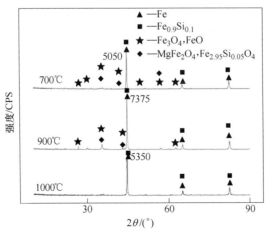

图 6-13 不同温度下 H_2 =10%还原样品的 XRD 谱图[10]

6.3 氢气在高炉内的反应动力学

6.3.1 动力学分析

众所周知，H_2 和 CO 还原含铁炉料的反应是标准的气-固反应。而固体氧化物与气体还原剂之间的反应是一个复杂的多相反应，并且不同时期还原产物和过程是不一样的，是由多个反应和过程组成。一般分为以下几个过程进行：

（1）含铁矿物周围的还原性气体 $H_2(CO)$ 与含铁矿物表面的气相薄膜接触并向含铁矿物内部扩散；

（2）还原气 $H_2(CO)$ 通过含铁矿物内部还原产物层的气孔或者裂缝进行内扩散，含铁矿物内部的固态离子之间进行扩散；

（3）在含铁矿物内部反应界面上进行气体的吸附脱附、离子交换以及新相的生成和长大；

（4）在各个还原产物层中还原气体还原后的产物 $H_2O(CO_2)$ 向含铁矿物表面扩散。

整个含铁矿物的还原过程中主要由内扩散、界面反应和外扩散三个控制性环节组成。为了研究其还原行为，解释还原过程各相之间的变化过程，需要对还原过程中的动力学进行计算和分析。

6.3.2 高炉内氢气还原铁氧化物的机理

当还原剂为 H_2 时，H_2 会在扩散的过程中与铁氧化物表面的活性位发生电离过程，H_2 分子转变为 H^+ 和 2e。而此时的 H^+ 与铁氧化物表面的 O^{2-} 互相结合生成 H_2O，游离的电子先后与 Fe^{3+} 和 Fe^{2+} 结合生成 Fe^{2+} 和单质 Fe。其主要过程如图 6-14 所示。

从图 6-14 可以看出，富氢还原条件下，H_2 最先和铁矿石内部的赤铁矿反应，与赤铁矿（Fe_2O_3）三方晶系六方晶格上的活性位点接触，转变为等轴晶系立方晶格的磁铁矿（Fe_3O_4）和等轴晶系面心立方晶格结构的浮氏体 FeO；并且随着 H_2 含量的增加，铁矿石上反应界面增大，还原反应加剧，磁铁矿（Fe_3O_4）和浮氏体 FeO 相开始转变为 Fe 相，反应过程中产生大量的水蒸气。

6.3.3 氢气还原动力学计算

一般作为气固反应模型，还原动力学模型是以模型反应速率和 Arhenius 方程为基础进行建立的。即：

$$\frac{\mathrm{d}\alpha}{\mathrm{d}t} = A\exp[-E/(RT)]f(\alpha) \tag{6-15}$$

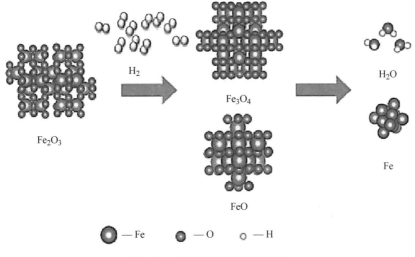

图 6-14 氢气还原铁氧化物机理

式中　A——指前因子，s^{-1}；

　　　E——反应表观活化能，kJ/mol；

　　　R——气体常数，一般为 8.314kJ/mol；

　　　T——反应时的温度，K；

　　　A——还原度，一般 $\alpha=(W_0-W_t)/(W_0-W_f)$，$W_0$、$W_t$、$W_f$ 分别指的是原始、t 时刻以及完全反应后的质量。

对上式进行积分可得：

$$g(\alpha)=A\int_0^t \exp[-E/(RT)]\mathrm{d}t \tag{6-16}$$

因此，$g(\alpha)$ 和 $f(\alpha)$ 两个动力学参数见表 6-1。

表 6-1　不同的动力学参数 $g(\alpha)$ 以及对应 $f(\alpha)$

动力学模型	表示符号	不同的 $g(\alpha)$ 函数	不同的 $f(\alpha)$ 函数
幂次定律（n=1，2，3，4）	P_n	—	$n\alpha^{1-1/n}$
N 次方反应（n=1，2，3）	F_n	—	$(1-\alpha)^n$
形核和生长（n=1.5，2，2.5，3，4）	A_n	$[-\ln(1-\alpha)]^{1/n}$	$n(1-\alpha)[-\ln(1-\alpha)]^{1-1/n}$
成核反应	A_1	$-\ln(1-\alpha)$	$1-\alpha$
相界面反应控制	R_n	$n[1-(1-\alpha)^{1/n}]$	$(1-\alpha)^n/(1-n)$
一维扩散	D_1	α^2	$1/2\alpha$
二维扩散	D_2	$\alpha+(1-\alpha)\ln(1-\alpha)$	$-1/\ln(1-\alpha)$
三维扩散（詹德方程）	D_3	$[1-(1-\alpha)^{1/3}]^2$	$1.5[1-(1-\alpha)^{1/3}]^{-1.5}(1-\alpha)^{2/3}$
三维扩散（Ginstling-Brounshteinn）	D_4	$1-2\alpha/3-(1-\alpha)^{2/3}$	$1.5[(1-\alpha)^{1/3}-1]^{-1}$

又对于反应速率常数 k 有：

$$k = A\exp[-E/(RT)] \tag{6-17}$$

两边同时取对数，则

$$\ln k = \ln A - \frac{E}{RT} \tag{6-18}$$

对于高炉含铁炉料来说，块矿和球团矿结构相对致密，内部结构比较紧凑；烧结矿内部孔隙率高，存在有大大小小不同的孔结构；并且这些含铁矿物在还原反应过程中往往是由多个反应过程依次衔接组成，而每个反应过程中的控制反应往往又是一个或者多个反应过程同时进行，因此针对不同的反应作用机理需建立多个反应模型，如未反应核模型、体积反应模型、随机孔反应模型等。由表6-1不同机理函数对应的气固相的反应模型如下。

6.3.3.1 体积反应模型

体积反应模型一般假设还原反应发生在含铁矿物内部，并且整个反应物颗粒大小在反应过程中保持不变，某一位置的反应速率受到该处气固相成分以及温度的限制。其主要的反应方程式如下：

$$\frac{\mathrm{d}\alpha}{\mathrm{d}t} = k_{VM}(1 - \alpha) \tag{6-19}$$

式中　k_{VM}——体积速率常数；

　　　　α——转化率。

6.3.3.2 收缩未反应核模型

收缩未反应核模型一般指的是固相反应物结构较为致密，随着反应的进行，化学反应过程由固体表面逐渐向核心发展，且反应过程中化学反应速率与气体扩散率互相制约，反应层与产物层分隔明显且存在清楚的分界。该反应是一个反应层和产物层由外向内的收缩和扩张的过程，主要方程式如下：

$$\frac{\mathrm{d}\alpha}{\mathrm{d}t} = k_{URCM}(1 - \alpha)^{2/3} \tag{6-20}$$

式中　k_{URCM}——收缩未反应速率常数；

　　　　α——转化率。

6.3.3.3 随机孔反应模型

随机孔模型主要认为反应物固体颗粒内部存在着大大小小的并且呈现出规律性分布的孔洞结构。在还原反应过程中含铁矿物随着反应气体的增多出现了孔隙结构的破碎和重建，改变了反应过程中的比表面积，导致反应过程中的反应速率下降和改变。具体方程式如下：

$$\frac{\mathrm{d}\alpha}{\mathrm{d}t} = k_{\mathrm{RPM}}(1-\alpha)\sqrt{1-\Psi\ln(1-\alpha)} \tag{6-21}$$

式中　k_{RPM}——收缩未反应速率常数；

　　　α——转化率；

　　　Ψ——结构参数。

其中

$$\Psi = \frac{4\pi L_0(1-\varepsilon_0)}{S_0^2}$$

式中　S_0——$t=0$ 时，颗粒比表面积；

　　　L_0——$t=0$ 时，颗粒单位体积长度；

　　　ε_0——$t=0$ 时，颗粒孔隙率。

根据式（6-19）~式（6-21）三种不同的反应动力学模型，并对不同含铁炉料在氢气氛围下反应速率（$\mathrm{d}\alpha/\mathrm{d}t$）与转换率（$\alpha$）的数据进行线性拟合，以探究这两者之间的关系。具体炉料的还原曲线以及拟合数据曲线如图 6-15 所示。表 6-2 给出含铁炉料对应三种模型的反应动力学参数。

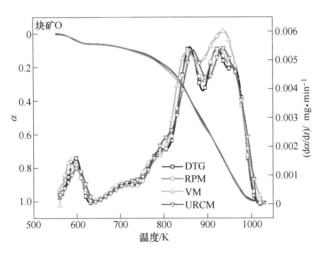

图 6-15　块矿 O 反应速率（$\mathrm{d}\alpha/\mathrm{d}t$）与转换率（$\alpha$）的关系

表 6-2　含铁炉料对应三种模型的反应动力学参数

含铁炉料	$\beta/$ ℃·min^{-1}	VM			RPM			URCM			
		E /kJ·mol^{-1}	$A/\min^{-1}$	R^2	E /kJ·mol^{-1}	$A/\min^{-1}$	R^2	E /kJ·mol^{-1}	$A/\min^{-1}$	ψ	R^2
块矿	10	12.714	3.92× 10^7	0.996	4.776	19.286	0.999	9.030	2.31× 10^4	83.284	0.991

含铁炉料	$\beta/$ $^{\circ}C \cdot min^{-1}$	VM			RPM			URCM			
		E $/kJ \cdot mol^{-1}$	A/min^{-1}	R^2	E $/kJ \cdot mol^{-1}$	A/min^{-1}	R^2	E $/kJ \cdot mol^{-1}$	A/min^{-1}	ψ	R^2
球团矿	10	24.188	6.91×10^9	0.996	11.633	-202.268	0.999	20.612	1.69×10^8	74.672	0.987
烧结矿	10	24.287	9.31×10^9	0.986	15.178	9.79×10^5	0.990	20.413	6.48×10^8	3.18×10^5	0.977

由图 6-15 可以看到，等温反应时块矿 O 在富氢条件下，由实验值和计算值的转换率随温度变化的关系曲线可以看到，RPM 模型的拟合结果比 VM 和 URCM 模型更贴近实验值及其还原过程，反应过程更符合随机孔 RPM 的反应机理模型，而且可以看到在 550K 就开始进行反应，620~800K 经过一个缓慢的爬升期后快速反应，在 800~1000K 时反应结束。这主要是由于氢气小分子结构的原因。尽管块矿的结构相对球团和烧结矿来说比较致密，但是相比于 CO 而言，氢气更容易扩散到块矿内部从而快速进行反应。反应开始时期，H_2 开始进入还原反应加剧；随着温度的增加反应外层形成还原金属壳限制反应的进一步进行，随着温度的进一步增加 H_2 还原达到其热力学反应温度，速率进一步加快，还原效率进行的更加彻底。

由图 6-16 可以看到，相同反应温度下球团 P 在富氢还原时，实验值和计算值的转换率随温度变化的关系曲线同样显示出 RPM 模型的拟合结果比 VM 和 URCM 模型更贴近实验值及其还原过程。由于球团矿相比块矿而言为类致密结构，富氢还原更加容易进行，反应过程的限制作用主要为球团品位较高，在富氢强还原气氛下容易形成金属壳导致还原速率减慢。

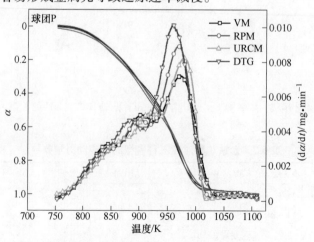

图 6-16　球团矿 P 反应速率（$d\alpha/dt$）与转换率（α）的关系

结合图 6-15~图 6-17，将还原过程中的动力学参数以及拟合实验值与模型之间的均方差数值进行计算，得到表 6-2 和表 6-3。通过对比相同温度下实验值与动力学模型计算得到的活化能等相关参数可以看到，同一温度下，块矿 O 的活化能为 4.776kJ/mol；球团矿 P 的活化能为 11.633kJ/mol；烧结矿 S 的活化能为 15.178kJ/mol。相比而言，块矿 O、球团矿 P 以及烧结矿 S 对应的活化能 E 都是随机孔模型 RPM 下的最低。同时 RPM 模型拟合计算出的动力学参数显示，拟合过程中得到的动力学参数的相关系数 R^2 最高，其中块矿 O 和球团矿 P 的相关系数高达 0.999，烧结矿 S 的也达到了 0.990；并且表 6-3 显示的拟合模型的动力学曲线的均方误差 RMSE 的波动范围也是最小的。这也就意味着含铁炉料富氢还原更符合随机孔反应模型。这也进一步说明了 H_2 还原的小分子优势和强还原的能力，相比 CO 而言，H_2 在进入铁矿石内部的同时能够快速沿着矿石内部的孔洞和缝隙到达内部，实现多活性位点快速反应。

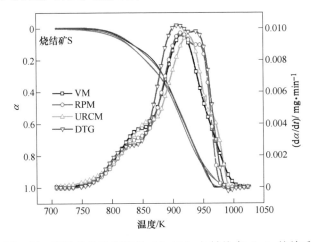

图 6-17 烧结矿 S 反应速率（$d\alpha/dt$）与转换率（α）的关系

表 6-3 含铁炉料对应三种模型的反应动力学参数均方误差 （%）

β /℃·min^{-1}	RMSE（块矿 O）			RMSE（球团矿 P）			RMSE（烧结矿 S）		
	VM	RPM	URCM	VM	RPM	URCM	VM	RPM	URCM
10	0.007	0.005	0.030	0.027	0.010	0.046	0.076	0.049	0.061

6.3.4 H_2-CO 混合气体还原铁氧化物动力学模型

铁氧化物还原动力学模型的建立对于了解高炉内铁氧化物还原过程的动力学具有重要的意义，有助于提高高炉内铁氧化物的还原效率，提高高炉煤气的利用率。对于 H_2 或 CO 还原铁氧化物的动力学模型已经得有大量研究，但 H_2-CO 混合物还原铁氧化物的动力学模型还很有限。此外，还对 H_2-CO 混合物还原铁氧化物的动力学进行了数学模拟和预测。K. Piotrowski 基于 Johnson-Mehl-Avrami-Erofe′ev 方程研究了赤铁矿（Fe_2O_3）转化为方铁矿（FeO）的动力学。发现这个反应过程的初始阶段可以被解释为一个两相边界控制的反应。为了探索高炉煤气还原机理，确定最佳 H_2 添加量，它们在高炉煤气还原动力学未反应缩核模型理论的基础上，建立了高炉煤气还原动力学模型。该动力学模型还考虑了水气转换反应。

570℃以上高炉还原氧化铁过程中相继发生一系列反应：$Fe_2O_3 \rightarrow Fe_3O_4 \rightarrow FeO \rightarrow Fe$。其中，$Fe_2O_3 \rightarrow Fe_3O_4$ 和 $Fe_3O_4 \rightarrow FeO$ 的转换过程比 $FeO \rightarrow Fe$ 更容易。因此，在动力学分析中可以忽略前两个反应。此外，除还原铁氧化物外，还会发生水煤气变换反应，这将限制喷吹高炉煤气的利用。气体混合物与水煤气反应中 FeO 的还原可表示为：

$$FeO + CO \Longrightarrow Fe + CO_2, \ \ln K_{CO}^{\ominus} = 1.94 - 2818.14/T \tag{6-22}$$

$$FeO + H_2 \Longrightarrow Fe + H_2O, \ \ln K_{H_2}^{\ominus} = -2.92 + 2742.36/T \tag{6-23}$$

$$CO + H_2O \Longrightarrow CO_2 + H_2, \ \ln K_w = -4.03 + 4492.75/T \tag{6-24}$$

K'在式（6-22）和式（6-23）的气体混合物中可以表示为：

$$K' = \varphi_{H_2} K_{H_2}^{\ominus} + \varphi_{CO} K_{CO}^{\ominus} \tag{6-25}$$

式中　φ_{H_2}，φ_{CO}——分别为 H_2 和 CO 的摩尔分数。

界面反应动力学模型中 FeO 还原平衡常数（$K^{\ominus}$）为最小的 K'和 K_w，其表达式如下：

$$K^{\ominus} = \min(K', K_w) \tag{6-26}$$

不同还原条件下的 $K^{\ominus}$可由式（6-26）得到，结果见表6-4。

表 6-4　不同还原条件下的 $K^{\ominus}$

$T/℃$	30%CO+0%H_2	30%CO+5%H_2	30%CO+10%H_2	30%CO+15%H_2	30%CO+20%H_2
700	0.27	0.27	0.31	0.33	0.35
900	0.17	0.20	0.20	0.26	0.29
1000	0.14	0.14	0.18	0.25	0.28

添加 H_2 对铁氧化物还原动力学的影响可通过尺寸不变的收缩核模型进行分析，动力学方程及其积分形式如下：

$$\frac{dR}{dt} = \frac{3(c^0 - c^*)}{\left\{ \dfrac{1}{k_g} + \dfrac{r_0}{D_{eff}} \left[(1-R)^{-\frac{1}{3}} - 1 \right] + \dfrac{K^{\ominus}}{K_{rea+}(1+K^{\ominus})} (1-R)^{-\frac{2}{3}} \right\} (r_0 \rho_0)}$$

$$\tag{6-27}$$

$$t = \frac{\rho_0 r_0}{c^0 - c^*} \left\{ \frac{R}{3k_g} + \frac{r_0}{D_{eff}} \left[1 - 3(1-R)^{\frac{2}{3}} + 2(1-R) \right] + \right.$$

$$\left. \frac{K^{\ominus}}{K_{rea+}(1+K^{\ominus})} \times \left[1 - (1-R)^{\frac{1}{3}} \right] \right\} \tag{6-28}$$

式中 R——球团还原程度；

      t——还原时间；

   D_{eff}——有效扩散系数；

   k_g——气体边界层传质系数；

   $K^{\ominus}$——平衡常数；

   r_0——球团的特征初始半径；

   ρ_0——球团中的氧浓度；

$c^0 - c^*$——还原性气体的浓度梯度。

在反应过程中，气体流量为 7.32cm/s。当气体流量大于 5cm/s 时，外扩散的影响可以忽略不计。因此，我们认为反应速率可能由三种机制控制：（1）本征界面化学反应（式（6-29））；（2）扩散过程包括反应物和产物气体通过固体产物层的内部扩散（式（6-30）），由式（6-29）、式（6-30）推出式（6-31）。

$$t = k_1 \left[1 - (1 - R)^{\frac{1}{3}} \right] \tag{6-29}$$

式中，
$$k_1 = \frac{K^{\ominus}}{k_{rea}(1 + K^{\ominus})} \times \frac{\rho_{B1} r_0}{c^0 - c^*}$$

$$t = k_2 \left[1 - 3(1 - R)^{\frac{2}{3}} + 2(1 - R) \right] \tag{6-30}$$

式中，
$$k_2 = \frac{\rho_o r_0^2}{6 D_{eff}(c^0 - c^*)}$$

$$\frac{t}{\left[1 - (1 - R) \right]^{\frac{1}{3}}} = k_1 + k_2 \left[1 + (1 - R)^{\frac{1}{3}} + 2(1 - R)^{\frac{2}{3}} \right] \tag{6-31}$$

通过拟合各种动力学函数（式（6-29）~式（6-31）），可以得到还原速率的控制步骤。用实验数据测定的 R^2 值较高，表明线性关系良好。最佳拟合模型可进一步推导出动力学参数 k 和 D_{eff}。图 6-18 所示分别为 30%CO+10% H_2 下不同温度时界面化学反应控制和产物层扩散控制的实验结果。

从图 6-18 可以看出，还原温度对还原机理有显著影响。图 6-18（a）中两条曲线的 R^2 值很接近（0.987 和 0.990），因此，700℃下，界面化学反应和内部扩散均不被认为是速率控制步骤。相比之下，在 700℃下，在全部还原条件下，假设反应和内扩散的混合控制得到了较高的线性度。另外，在 900℃时两条曲线有明显的交点（图 6-18（b））。在 1.75h 内，化学控制曲线比扩散控制曲线线性度高，混合模型与实验数据吻合较好。这些结果表明，还原速率在还原初期由界面化学反应控制，在还原后期由混合模型控制。然而，在 1000℃时，很容易观察到样品的还原是由界面化学反应控制的。结果表明，动力学可以用收缩核模型来解释，随着温度的升高，速率控制步骤将由混合模型转变为化学反应。

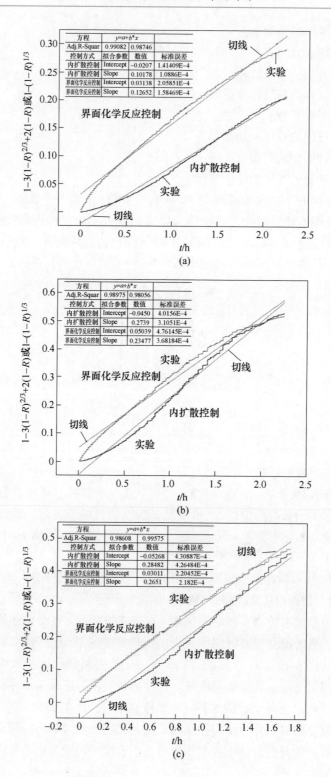

(a)

(b)

(c)

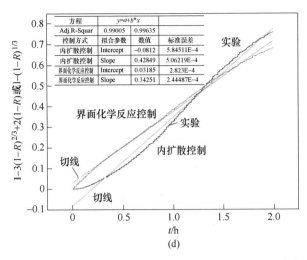

图 6-18 根据不同温度下收缩核模型确定的反应模型[11]

(a) 700℃；(b) 900℃小于 2.25h；(c) 900℃小于 1.75h；(d) 1000℃

此外，这些控制线的斜率表示了不同温度下的表观还原速率常数。如图 6-18 所示，700℃、900℃和1000℃时，扩散控制线的斜率分别为 0.10178、0.28482 和 0.42849，化学控制线的斜率分别为 0.12652、0.265 和 0.34251。随着温度的升高，内扩散的表观速率常数比化学反应的表观速率常数增加得更明显。因此，随着温度的升高，速率控制步骤将由混合模型转变为化学反应。

图 6-19 所示分别为 900℃下添加不同 H_2 时界面化学反应控制和内扩散控制的实验结果。

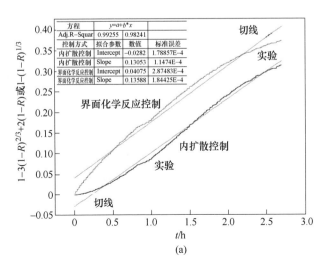

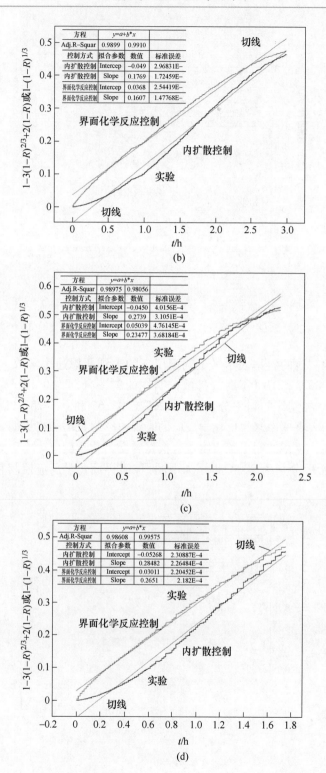

(b)

(c)

(d)

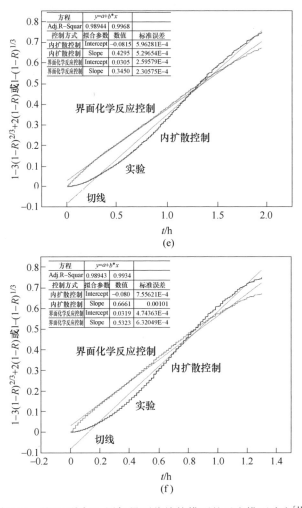

图 6-19 基于不同 H_2 添加量下收缩核模型的反应模型确定[11]

（a）30%CO+0%H_2；（b）30%CO+5%H_2；（c）30%CO+10%H_2，小于 2.25h；
（d）30%CO+10%H_2，小于 1.75h；（e）30%CO+15%H_2；（f）30%CO+20%H_2

从图 6-19 可以看出，H_2 的加入对还原机理有显著影响。类似于温度的影响（图 6-18），随着 H_2 的增加，两条控制曲线之间的差距逐渐变小，当 H_2 添加量大于 10%时，两条控制曲线相交。通过对 R^2 值的比较，可以确定铁氧化物还原的调控步骤。由此得出，当 H_2 添加量低于 10%时，控制反应的步骤应该是混合模型；当 H_2 添加量高于 10%时，控制反应的步骤应该是界面化学反应。H_2 添加量为 10%时，还原机理发生转变（图 6-19（c））。还原速率由 1.75h 内的界面化学反应控制（图 6-19（d）），后期由混合模型控制。

结果表明，在注气高炉中，速率控制步骤将改变从混合模型与 H_2 的增加化学反应模型，推导出从内部扩散的情况下，表观速率常数比化学反应的表观速率常数增加更明显。

不同条件下铁氧化物的速率控制步骤见表6-5。在不添加 H_2 的情况下，还原速率主要由界面反应和内部扩散组成的混合模型控制。而当 H_2 添加量为 5% ~ 20%时，随着温度和 H_2 添加量的增加，从混合控制模型向化学控制模型过渡。900℃时，H_2 在固体中的扩散系数是 CO 扩散系数的 3 倍，随着 H_2 添加量的增加，内部扩散的相对阻力减小。此外，随着温度的升高和气体中 H_2 的加入，还原差的相如 $MgFe_2O_4$ 和 $Fe_xSi_yO_4$ 会更快地生成，导致还原过程中界面化学反应的相对阻力增大。

表 6-5　不同条件下的减速速度控制步骤[11]

$T/℃$	30%CO+0%H_2	30%CO+5%H_2	30%CO+10%H_2	30%CO+15%H_2	30%CO+20%H_2
700	混合模型	混合模型	混合模型 $R \leqslant 85.66\%$ 化学反应	混合模型	混合模型
900	混合模型	混合模型	$R \leqslant 85.66\%$ 化学反应	界面化学反应	界面化学反应
1000	混合模型	界面化学反应	界面化学反应	界面化学反应	界面化学反应

最终根据收缩未反应核模型，确定了降低率的控制步骤。结果表明，当 H_2 添加量为 5% ~ 20%时，随着温度的升高和 H_2 添加量的增加，从混合控制模型向化学控制模型过渡。且随着产品层数的增加，内扩散的相对阻力在减小过程中逐渐增大。同一温度下，随着 H_2 添加量的增加，内部扩散的相对阻力减小。此外，随着温度的升高和气体中 H_2 的加入，还原较差的相 $MgFe_2O_4$ 和 $Fe_xSi_yO_4$ 会更快地生成，导致还原过程中界面化学反应的相对阻力增大。

6.4　富氢对高炉冶炼状态的影响

6.4.1　富氢对高炉温度场及浓度场的影响

6.4.1.1　高炉风口喷氢对高炉温度场的影响

为了模拟风口喷氢对高炉运行的影响，采用了以多相流体动力学、反应动力学和输运现象为基本理论框架的高炉模拟装置[12]。该模拟器由耦合偏微分方程组成，包括气体、带电粒状物质、铁水、液体渣和粉末五相的动量守恒方程、热量守恒方程、化学物质守恒方程和连续性守恒方程。所有的守恒方程都考虑了相间的相互作用，换句话说就是质量、热量和动量的交换。方程组的联立解给出了炉内温度、运动、压力、化学物质浓度、反应速率和反应比率等的分布，以及产量、还原剂速率、煤气利用率等总体操作指标。对水煤气反应和溶液损失反应的反应动力学参数进行了修正，使其适合于氢的高燃烧温度。

图 6-20 所示为加氢后炉内固体温度分布的变化。喷氢过程中，块状带温度水平降低，200 ~ 600℃ 的等温线明显向下移动；相反，软熔带高度变化较小，在 1200 ~ 1400℃ 范围内。因此，随着喷吹氢气的增加，软熔带上方的温度梯度变得更陡。如图 6-21（a）所示，在这种温度分布变化的情况下，顶气温度随喷氢量的增加而降低。如图 6-21（b）所示，随着注氢速率的增加，铁水的产率增加。

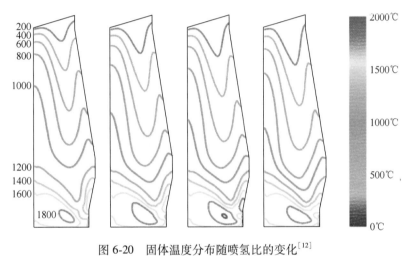

图 6-20 固体温度分布随喷氢比的变化[12]

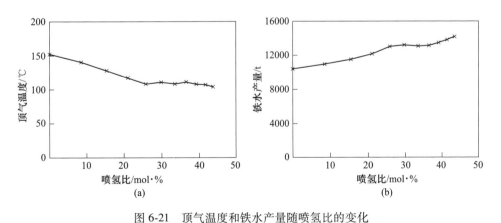

图 6-21 顶气温度和铁水产量随喷氢比的变化

图 6-22 所示为总体还原度分布变化情况。在块状带，随着进氢量的增加，还原度等值线向下移动，特别是等高线 10% 与 20% 之间的面积更大。10% 时对氢

注入速率影响较小，因此 Fe_3O_4 的还原主要受到抑制。这种还原延迟的主要原因是，还原气总浓度随着注氢比的增加而增加，导致烟囱部分温度下降。相反，在高注氢条件下，软熔带上方等高线之间的距离变窄，降低速度加快。

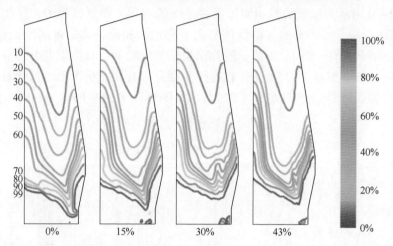

图 6-22　总还原度分布随喷氢比的变化（等高线从 10% 到 90%，间隔 10% 和 99%）[12]

6.4.1.2　高炉喷吹含氢物质的模型以及分析

采用改进的多流体高炉模型，对加湿鼓风（HB）、天然气喷吹（NGI）和废塑料喷吹（PLI）对高炉运行的影响进行了数值分析，并与全焦炭运行进行了比较。对多流体高炉模型的模拟表明，含氢喷吹对高炉内过程变量的分布有很大的影响。在喷氢操作下，炉内温度呈下降趋势，含氢量明显增加[13]。

用多流体高炉模型对高炉操作进行了模拟。表 6-6 所列的鼓风和喷吹条件作为风口入口的边界条件。参考铁水温度，即在基本情况下炉渣表面的平均温度为1760℃。模型计算给出了过程变量的分布和总体操作参数的信息。结果表明，9.4kg/s 天然气的注入速率为 140kg/t，2.0kg/s 废塑料的注入速率约为 40kg/t。

表 6-6　在各种情况下，在恒定管道条件下的鼓风参数
（炉腹气体流量：$90m^3/s$（标态），管道温度 2098℃）

案例	鼓风温度 /℃	湿度 /g·m^{-2}	氧浓度 /mol·%	天然气 /kg·s^{-1}	废塑料 /kg·s^{-1}	鼓风速率（标态） /m^3·s^{-1}
All-coke	1000	17	0.0	0	0	73
HB	1000	80	8.7	0	0	66
NGI	1200	8	31.6	9.4	0	55
PLI	1000	8	0.5	0	2.0	71

在各喷吹工况的初步模型计算中，当 O/C 比值与全焦运行工况保持不变时，与基本工况相比有以下趋势：对 HB 而言，炉内温度下降，铁水温度低于参考值。对于 NGI，炉内温度升高，铁水温度高于参考值。PLI 的增长趋势与 NGI 相似，但增长幅度不太大。为了比较在相同产品条件下的操作效率，适当调整了 O/C 比，使基本情况下铁水温度与参考值相等。HB 的 O/C 比值降低，NGI 和 PLI 的 O/C 比值不同程度地升高。

A　含氢喷吹对高炉温度分布的影响

图 6-23 所示为两种近似恒定铁水温度下炉缸内固体温度的二维分布。固相温度在 1200~1400℃之间的凝聚区用虚线表示，死角和循环区用粗实曲线表示。与全焦炭作业相比，加湿鼓风和塑料喷吹条件下炉腹固体温度明显降低，软熔带下降。注气时，上部固相温度降低，下部固相温度变化不大，甚至软熔带平均高度也略有上升。炉内温度的变化可以通过以下机制来解释。对于 HB 和 PLI，温度下降的主要原因是固相的加料速率增加越大，固相热需求越高。对于 NGI 来说，由于固体负荷的增加，上部的温度也趋于降低，而下部的温度变化很小，这是由于直接还原、溶解损失和硅转移反应的热需求急剧下降。

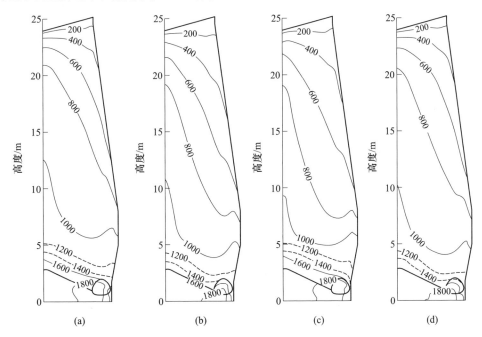

图 6-23　不同含氢物质喷吹过程中固体温度分布（单位:℃）[14]
(a) All-coke；(b) HB；(c) NGI；(d) PLI

图 6-24 所示为总体还原度的二维分布。在三种注入氢气的情况下，更多的烧结矿在熔化前减少。基本情况下烧结矿熔化前预估还原度为 84%，其他三情

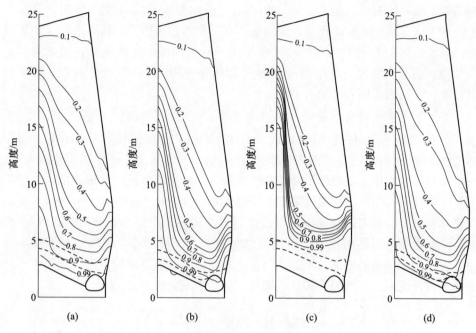

图 6-24　不同含氢物质喷吹的总体还原度分布[14]

(a) All-coke；(b) HB；(c) NGI；(d) PLI

况下预估还原度分别为 92%、100% 和 89%。对这种现象的解释如下。表 6-7 列出了氢还原与烧结矿三个还原步骤的比例。注氢操作明显提高了氢在磁铁矿和方铁矿还原过程中的参与比例，从而加速了烧结矿的整体反应，在熔化前实现了更有效的还原，这在高天然气注入率的情况下更为显著。

表 6-7　氢还原与整个间接还原的比值

案　例	氢还原率/%		
	$Fe_2O_3 \rightarrow Fe_3O_4$	$Fe_3O_4 \rightarrow FeO$	$FeO \rightarrow Fe$
All-coke	0.4	11.2	28.6
HB	2.5	34.9	53.5
NGI	10.9	79.8	74.4
PLI	1.2	27.0	49.3

B　含氢物质喷吹对氢浓度分布的影响

含氢喷吹对氢气浓度分布的影响如图 6-25 所示。在所有含氢喷入情况下，氢含量较高是由喷入物质的水煤气反应或燃烧直接导致的。对于天然气注入，氢气含量最高可达 29%。氢浓度的最高值出现在风口回旋区后面，在这里，水煤气反应或喷入物质燃烧几乎完成。由于间接还原作用,氢气浓度随着气流的上升而逐渐降低。

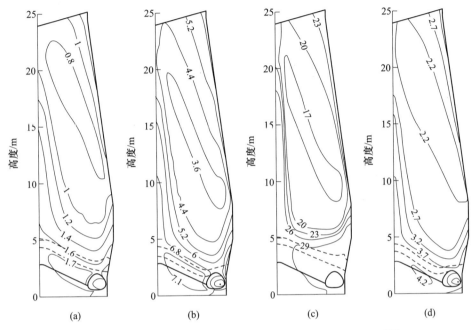

图 6-25 不同含氢物质喷吹氢浓度分布比较(单位:mol%)[14]
(a) All-coke;(b) HB;(c) NGI;(d) PLI

图 6-26 所示为不同含氢物质注入对方铁矿氢还原反应速率的影响。与全焦操作相比,含氢喷吹情况下氢还原浮氏体的速度更快,主要是由于氢含量的增加。

6.4.2 富氢对高炉炉料性能的影响

随着炼铁技术的进步,高炉喷吹的燃料(如燃气、煤粉)代替资源紧张而昂贵的焦炭等技术广泛应用,不仅可以有效降低铁水的冶炼成本,还可以增强钢铁企业的竞争力。高炉喷吹技术的显著特征是高炉内的煤气量成分和煤气量有了变化,特别是喷吹富氢燃料使得煤气中氢的含量增加,增强了炉腹的还原能力,提高了炉料的还原速率,减少了炉料在炉内的反应时间,从而提高了产量。经前人研究,喷吹煤气中氢气的含量大幅增加会影响炉料的软化和熔融性能,继而影响高炉内各种物质的相互反应和高炉冶炼顺行等问题。以下通过调整氢气含量研究含铁炉料的还原和软熔性能,通过高温熔滴炉探究不同氢气含量对矿石的还原性能和软熔性能的影响规律。

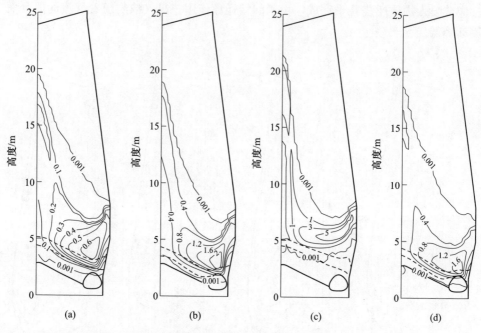

图 6-26 不同含氢物质喷吹对方铁矿还原速率的分布（单位：mol/(m³·s)）[14]

(a) All-coke；(b) HB；(c) NGI；(d) PLI

6.4.2.1 氢气含量对含铁炉料还原的影响

还原时间对矿石还原度的影响如图 6-27 所示。从图中可以看到，不同方案下还原度：3 号>2 号>1 号。而在还原的前期（20~30min）各条件下的还原度区别不大，这主要是因为在低温条件下，还原反应速率比较低，因此，尽管不同条件下 CO/H_2 比例不同，但是影响并不大。随着温度的上升，各条件下烧结矿的还原速率产生差异，但是并不明显。说明温度越高，氢气含量对矿石还原度的提

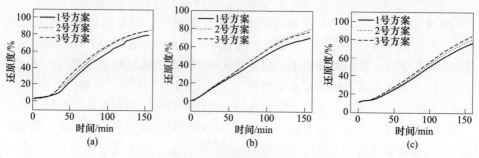

图 6-27 1300℃不同条件下矿石的还原度[15]

(a) 烧结矿；(b) 球团矿；(c) 块矿

高有着更明显的作用。氢气含量的增大会增加铁含量的析出。即在喷吹煤气中增大氢气含量会加快还原速率,更有利于 FeO 的还原。

6.4.2.2 氢气对含铁炉料软熔性能的影响

A 氢气含量对软熔、特性温度参数的影响

炉料结构的软融特性检测结果见表 6-8。由表 6-8 可知,随着氢气含量的增加,软化开始温度和软化终止温度逐渐升高,滴落温度呈逐渐下降的趋势。这是因为氢气加强了煤气还原能力,导致炉料的还原速率加快。因此,在氢气含量较高的条件下的炉料初始 FeO 还原出来的铁质量增加,从而 FeO 反应生成的低熔点物质逐渐减少,促进软化开始温度和软化终止温度逐渐上升。随着反应的进行,大量的 FeO 逐渐被还原成铁,导致后期 FeO 含量下降,但是后期生成的铁会发生渗碳作用,降低含铁炉料的滴落温度,呈现前期软化温度较高、后期熔化温度相对较低的趋势。煤气中氢气含量对软熔温度区间的影响如图 6-28(a)所示。由图 6-28 可知,随着氢气含量的增加,含铁炉料的软熔区间逐渐减小,软熔带变薄,这有利于改善炉内的透气性。

表 6-8 炉料结构的软熔特性检测结果[15]

编号	$\varphi(H_2)/\%$	$t_{10}/℃$	$t_{40}/℃$	$t_m/℃$	$\Delta t_a/℃$
1	0	1078	1240	1417	339
2	10	1100	1250	1393	293
3	20	1148	1296	1370	222
4	30	1162	1302	1347	185

注：t_{10} 为软化开始温度；t_{40} 为软化终止温度；t_m 为熔融开始温度；Δt_a 为软熔区间。

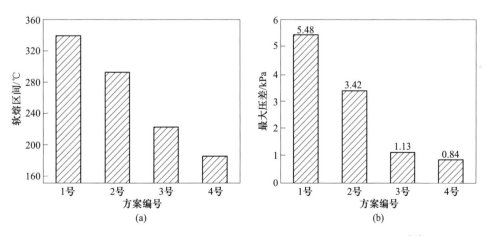

图 6-28 气含量对软熔温度区间(a)及炉料最大压差(b)的影响[15]

B 氢气含量对最大压差的影响

最大压差是考察炉料透气性的一个重要参考指标，最大压差近似于炉料压阻的最大值，代表炉料熔滴过程中承受的压阻负荷，最大压差越大，说明炉料结构熔滴过程的透气性越差。图 6-28（b）所示为煤气中不同氢气含量及炉料结构对应的炉料最大压差。由图 6-28（b）可知，随着喷吹煤气中氢气含量的增加，相同炉料结构的最大压差逐渐减小。最明显的原因是喷吹煤气中氢气含量的增加，炉料中的 FeO 被大量还原成金属铁，氢气在还原氧化亚铁的同时对 CO 分解有催化作用，从而促进 CO 的析碳。碳的析出会加强还原后炉料的渗碳作用，从而降低其熔化温度。当温度达到一定时，大量的金属铁熔化并滴落，从而释放了大量的空间，减小了炉料结构的压阻，对应的 Δp_{max} 也降低。同时，由于 H_2/H_2O 的原子半径远小于 CO/CO_2 的原子半径，氢气的渗透性强，料柱的阻力降低，因此，增加氢气含量可以增加炉料的透气性。

C 氢气含量对滴落物及其成分的影响

如果氢气含量很高，则其滴落物颜色接近银白色，渣铁分离较好。其最重要的原因是氢气含量的增加加快了还原进程，炉料内大量的 FeO 被还原成铁，故温度达到滴落温度时，大量的铁滴落，实现了渣铁很好的分离。铁的大量滴落造成了炉料内空间被大量释放，这也与以上最大压差的规律相一致。

将滴落物表面的炉渣分离得到生铁，检测其化学成分，结果见表 6-9。由表可知，氢气体积分数提高时，滴落的铁水的碳质量分数呈升高的趋势，锰质量分数也会升高，硅质量分数则是慢慢降低。装料时，采用分层装入矿石和焦炭，焦炭层分别在矿石的上下两层。当液态渣和铁流经过焦炭层时，还原出来的铁水会发生渗碳反应，见式（6-34）。

$$C_f === [C], \quad \Delta G^\ominus = 22590 - 42.26T^3 \tag{6-32}$$

铁水最终含碳量取决于炉缸的渣铁反应。渣对铁水的脱碳反应主要为：

$$(FeO) + [C] === Fe(l) + CO, \quad \Delta G^\ominus = 118870 - 97.19T \tag{6-33}$$

表 6-9 滴落物中生铁的化学成分（质量分数）[15]　　　　　　　（%）

编号	H_2	Fe	Si	Mn	S	C
1	0	92.13	2.46	0.36	0.220	1.6
2	10	93.15	2.34	0.76	0.110	2.1
3	20	94.27	2.12	0.94	0.054	2.7
4	30	95.46	1.75	1.12	0.028	3.3

炉渣中的 FeO 的含量最终决定着生铁中的碳含量。因为氢气含量增大后，炉渣中的 FeO 含量降低，因此，炉渣对铁水的脱碳反应下降，导致生铁中的碳含量增加。

实验结果表明，随着反应的进行，温度越来越高，不同条件的还原速率有所差异，氢气含量越高的气氛还原速率越快。这表明高温会促进氢气的还原性能；同时，氢气会促进含铁炉料中铁的析出，而低温时氢气含量对还原几乎没有促进作用。当氢气含量较低时，滴落物中的生铁包含炉渣；随着氢气含量的增加，炉料的软化温度会升高，滴落温度逐渐降低，同时也会改善炉料结构的透气性，使得渣铁更加容易分离。氢气含量会使含铁炉料中的 FeO 含量降低，弱化脱碳反应，从而促进生铁中碳含量的增加；铁水中碳含量较高会降低铁水的熔点，使其更容易滴落。

6.4.3 高炉喷煤中 H_2 含量对高炉的影响

喷吹富氢煤气会改变高炉内部煤气与含铁原料反应的程度和速率，使炉顶煤气成分不同，对高炉冶炼产生很大的影响。这主要是因为喷入的煤气中含有大量的还原气体，强化了高炉内部的间接还原气氛，尤其是煤气中的氢气，其在高温条件下比 CO 有更强的还原能力，从而减少了还原消耗的焦炭，进而节约了高炉生产成本，符合当今钢铁节能减排的需求。但是，氢气发生间接还原是吸热过程，所喷煤气中的氢气含量越高所需的热量就越多，反而会对高炉冶炼产生不利的影响，因此，需要通过工艺计算确定喷吹煤气高炉所需的最佳氢气含量。

6.4.3.1 H_2 含量对高炉炉顶煤气主要成分的影响

当 H_2 含量不同时，高炉产生的炉顶煤气的主要成分含量如图 6-29 所示，由图 6-29 可知，随着煤气中 H_2 含量的增加，煤气中主要气体的含量也发生了明显的变化，其中 H_2 和 CO 的含量逐渐升高，而 CO_2 的含量相应降低，这主要是由于喷吹煤气中 H_2 在高温条件下的还原能力比 CO 强，随着煤气中 H_2 含量的增加，其对氧化物的间接还原反应得到了进一步的增强，相应地，CO 发生的间接

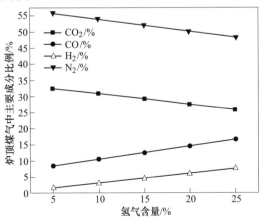

图 6-29　H_2 含量与炉顶煤气成分的关系

还原反应被减弱，从而导致 CO_2 量出现明显的降低，有效减少了高炉 CO_2 的排放量，充分体现了"富氢"冶炼的工艺优点。但是，由于炉顶煤气量减少，到达高炉中上部用于气-固反应的形式还原铁氧化物所需的还原煤气量就会不足，提供给矿石还原所需的热量也会减少，因此控制合适的煤气 H_2 含量对于有效控制高炉内产生的煤气数量也是十分必要的。

H_2 含量与氧化物还原及脱硫耗热的关系如图 6-30 所示。由图可以看出，随着高炉喷入煤气中 H_2 含量的增加，氧化物还原及脱硫耗热这一项热支出逐渐增加，其中，当氢气含量为 25% 时，氧化物还原及脱硫耗热占高炉热量支出的近 40%，是高炉主要的热量支出项。这表明氢气含量的提高，使 H_2 的间接还原反应得到了加强，从而抑制了直接还原的进行，有利于降低焦比。但是过高的氧化物还原及脱硫耗热势必会导致高炉出现热量收支不平衡现象，引起高炉下部过冷，进而使高炉不能正常冶炼。

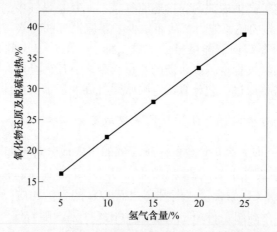

图 6-30　H_2 含量和氧化物还原及脱硫热的关系

高炉热平衡中热收入和热支出的差值被称为热量收支差，是判断高炉能否进行正常冶炼的一项重要指标，不同氢气含量与热量收支差之间的关系如图 6-31 所示。由图可知，当 H_2 含量为 5%~15% 时，热量收支差为正值。热量收支差是正值说明高炉的热量收入大于支出，使高炉内的热量除满足自身需求外还剩余较多热量。而当 H_2 含量为 20%~25% 时，热量收支差均为负值，说明在高炉内耗热大于收入，出现热量不足现象，不能满足高炉正常冶炼的热量需求。

6.4.3.2　煤气量对高炉的影响

由图 6-32 可知，随着喷吹煤气量的增加，其带入的 H_2 量也随之增加，因此炉顶煤气中氢气含量有所提高，但变化幅度较小。当煤气量由 $500m^3/t$ 增加到

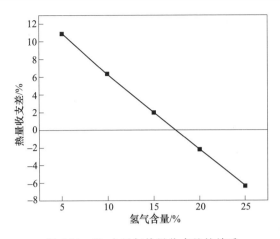

图 6-31 H$_2$ 含量与热量收支差的关系

1000m^3/t 时，炉顶煤气中的 CO 由 4.18% 升高到了 17.29%，而 CO$_2$ 由 36.70% 降低到了 24.37%，二者的变化幅度明显，这主要还是因为 H$_2$ 在高温条件下的还原能力比 CO 强，随着煤气中 H$_2$ 含量的增加，其对氧化物的间接还原得到了进一步的加强，而 CO 发生的间接还原相应减弱，从而导致炉顶煤气中 CO 含量升高，CO$_2$ 含量显著降低。这也充分体现了"富氢"冶炼的工艺优点，如与喷吹煤粉相比，工艺从风口鼓入的空气量相应减少，但是，喷吹进高炉的煤气中也会带入相对于空气来说较少的 N$_2$ 量，因此，炉顶煤气中的 N$_2$ 含量会有所降低，但是变化幅度较小。

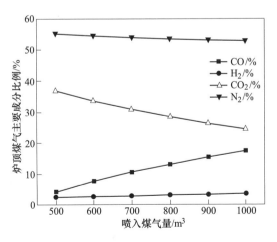

图 6-32 煤气量与炉顶煤气成分的关系

喷吹煤气量与氧化物还原及脱硫耗热的关系如图 6-33 所示，由图看出，氧化物还原及脱硫热随着煤气体积的增加而增加，这主要是因为煤气量的增加直

接导致煤气中 H_2 总量的提高，和氢气含量的提高一样，均使 H_2 的间接还原反应得到加强，且该反应是一个吸热的过程，因此就增加了更多的氧化物还原耗热。但由于煤气中氢气含量为 10%，相对来说较少，因此氧化物还原及脱硫耗热所占比例也较小，当喷吹煤气体积最大为 $1000m^3/t$ 时，氧化物还原及脱硫耗热也只占高炉热量支出的 25.44%。

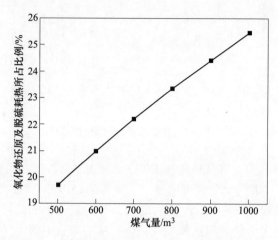

图 6-33　喷吹煤气量和氧化物还原及脱硫热的关系

喷吹煤气量与热量收入及热损失的关系如图 6-34 所示。喷吹煤气的高炉热平衡计算不同于传统高炉，其鼓风带入的热量除了所鼓入的空气带入热以外还包括了所喷吹的煤气带入的物理热，因此，随着喷吹煤气体积的增加，鼓风带入的热量提高，高炉的总热量收入也逐渐升高（图 6-34）；另外，也可以看出，随着喷吹煤气量的提高，高炉的热量收支差为 6.34% 左右，几乎没有变化。这表明，煤气量在 $500\sim1000m^3/t$ 范围内变化时，高炉的热量收入均能满足冶炼的需求。

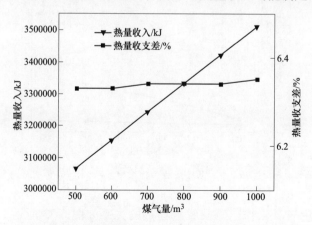

图 6-34　喷吹煤气量和热量收入及热损失的关系

6.4.4 富氢气体还原对高炉操作的影响

从炼铁文献及实践可知，还原煤气的氢含量越高，高炉运行越平稳，高炉指标也越好（生产率更高和焦比更低）。这是由于氢气的特殊性，其分子小导致其密度和黏度低，因此，富氢煤气具有更出色的扩散性和渗透性，气体与炉料之间的热交换更好，还原动力学条件更佳，还原过程也更快，从而提高了生产率；同时，氢还原改变了铁矿直接还原和间接还原的比例，降低了还原热量需求，也有助于降低焦比。研究表明，增加高炉煤气氢含量将产生以下后果：

（1）炉料开始熔化温度明显增加，但滴落温度只有轻微增加，从而缩小软熔带区间并降低软熔带位置，炉料透气性有望改善；减少煤气的密度和黏度，从而明显减少气流阻力和高炉压差，改善高炉透气性，有可能增加风量和高炉产量。

（2）由于 H_2 比 CO 还原更快，从而增加还原度和生产率；同时氢的高热传导率有助于增强还原煤气和其他相之间的热传导，从而改进高炉的工艺效率。

（3）增加氢还原浮氏体，可降低吨铁还原所需碳量并降低直接还原比例，氢还原浮氏体虽然是吸热反应，但比通过碳进行直接还原耗热要少得多；另外，由于吨铁碳还原减少，二氧化碳产生也可减少，因此还可以减少碳溶损反应。直接还原和碳溶损反应都是强吸热反应，因此富氢还原可以改善高炉热平衡，降低每吨铁水的碳消耗量（焦比），即降低 CO_2 排放量。

（4）改善炉缸工作条件，煤气中氢含量增加将减少喷吹煤粉灰分和焦炭灰分产生，因为喷吹氢气或天然气或焦炉煤气不产生炉渣，而焦炭或煤粉的灰分在高温区会熔化成渣并恶化炉缸工作状况；同时，由于碳直接还原和高温区气化反应减少，对高温区焦炭强度破坏作用将减少，有助于高炉操作；此外，由于富氢煤气操作时，高炉碳直接还原比例下降，因此炉缸理论燃烧温度（RAFT）可适当降低。

（5）由于氢还原代替部分碳还原，焦比和煤比将降低，从而降低渣量和熔剂的消耗；同时，由于高温区氢比碳还原能力更强，炉渣成分接近终渣成分将更快，炉腹渣熔融及流动性会更好。这意味着回旋区炉渣碱度可适当降低，从而有助于造渣过程和操作。

（6）富氢操作可以减少铁水硅含量和化学成分的偏差和波动。如前所述，富氢操作可适当降低风口区理论燃烧温度，并使软熔带位置下移，从而有助于减少硅还原和迁移，降低铁水硅含量；同时，由于炉况会更稳定及直接还原比例减少，炉缸热状态也会更稳定，从而减少铁水硅和化学成分的波动。氢还原比例越高，铁水的纯度越高。

另一方面，富氢还原也存在以下问题：

（1）从热力学来看，氢还原较碳还原优势并不非常明显。根据化学反应当量，1个氢分子只能夺取1个氧，而1个碳原子能夺取2个氧原子，而且碳在风口前燃烧，生成高温CO气体，CO在高炉上部比H_2还原性更强，且是放热反应；而氢还原只在高温区有优势，为吸热反应。

（2）如果氢或富氢燃料以低于炉缸温度喷入，就需要富氧和热补偿措施；同时，由于氢还原是吸热反应，如果氢还原比例过高，上部温度场分布和热交换可能会受到影响。

（3）对炉料和料柱透气性可能产生一些不利影响。煤气中氢含量增加，炉料软化开始温度降低而软化结束温度升高，这意味着软化区间变大；炉料上部还原粉化率（RDI）会增加；曾报道COURSE50项目在LKAB试验高炉喷吹富氢焦炉煤气和重整焦炉煤气操作时，高炉上部温度降低，延长了烧结在粉化区间停留时间，造成烧结粉化有所增加。由于煤气氢含量增加，焦炭与水的反应增加，造成焦炭强度降低，尤其是在上部低温区。由于氢间接还原增加，渣中铁氧化物含量降低更快，这对初渣的熔化和流动也有一定影响。

6.4.5 富氢高炉存在的一些问题

6.4.5.1 高炉富氢有待解决的一些问题

（1）如何确定煤气中氢利用率、代替直接还原的程度，即氢的反应机理或途径。有文献指出，高炉中氢只起加快还原的作用，因为在低温区，CO的还原作用更强；而高温区氢还原产生的水蒸气会立即与碳反应，氢只起加快反应或中介作用。

有文献应用FactSage热力学软件和数据库计算表明，温度1000℃以上区域的碳直接还原，温度610~1000℃之间碳直接和间接还原并存，在上述两个温度区域的还原反应中氢只起中介和加快还原速度的作用。

根据计算，只有温度在550~610℃之间，且炉腹煤气中氢体积分数至少是CO体积分数4倍以上时，氢在高炉内才有可能发生间接还原。但间接还原区域会随着CO和H_2在炉腹煤气中的增加而增加。此外，大量氢气的存在会降低浮氏体间接还原起始温度，并扩大间接还原区域。另外，水煤气置换反应（$CO_2 + H_2 = CO + H_2O$）为可逆，会在高炉上部生成H_2和CO_2，这对高炉整体氢和CO利用率起关键作用，也影响氢利用的经济性、炉顶煤气成分和热值，并进而影响钢铁公司的能量平衡。

（2）氢气或富氢的天然气、焦炉煤气喷吹及与煤粉共同喷吹时，炉缸回旋区燃烧行为变化并受氢气影响。喷吹氢气时，氧气是否可能先与氢燃烧，再与碳反应；与煤粉共同喷吹时，煤粉的燃烧是否可能会延后并更加不完全；氢的燃烧温度可达3000℃，对喷吹设备和风口有何要求，这些都是值得研究的课题，而且要在生产实践中加以解决。

（3）由于氢气分子最小，煤气中氢比例增加，在保持相同煤气中的理论燃烧温度（RAFT）和炉缸煤气量情况下，炉缸回旋区可能变小，但煤气扩散能力可能增加。因此，应该综合考虑炉缸回旋区变小对高炉煤气分布的影响。

（4）炉料性质的变化及应对措施。富氢时高炉上部温度降低，炉料上部还原粉化率、焦炭的气化会增加，需要考虑将部分炉顶煤气加热并喷入炉身，但根据计算机模拟，喷入的气体难到达高炉中心。因此，更好的炉身喷吹方法以及有效提高炉身温度也需要进一步研究。

（5）氢还原各种铁矿、炉料的动力学数据远没有碳还原的数据丰富，而这对准确模拟和预测高炉过程以及评估各种高炉操作因素及生产指标是非常重要的。

6.4.5.2　高炉富氢后的一些影响和变化

A　对高炉操作的影响

高炉富氢操作时，由于还原机理、炉内温度场、热交换和热状态都会发生变化，高炉操作的风口回旋区参数、炉缸热状态的控制、上部装料制度均需作相应的调整，需要通过实际操作来不断检验理论研究的成果。如果采用风口喷吹氢气富氢，风口平台非常有限的操作空间会更紧张，必须对氢气安全喷吹所需的一些设备进行必要的改进。工艺上必须充分考虑煤气在整个炉子径向断面的分布，特别要关注吹透中心和活跃炉缸。

B　对炉顶煤气及相关工序的一些影响

高炉富氢后，炉顶煤气的氢含量会增加，热值也会增加，但煤气流量和密度会下降。因此，下游使用高炉煤气的工序预计应该需要相应变化，如热风炉燃烧器等；高炉炉顶煤气生产化工产品的相应工艺也需要重新评估，并考虑炉顶煤气中氢的回收和循环利用，以及生产其他化工产品的可能性；对于长流程钢厂的能源平衡也需要重新评估。

与此同时，热风炉使用富氢煤气加热鼓风的方法，和加热氢气的可行性需要进行评估，因为氢气的燃烧速度比 CO 快，火焰长度会缩短，短焰燃烧对拱顶和格子砖的热交换会产生一定影响。

另外，有文献指出，压块和球团炉料中以 OH^- 存在的水分分解（450~500℃）可能影响炉内水煤气反应，进而影响炉顶煤气的成分和热值。

还要考虑，高炉富氢操作时氢会还原产生大量水，而高炉上部的水煤气反应（$C+H_2O = CO+H_2$）有可能达不到热力学平衡，只能将部分水转换为氢气，从而炉顶煤气的水含量会增加、产生冷凝析出，这会对煤气处理系统有一定影响。

C 安全方面影响

氢作为一种小分子的轻气体，需要特殊的设备和程序来处理。由于氢分子很小，因此可以扩散到某些材料中，包括某些类型的钢铁管道，并增加其失效的机会。

与天然气等大分子相比，氢气更容易通过密封和连接件逸出。众所周知，氢气在空气中的着火浓度范围很大（4%~77%），且可燃极限随着温度的升高而增大，在大气温度下，氢气在很大浓度范围（15%~59%）具有爆炸性。

氢气作为一种易燃气体燃料，一旦泄漏到空气中，就会与氧气快速混合。由于火源以火花、火焰或高热的形式广泛存在于高炉车间，因此，使用纯氢存在燃烧或爆炸危险，在高炉喷吹纯氢时必须格外小心。当使用纯氢时，由于氢气的点火能量较低、可燃烧范围较宽，设备（风口、喷枪、吹管等）容易着火；而且氢燃烧不产生烟灰，在白天几乎看不见；此外，当所述设备一旦点燃/燃烧纯氢时，热量释放很快，温度、热负荷会很高，因此，设备的可靠性会受到挑战，必须建立相关的安全程序，制定相应规程。

如果高炉煤气中氢含量较高，那么炉顶煤气的氢含量也会较高，这样炉顶就有着火和自燃的可能，同时下游使用氢含量较高的炉顶煤气的设施也有一定安全风险。

因此，高炉喷吹氢气操作时，氢气喷吹的启动和停止，以及喷吹量的变化必须有专门的操作和安全程序，因为氢喷吹量变化会引起炉顶煤气氢含量的变化，从而对炉顶、煤气系统和下游用户产生安全影响。

6.5 富氢高炉冶炼的探索和实践

氢冶金近几年得到了国内外冶金工作者的关注[16,17]，其方法之一就是向高炉内喷吹富氢气或氢气，该方法将利于高炉炼铁碳排放的降低。为满足环保要求，我国钢铁产业提出了绿色制造和制造绿色的新要求。富氢还原是低碳炼铁的可行技术之一，具有清洁低碳的优越性。高炉富氢冶炼是我国氢冶金发展的主要方向[18,19]。

氢冶金是利用氢代替碳作为还原剂，减少二氧化碳排放的一种技术，氢的使用有利于促进钢铁工业的可持续发展。氢冶金有许多应用，如日本的 H_2 还原炼铁、德国高炉喷氢技术、北欧的 HYBRIT、俄罗斯高炉喷吹天然气，以及中国富氢高炉冶炼的发展。在我国，COG 喷吹富氢高炉较为普遍，在鞍钢、徐钢和本钢进行了 BFs 运行的工业试验。

6.5.1 日本 COURSE50 新技术

日本一直积极致力于能源利用技术的开发，其钢铁工业的能源利用效率已达到世界最高水平，特别是石油危机以来，日本钢铁业积极采取节能措施，为减少 CO_2 排放、减缓气候变暖做出了很大的贡献。然而，在日本 CO_2 总排放量中，钢铁业所占比例依然达 12.4%，为了实现更为有效减排 CO_2 的目的，日本启动了由新能源、产业技术综合开发部门委托与组织的环境和谐型炼铁工艺开发项目 COURSE50（CO_2 Ultimate Reduction in Steel Making Process by Innovative Technology for Cool Earth 50）[20]。COURSE50 的研究内容主要是炼铁工艺的创新研发，同时平衡经济发展和环境保护的关系。COURSE50 计划在 2030 年建立新的高炉炼铁工艺流程以减少炼铁工艺 30% 的 CO_2 排放量，在 2050 年最终实现工业化。

6.5.1.1 COURSE50 研发内容

COURSE50 项目启动于 2008 年，旨在开展新技术的开发，研究内容主要分为两方面。（1）以氢直接还原铁矿石的高炉减排 CO_2 技术的研发。此项目标是实现 10% 的 CO_2 减排。开发的主要技术包括利用氢还原铁矿石的技术、增加氢含量的焦炉煤气改质技术、高强度高反应性焦炭的生产技术。（2）高炉煤气中 CO_2 的分离、回收技术的研发。此项技术目标是减排 20% CO_2。研发包含两个部分：第一部分为 CO_2 在高炉煤气中的分离和捕集技术；第二部分是利用钢厂废热产能对 CO_2 进行分离和捕集。

6.5.1.2 氢还原铁矿石技术

通过减少 CO_2 产生量实现减排是能源高效率利用的途径之一。传统高炉炼铁工艺的还原剂是由焦炭提供的，在将铁矿石还原成铁的过程中会产生大量的 CO_2，这不符合节能减排的理念，现今在高炉炼铁中已经开发应用了很多以碳热为基础的成熟的环保减排工艺技术，在此基础上再进行技术上的提升存在很大的难度。高炉氢气炼铁是将现在使用的还原剂焦炭的一部分换成氢，还原剂选择富氢的改质焦炉煤气，把此还原剂吹至高炉中，用来对铁矿石进行还原，用氢替代尽可能多的碳，从而减少炼铁过程中 CO_2 的产生，达到减排的目的。

A　高强度高反应焦炭生产技术

就焦比指标而言，对比传统高炉炼铁，用富氢的改质焦炉煤气作为还原剂，焦比会相应降低，但是焦炭还要承担料柱骨架，保障还原气体能够顺畅流动的作用；另外，氢参与还原反应吸热量增加，降低炉内温度，焦炭气化反应产生 CO 的速率随温度的降低而变小，所以喷吹焦炉煤气必须要提高焦炭的反应性，因此，高强度高反应性焦炭的研究对氢还原炼铁技术的研究具有重要的支撑作用。

这种新型焦炭和一般焦炭相比，拥有更高的热反应性而且强度能够满足生产要求，它具有起始反应温度低、反应速率快的特点，能够提高炼铁效率，具有更好的优势。国内外对高反应高强度焦炭的制备做了大量的研究，为了能够使生产的焦炭具备高反应性与高强度，日本通常采用加入催化剂的方法，如钙基、镁基和铁基催化剂等。

HPC（hyper coal）可用来黏结配煤和生产高强度高反应性焦炭，是日本在研的一种新型的高品质黏结剂。神户制钢通过试验，对比炼焦煤中加入 HPC 前后焦炭的质量变化，证明了 HPC 可提高焦炭强度；并发现要提高焦炭的反应性可通过在配煤中尽量多使用高反应性煤种来实现。此外，将 HPC 加入炼焦配合煤中，能够降低焦炭生产环节高黏结煤占比。此项研究的关键在于 HPC 用于焦炭生产的各种条件的优化，如基质连通性、煤粒度、膨胀率以及装入密度等。

B 焦炉煤气改质技术

焦炉煤气含氢气量通常可达到50%以上，但用氢气还原炼铁还需要更大限度的提高氢气含量。焦炉煤气改质技术就是将焦炉煤气中的碳氢化合物转变为氢气，通过催化裂解将焦炉煤气改质，改质后的焦炉煤气中的氢气含量可达到60%以上。焦炉煤气离开炭化室时本身的温度可达 800℃，可以充分利用其显热对其中的焦油和烃类物质进行催化热解以产生氢气。

研究结果表明，向高炉中喷吹富氢改质焦炉煤气，能够在很大程度上促进铁矿石还原率的提升。此项目构建出相应的固气两相流冷态模型，同时对高炉内煤气流量与流速分别影响气流分布水平加以分析。借助高炉内反应模拟设备开展研究，改质焦炉煤气实现了喷吹量 $200m^3/t$ 这一水平，可见，于炉身喷吹改质焦炉煤气可能会减少高炉碳耗。2013 年该研究的工业试验在瑞典 LKAB 试验高炉上完成，研究表明随氢还原反应速率的加快，氢还原量有所增加。另外，模拟计算和试验均表明，吨铁的碳耗降低了 3%。为了支持氢还原试验，日本于 2015 年 9 月底在新日铁住金君津厂建成试验高炉，试验高炉与普通高炉的不同之处是在炉上部安装有风口，这是喷吹氢气的最佳位置。2016 年 4 月该项目进行了第一次试验操作，从原料装入和送风操作两个方面入手，确立了使氢还原效果最大化的操作技术，并对 COURSE50 项目第一阶段的试验阶段技术的有效性进行了验证，探求了氢气最佳送风操作条件等。为了尽可能大地发挥氢气的还原效果，还开发了一种三维数学模型，用来预测高炉内部的反应。使用这一模型事先模拟预测的结果与试验高炉的操作结果基本一致，从而证明了此模拟模型的准确性。

6.5.1.3 富氢还原和高炉煤气中 CO_2 捕集回收技术

COURSE50 项目路线包括富氢还原和高炉排气 CO_2 捕集回收两项主要技术，以实现 CO_2 排放。前者是以焦炉气和水的重整技术为基础，采用新型焦化技术生产高强度、高反应性的焦炭；后者是基于一种利用废热的高效二氧化碳吸收技术。新日铁建成了年产 35t/d 的 $12m^3$ 试验高炉，确定了氢还原炼铁减排 10%、CO_2 回收减排 20%的项目减排目标，即总体减排目标为 30%。

在氢还原炼铁过程中，用氢气代替部分焦炭，可以减少高炉冶炼过程中的二氧化碳排放。2014~2016 年高炉一期喷 H_2 试验运行结果表明，与非喷 H_2 相比，高炉碳排放量降低了 9.4%。由于氢气密度小，氢还原过程伴有吸热反应，通过高炉炉堆和滚道的可调位置以及喷吹前 H_2 的预热，可保证最大的还原性能和稳定的内部温度。在第二阶段，对 4000~5000m³ 高炉进行了扩模试验，逐步模拟了实际高炉。第一台高炉将在 2030 年之前使用减氢技术，日本将在 2050 年之前使用该技术。COURSE50 项目也被用来从 COG 中生产氢气。当 COG 离开碳化室时温度达到 800℃，可以最大限度地利用感热催化裂解焦油和碳氢物质，从而产生 H_2。该技术已完成工业试验。通过这一改进，COG 中的 H_2 含量由 55%（体积分数）提高到 63%~67%（体积分数），气体体积增加 1 倍。

6.5.1.4 高炉氢还原铁矿石工艺

高炉炼铁历来是钢铁产业节能降耗和二氧化碳减排的核心，在日本 COURSE50 项目中，利用新建的 12m³ 实验高炉在高炉中进行了实验，建立了有效利用氢基还原剂为主的反应控制技术，减少高炉的二氧化碳排放。结果表明，与常规操作相比，氢还原度可提高 10% 左右，直接还原度可降低 10% 左右。通过适当的控制技术，实验高炉的 CO_2 抑制率也降低了约 10%。

$$r_H = \frac{56}{2} \frac{b m_{H还}}{m_{Fe还}} \tag{6-34}$$

式中　$m_{Fe还}$——每吨生铁由 FeO 还原得来的铁量，kg；
　　　$m_{H还}$——与铁氧化物等反应的总氢量，kg；
　　　b——与 FeO 反应的 H_2 与 $H_还$ 的比例，约为 0.85~1.0。

$$m_{Fe还} = m_{Fe生} - m_{Fe料} \tag{6-35}$$

式中　$m_{Fe生}$——每吨生铁含铁量，kg；
　　　$m_{Fe料}$——单位生铁炉料带入的纯铁量，kg。

COURSE50 项目已按照计划成功完成二氧化碳减排基础技术开发和综合技术开发。该项目的目的是抑制高炉的碳消耗，并通过使用 30 吨/天的化学吸收过程，采用相应装置从高炉煤气中捕获、分离和回收二氧化碳。图 6-35 所示为 COURSE50 高炉工艺简图。常规高炉中 CO 间接还原、氢气还原和碳直接还原分别接近 60%、10% 和 30%。如果通过强化氢气还原来降低吸热反应非常大的直接还原，同时不断进行 CO 间接还原，则可以降低高炉的碳耗。在 COURSE50 高炉中，CO 间接还原、氢气还原和碳直接还原分别接近 60%、20% 和 20%，该工程可使高炉碳耗率降低 10%。

为了证明在高炉内降低二氧化碳的作用，进行了 4 次高炉操作实验。图 6-36 所示为执行的 4 个操作案例。高炉基础作业是高炉的常规作业条件。以操作 A 为

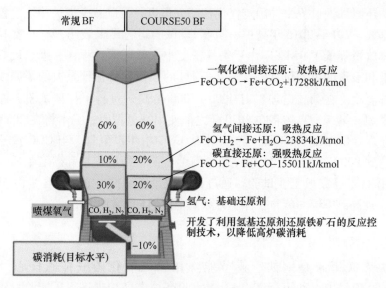

图 6-35　高炉氢还原增加铁矿石工艺[21]

例，评价了 COG 通过风口喷射的效果。操作 B 是为了评估通过风口的 COG 喷射和通过轴流式风口减少气体喷射（RGI）的效果。除了操作 B 的条件外，操作 C 是评估原料质量控制效果的案例。

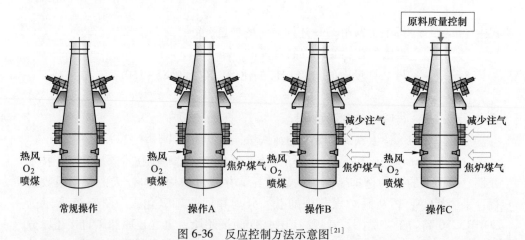

图 6-36　反应控制方法示意图[21]

　　实验高炉的每一阶段连续运行 21~30d，包括 3 个阶段。开炉后，炉体温度需上升一周左右。为了定量评估尽可能准确，每次操作持续 5~7d，使其达到稳定状态。

　　铁矿石还原度变化情况：与常规操作相比，反应控制操作使 H₂ 还原增加（常规操作 <操作 A <操作 B <操作 C），而碳直接还原减少（常规操作 >操作 A> 操作 B >操作 C）。在操作 C 中，与常规操作相比，氢还原度提高约 10%，直接还原度降低约 10%。

总氢输入量对氢还原度的影响：氢气还原度随高炉氢气输入的增加而增加。结果表明，高炉供氢对氢还原的贡献几乎相同，但 C 作业的氢还原度高于 B 作业的氢还原度。与常规操作相比，反应控制操作的减碳率依次为操作 A、操作 B、操作 C，其中操作 C 的减碳率比常规操作（基础操作）降低 10%~11%。结果表明，与常规操作相比，反应控制技术可以使氢还原度提高 10% 左右，直接还原度降低 10% 左右。实验高炉的 CO_2 抑制量也降低约 10%。

6.5.2 德国高炉喷氢

2020 年 8 月，德国迪林根-萨尔钢铁进行了高炉喷吹富氢焦炉煤气的操作。这是德国第一家在高炉正常运行条件下利用氢作为还原剂的操作，投资额为 1400 万欧元的焦炉煤气喷吹系统是此次试验的关键。这为迪林根和萨尔公司减少碳排放，同时为实际使用绿氢创造条件。此次操作的目的是进一步减少碳排放，同时获得在钢铁生产中使用氢的经验。

德国迪林根和萨尔钢铁公司认为，未来高炉利用氢作为还原剂在技术上是可行的，但前提条件是拥有绿氢[22]。更长远的技术路线是，在绿氢量上满足需求、在成本上具有竞争力的前提下，未来萨尔州的钢铁生产将走上氢基直接还原铁厂—电炉的技术路线。研究人员计划下一步在 2 座高炉中进行使用纯氢的试验。同时，该公司宣布，在德国支持氢能源发展举措的条件下，计划到 2035 年将碳排放量减少 40%。

6.5.2.1 蒂森克虏伯斯塔尔公司的以氢代煤

2018 年 1 月 11 日位于德国杜伊斯堡的蒂森克虏伯斯塔尔钢厂进行了一个项目，用氢作为还原剂来替代煤，减少或完全避免钢铁生产中的二氧化碳排放。首先，将氢气喷入 9 号高炉，这标志着"以氢（气）代煤（粉）"作为高炉还原剂的试验项目正式启动。这一尝试在全球尚属首次，标志着钢铁工业进入了一个新时代。这次试验是在初始阶段通过一个风口喷氢，并逐步扩大到全部 28 个风口。2022 年这项技术将在另外 3 个高炉上进行，到那时，该公司钢铁产生的二氧化碳排放量将减少 20% 左右。

这一项目的原理是：将氢气代替煤炭作为高炉的还原剂，以减少乃至最终完全避免钢铁生产中的二氧化碳排放。而在传统的工艺流程中，一般而言，需要在高炉中使用 300kg 的焦炭和 200kg 的煤粉作为还原剂，才能生产出 1t 生铁。

在钢铁生产中，氢气可作为铁矿石的无排放还原剂，对气候保护十分有益。

氢气燃烧的副产物只有水，并不产生有害气体。它能以高能量密度的液体或气体形式储存和运输，且用途广泛。由于其多功能性，氢气在向清洁、低碳能源系统的过渡过程中起着关键作用。

6.5.2.2 德国萨尔钢铁公司(ROGESA)高炉的焦炉煤气(COG)喷吹系统

2019 年德国萨尔钢铁公司（Roheisengesellschaft Saar GmbH-ROGESA）与 PW 公司（Paul Wurth）合作，为德国迪林根和萨尔公司（Dillingen/Saar）的 4 号和 5 号高炉设计和装备了焦炉煤气（COG）的喷吹系统，用 COG 部分代替煤粉和冶金焦作为高炉还原剂，进一步降低高炉内的碳强度和整个炼铁过程的碳的足迹。根据项目安排，2020 年夏季在 5 号高炉一半风口初次喷吹 COG；到 2020 年底，两个高炉的所有风口都将长期喷吹 COG。

6.5.3 俄罗斯高炉喷吹天然气

俄罗斯拥有丰富的天然气资源。从历史上看，俄罗斯高炉主要是喷吹天然气而不是煤粉，进而使得俄罗斯钢厂在铁水生产中具有很大成本优势。相比喷吹煤粉，喷吹天然气的工艺设备相对简单，因此，喷吹天然气的成本更低。

但为了应对来自欧洲和中国天然气需求的强劲增长，近年来俄罗斯天然气价格也在持续上涨，天然气价格的上涨侵蚀了俄罗斯钢厂在炼铁生产中的成本优势。更为重要的是，在高炉炼铁过程中大量喷吹天然气存在着技术限制，因此，相比利用喷吹煤粉，喷吹天然气替代的焦炭要少。在喷吹煤粉时，焦比是 335kg/t 铁。喷吹天然气时，焦比是 454kg/t 铁。从 2012 年的原料成本看，喷吹煤粉的成本要比喷吹天然气低 10%。由于喷吹天然气的工艺限制，冶金煤价格上涨，以及俄罗斯钢厂在降低铁水生产成本方面持续面临的压力，独联体钢厂正在改变喷吹介质，从喷吹天然气转向喷吹煤粉。

2012 年俄罗斯耶弗拉兹集团决定投资 1.09 亿美元进行改造，将喷吹介质改为煤粉，其目标是分别将该集团 NTMK 钢厂和 ZSMK 钢厂的焦炭消耗降低 20%，同时上述两家钢厂天然气消耗分别减少 50% 和 100%。新利佩茨克钢铁公司曾经实施过喷吹煤粉的项目，寻求降低焦炭和天然气消耗。2012 年底，俄罗斯马钢公司（MMK）在其马格尼托哥尔斯克钢厂安装了喷吹煤粉的设备，其目标也是降低焦炭和天然气消耗。此外，该公司还在其位于乌克兰的 Illicha 钢厂安装了喷煤装置，以寻求完全替代喷吹天然气和降低焦炭消耗。乌克兰扎波罗若钢厂也将安装喷吹煤粉的设备，由此该厂高炉的焦炭消耗将从 495kg/t 铁降至 376kg/t 铁，并将完全取消喷吹天然气。

高炉喷吹天然气的工业实践中，焦比全部上升，均高于 400kg/t，见表 6-10。虽然喷吹煤量降低，但是焦比上升，其生命周期煤耗并没有减少，这与控煤的初衷相悖。

表 6-10 俄罗斯等国高炉喷吹天然气与焦比[23]

高 炉	炉容/m³	产量/t·d⁻¹	焦比/kg·t⁻¹	天然气/m³·t⁻¹
克里沃罗格 9 号	5027	9722	461	119
查波罗斗 4 号	1513	2685	473	155
亚速钢 6 号	1719	2801	514	124
新里毕茨克 6 号	3200	8035	412	122
契连泊维茨 1 号	1007	2827	431	129
契连泊维茨 5 号	5580	10703	459	72
马钢 10 号	2014	4954	420	100
下塔杏尔 6 号	2700	5119	458	113
车里亚赛斯克 1 号	1719	2480	506	110
库钢 5 号	1719	3335	502	62
西西伯利亚 1 号	3000	6400	437	100

根据俄罗斯和乌克兰钢厂实测数据可知[23]，相对于喷吹煤粉而言，喷吹天然气后，高炉煤气的发生量和可燃成分（$CO+H_2$）稍有升高，但高炉煤气对加热炉、发电等用户的燃烧效率（发热量）增加不明显，见表 6-11。

表 6-11 俄罗斯等国喷吹煤和天然气的高炉煤气成分[23]

项 目	喷吹无烟煤	喷吹烟煤	喷吹天然气
煤气发生量/m³·t⁻¹	1625	1685	1752
CO_2	22.5	23	17.2
CO	21.5	18.5	20.9
H_2	3.5	4.0	7.3
N_2	53	54	54.6
炉顶煤气中的硫/kg·t⁻¹	0.18	0.18	0.17

高炉煤气经除尘后（即使高炉喷煤操作时高炉煤气中有部分未燃尽煤粉，荒煤气含尘浓度升高，但经湿法或干法除尘后，都可达标进入管网），其含尘量都能实现在 $20mg/m^3$ 以下。高炉煤气含尘量与高炉喷吹燃料种类关系不大。

对于高炉工序而言，天然气与煤粉一样，主要是还原剂的功能，而不是燃烧功能，其在高炉内的过程与在加热炉、锅炉内进行空气完全燃烧的过程不同。因此，高炉使用天然气代替喷煤，常常不能明显起到节能减排的作用。

6.5.4   中国高炉喷吹天然气

高炉喷吹天然气是综合鼓风的重要内容之一。天然气资源比较丰富的国家或地区，在消耗能量较多的黑色冶金企业中，在高炉上喷吹天然气，相比其他加热装置能获得较高的热效率，而且可节约价格昂贵的冶金焦炭[24]。因此，天然气资源较丰富的苏联，近几十年在高炉上广泛实施喷吹天然气技术，并获得良好成效。1970年苏联每吨生铁喷吹天然气65.8m³，1975年增加到78.5m³，天然气喷吹量在这几年内有所增加。

从冶炼过程分析喷吹燃料存在热量补偿的问题，天然气的热补偿是最多的。如焦比为650kg/t铁，喷吹1m³/t铁天然气补偿风温为4℃；喷吹1m³/t铁重油补偿风温为3.3℃；喷吹1m³/t铁焦炉煤气补偿风温为3℃。

在分析喷吹天然气冶炼过程中的变化时，主要应考虑煤气成分及理论燃烧温度能否达到冶炼所需要的条件。现以鞍钢高炉现有冶炼条件为例进行分析。

6.5.4.1   鞍钢高炉喷吹天然气

以鞍钢1627m³高炉冶炼条件作为计算基础，分析高炉喷吹天然气冶炼过程中的变化，主要考虑煤气成分及理论燃烧温度能否达到冶炼所需的条件[25]。

由分析得出，在鞍钢高炉工作条件下理论燃烧温度接近1900℃，喷吹燃料可获得满意的效果。当然若有富氧和高风温条件相配合其效果将更佳。同时必须指出，后者对富化炉顶煤气、提高其利用效率更有意义。因此，在条件具备时，向高炉喷吹天然气比在其他加热炉应用更好些（如热风炉等）。且喷吹天然气在富氧或不富氧两种条件下，其成本都有所增加，若考虑合理利用资源，实施该措施还是有利的。

所以在鞍钢条件下，喷吹天然气是可行的。如果与富氧鼓风结合起来效果更为显著。从能源利用分析，在高炉喷吹天然气比在其他加热装置更为合理。从高炉燃料成本分析似乎存在一定问题，然而若全面考虑冶金企业能量利用，可能减少或消除成本上的问题。

6.5.4.2   重钢高炉喷吹天然气

重钢生产实践表明，高炉喷吹天然气后其技术经济指标大为改善，能获得显著效益。

A   降低焦比

喷吹天然气的最大好处就在于能大幅度降低焦比。其主要原因是由天然气的碳代替了一部分焦炭的碳，铁的直接还原度降低，为高炉接受高风温、降低湿度和富载鼓风创造了条件，炉温可以控制在下限水平和渣量减少等。

焦比降低的数量取决于天然气的喷吹量和置换比。1966 年重钢 3 号高炉喷吹天然气试验第三期的喷吹量为 96m³/t，置换比达到 1.41kg/m³，焦比降低了 20%；1956 年 2~3 月重钢 4 号高炉天然气喷吹量约为 25m³/t，置换比约 1.2kg/m³，焦比降低了 5%[26]。

B　提高产量

高炉喷吹天然气后，在风量维持不变的条件下，由于有一部分鼓风去燃烧天然气，因而按焦炭计算的冶炼强度将降低。显然，只要冶炼强度降低的幅度小于焦比降低的幅度，高炉的利用系数将升高。生产实践表明，高炉喷吹天然气后其利用系数均有所提高。

重钢高炉喷吹天然气后，由于天然气置换比高，焦比降低幅度大，所以高炉利用系数升高的幅度大。3 号高炉 1966 年喷吹实验的第三期，高炉利用系数提高了 14.2%；4 号高炉 1986 年喷吹实验的第一期利用系数提高了 2.17%，第二期提高了 7.12%（其中富氧利用系数提高 4.5%）。

按照苏联的资料，采用天然气与富氧相结合综合鼓风的效果最佳。当鼓风中的氧含量为 35%，天然气的喷吹量为 130~150m³/t 时，炉子生产率可提高 25%~28%。

C　生铁质量改善

高炉喷吹天然气后，单位生铁炉料带入炉内的硫量减少，加之炉缸活跃，温度分布趋向均匀，炉渣和铁水的物理热充沛，炉况稳定顺行，生铁脱硫条件改善。所以生铁的硫含量降低而且稳定，同时生铁中硅含量也趋于稳定，故生铁的硅可以控制在下限水平。重钢的生产实践表明，高炉喷吹天然气后，可以冶炼低硅低硫炼钢生铁，生铁的质量得到改善。

D　生铁成本降低

高炉喷吹天然气后，生铁的成本取决于具体的冶炼条件及焦比、产量的变化情况，尤其与天然气和焦炭的价格有关。重钢 3 号高炉 1966 年喷吹天然气后，生铁成本降低了。例如喷吹试验的第三期生铁成本降低了 1.73%，即降低了 2.08 元/t。1987 年由于天然气价格较高（0.2 元/m³），因此 4 号高炉喷吹天然气后生铁成本有所升高。但从综合效益看，喷吹天然气仍然是有利的，对有天然气供应而又缺焦的重钢来说其收益更大。

6.6　小结

在钢铁业碳减排方面，氢能具有巨大的潜力[27]。氢能被视为 21 世纪最具发展潜力的清洁能源，由于具有来源多样、低碳、灵活高效、应用场景丰富等众多优点[3,28]，被多国列入国家能源战略部署之中。

钢铁工业是碳交易市场的主要目标和核心参与者，强制性减排 CO_2 将倒逼钢铁企业发展低碳技术。目前，直接还原炼铁是氢冶金在炼铁技术上应用的重要领域，国外气基竖炉直接还原铁生产技术已有百余年历史，我国由于天然气缺乏，气基竖炉生产直接还原铁技术至今未能取得重大突破。

焦炉煤气生产直接还原铁半工业性实验在我国已经取得完全成功。同时证明用焦炉煤气生产直接还原铁比用天然气有突出优势。但为了钢铁工业实现低能耗、低污染、低排放的可持续发展，发展焦炉煤气生产直接还原铁技术已经不能满足形势的要求，必须大力开发氢冶金技术，这将是未来钢铁工业发展最经济、可靠的技术。

以氢为核心的碳减排战略主要依靠两条技术路线展开：一是在高炉工艺中利用氢气；二是扩大智能碳路线，同时利用氢。智能碳路线是围绕高炉工艺进行的，利用生物质或钢铁生产过程中的含碳废气，达到碳的循环利用，同时利用碳捕集与利用（CCU）和碳捕集与封存（CCS）技术。氢在该脱碳过程中起到核心作用。开发一系列工业规模的生产氢气的项目并用于高炉生产流程，将会大幅度减少二氧化碳排放。但要想最终达到零碳排放，使用的氢应该是绿色的，即通过可再生电力电解水获得。将绿色电力和绿色制氢用于高炉工艺是变革性技术研发的热点之一。

在国际呼吁低碳的大背景下，向高炉喷吹氢气可以降低炼铁的部分碳排放[29]。例如：喷吹氢气量为 $100m^3/t$ 时，可产生节碳 $14.08 \times 10^{-6} kg/t$ 的效果，最终减排 CO_2 为 $51.7kg/t$。随着碳排放税额度的不断加大，向高炉喷吹氢气不仅有减碳效果，也具备一定的经济性。节能降焦、提高生产率是当今世界炼铁工作者正在努力追求的目标，这方面的研究工作已取得了很大的进展。

与此同时，新型高效高炉的主要特征是富氧鼓风、大量喷吹煤粉或富氢还原气体（天然气、焦炉煤气、人造煤气），采用高富氧率甚至全氧常温鼓风，加喷吹煤粉等均为高效高炉的范畴。在此基础上，设备的改进以及专家系统的广泛应用，可使高炉运行在最佳状态以提高一个炉役的高炉寿命，从而尽可能少的消耗焦炭和能源，生产出更多的铁水。

目前看来，高炉是中国炼铁的绝对主力，还是要集中精力发展低碳高炉炼铁。综合国际上的研发情况，低碳高炉炼铁技术主要是富氢煤气喷吹、复合铁焦、炉顶煤气循环，以及氧气高炉与化工行业的优化匹配。研究表明，在复合铁焦使用量30%、炉顶煤气循环48.8%的情况下，吨铁能耗降低22.1%、焦比降低16.4%、碳排放降低51.8%，而生铁产量提高39.8%，节能减排效果十分显著。

首先，应尽可能挖掘钢厂本身潜力，利用钢厂产生的含氢废气制氢，并以合理的方式和数量将氢气喷入高炉。炼焦过程产生的焦炉煤气富含氢气，一般用作加热气体或用于发电，从能量合理利用的角度来看，这些氢如果能够作为氢能源，直接参加高炉内的还原反应，将大幅降低高炉碳排放，应是富氢煤气实现高附加值、梯级利用的可行办法。所以，钢铁行业当前应抓紧这方面的研究，有些尚未上焦炉煤气发电的产线，应积极考虑开展焦炉煤气重整与喷吹、炉顶煤气循环等项目，摸索副产煤气中氢的合理利用途径。通过经济性和合理性的对比研究，对钢铁工业合理利用副产煤气中的氢开发新的途径，从而合理利用副产煤气资源。有丰富可再生能源或邻近有可靠提供氢的化工企业，也应与钢铁企业联动，开展以氢代煤、以氢代焦技术的研发和应用。需说明的是，从高炉冶炼原理、焦炭料柱骨架存在的必要性和氢能技术经济性等角度出发，在高炉生产过程中，不可能采用氢气全部代替焦炭，要控制氢气的合理使用量。

其次，考虑到复合铁焦技术节能减排的巨大潜力，国内已经有一批单位正在筹划铁焦项目，计划先在单座高炉试验，成功后再逐步推广。凡是搬迁的炼铁厂，可以考虑通过搬迁进行相应的改造，实现铁焦的生产和高炉应用。宝钢曾计划在煤炭产地与煤矿当地的企业合资建设铁焦生产线，制成铁焦后再运到钢厂使用。这样做可以减少钢厂本地投资建设和经营负担，减少相关费用，加快研发进度。

因此，钢厂应充分利用现有的条件建立研发基地，进行相关的理论与实践研究。有条件的钢铁企业可以选择适当容积（$300\sim500m^3$）的已淘汰或将淘汰高炉，全面开展富氢煤气喷吹、复合铁焦、炉顶煤气循环、氧气高炉优化组合集成的低碳高炉前沿技术研发。

随着在高炉上部喷氢量的增加，氢气在高炉内更多的温度区间会起到加速碳与氧化铁还原反应的桥梁作用，此时高炉内的生产效率可能提高。随着喷氢量的增加，焦炭质量有可能提前劣化，这应引起高炉工作者的关注，高炉的相关操作制度也要作出改进。

参 考 文 献

[1] 郭同来. 高炉喷吹焦炉煤气低碳炼铁新工艺基础研究 [D]. 沈阳：东北大学，2015.

[2] M A Q, SHAMSUDDIN A, Z D S, et al. Present needs, recent progress and future trends of energy-efficient Ultra-Low Carbon Dioxide（CO_2）Steelmaking（ULCOS）program [J]. Renewable and Sustainable Energy Reviews, 2016, 55：537~549.

[3] Takeda K, Anyashiki T, Sato T, et al. 日本炼铁近期和中长期 CO_2 减排项目进展 [J]. 世界钢铁，2012，12（6）：1~7.

[4] 王国栋，储满生. 低碳减排的绿色钢铁冶金技术 [J]. 科技导报，2020，38（14）：68~76.

[5] Higuchi K, Matsuzaki S, Shinotake A, et al. 高炉喷吹改质焦炉煤气减少 CO_2 排放的技术发展 [J]. 世界钢铁，2013，13（4）：5~9.

[6] 魏侦凯，郭瑞，谢全安. 日本环保炼铁工艺 COURSE50 新技术 [J]. 华北理工大学学报，2018, 40 (3): 26~30.

[7] 张京萍. 拥抱氢经济时代全球氢冶金技术研发亮点纷呈 [N]. 2019-11-26.

[8] 张兆麟. Fe₂O₃ 被 CO 还原反应的探讨 [J]. 化学教育, 2002 (2): 43, 44, 48.

[9] 王煜. 富氢条件下含铁炉料冶金性能及微观结构演变规律 [D]. 鞍山: 辽宁科技大学, 2020.

[10] Lyu Q, Qie Y, Liu X, et al. Effect of hydrogen addition on reduction behavior of iron oxides in gas-injection blast furnace [J]. Thermochimica Acta, 2017, 648: 79~90.

[11] Qie Y, Lyu Q, Li J, et al. Effect of hydrogen addition on reduction kinetics of iron oxides in Gas-injection BF [J]. ISIJ International, 2017, 57 (3): 404~412.

[12] Nogami H, Kashiwaya Y, Yamada D. Simulation of Blast Furnace Operation with Intensive Hydrogen Injection [J]. ISIJ International, 2012, 52 (8): 1523~1527.

[13] Chu M, Nogami H, Yag J I. Numerical Analysis on Injection of Hydrogen Bearing Materials into Blast Furnace [J]. ISIJ International, 2004, 44 (5): 801~808.

[14] 杜诚波，刘征建，张建良，等. 氢气含量对含铁炉料还原及软熔性能的影响 [J]. 中国冶金, 2018, 28 (12): 19~23, 35.

[15] 王太炎，王少立，高成亮. 试论氢冶金工程学 [J]. 鞍钢技术, 2005 (1): 4~8.

[16] 郑少波. 氢冶金的一些基础研究及新工艺探索 [C]. proceedings of the 2011 年全国冶金节能减排与低碳技术发展研讨会，中国河北唐山，F, 2011.

[17] 李家新，王平，周莉英. 全氧混合喷吹煤粉和富氢燃料高炉新工艺的可行性 [J]. 钢铁研究学报, 2009, 21 (6): 13~16.

[18] 王煜，何志军，湛文龙，等. 富氢气氛下不同含铁炉料的还原行为 [J]. 钢铁, 2020, 55 (7): 34~40, 84.

[19] Higuchi K, Matsuzaki S, Shinotake A, et al. 高炉喷吹改质焦炉煤气减少 CO₂ 排放的技术发展 [J]. 世界钢铁, 2013 (4): 5~9.

[20] Nakano K, Ujisawa Y, Kakiuchi K, et al. Experimental Blast Furnace Operation for CO₂ Ultimate Reduction [J].

[21] Otto A, Robinius M, Grube T, et al. Power-to-Steel: Reducing CO₂ through the Integration of Renewable Energy and Hydrogen into the German Steel Industry [J]. Energies, 2017, 10 (4).

[22] 刘涛，刘颖昊. 从生命周期评价视角看钢铁企业_ 煤改天然气 [J]. 冶金能源, 2019, 38 (3): 3~6.

[23] 马志. 天然气在钢铁企业中的应用 [J]. 冶金动力, 2019 (3): 31~33.

[24] 徐同晏. 高炉喷吹天然气的初步分析 [J]. 鞍钢技术, 1986 (6): 13~17.

[25] 文光远. 高炉喷吹天然气的探讨 [J]. 炼铁, 1987 (2): 12~16.

[26] 唐珏，储满生，李峰，等. 我国氢冶金发展现状及未来趋势 [J]. 河北冶金, 2020 (8): 1~6, 51.

[27] 王广，王静松，左海滨，等. 高炉煤气循环耦合富氢对中国炼铁低碳发展的意义 [J]. 中国冶金, 2019, 29 (10): 1~6.

［28］ Peng J, Xie R, Lai M. Energy-related CO_2 emissions in the China's iron and steel industry: A global supply chain analysis ［J］. Resources, Conservation and Recycling, 2018, 129: 392~401.

［29］ Xiaolei W, Boqiang L. How to reduce CO_2 emissions in China's iron and steel industry ［J］. Renewable and Sustainable Energy Reviews, 2016, 57: 1496~1505.

7 氢在烧结过程中的行为

7.1 烧结过程氢冶金技术概要

7.1.1 超级烧结技术（Super-SINTER）发展历程

钢铁行业是能源消耗和环境污染的大户，其中烧结生产是钢铁生产过程中的一个重要环节，近年来，随着钢铁产能的不断扩大，烧结行业得到了前所未有的快速发展，烧结过程中的能耗和环境污染问题也日益严重，成为影响钢铁企业可持续发展的一个瓶颈，引起了高度重视。现代烧结生产过程是一个抽风烧结过程，将铁矿粉、熔剂、燃料及返矿按一定比例组成混合料，配以适量水分，经混合及制粒后，铺于烧结台车上，在一定负压下点火，整个烧结过程是在负压抽风下自上而下进行的。其中铁矿石的液相固结主要是指在烧结过程中随着温度的升高烧结物料经过固相反应、液相生成、冷凝固结三个过程凝固的过程。

近年来，面对全球变暖，CO_2减排已成为钢铁工业当务之急。烧结与高炉工序约占工业排放总量的 60%[1,2]，因此，减少烧结用焦粉配比（下文称黏结剂比例，BAR）与高炉炉料的燃料比（下文称还原剂比例，RAR）成为迫切之需[3]。众所周知，有效降低 BAR 与 RAR 的方法是提高烧结矿的强度与还原性。换言之，提高了烧结矿强度，返矿率将减少，可降低 BAR；提高了烧结矿还原性，高炉炉料的 RAR 就会降低。

因此，高强度、高还原性的烧结矿可降低 CO_2 的排放，这点十分重要。烧结矿强度要高，则烧结温度需保持在 1200~1400℃ 之间。在常规烧结作业中，可加入焦粉延长上述有利时间段，但添加过多，有时引起峰值温度过高及使铁酸钙分解，结果产生玻璃状熔渣及再生赤铁矿，反而使烧结矿强度降低[4]。在过去，为提高烧结产量而不增加 BAR，采取过许多措施，例如，利用循环烧结主烟道的烟气显热来降低料层冷却速度。但据报告，烟气中较低的氧浓度和较高的湿度都会降低烧结产量；另外也有人提出了喷入预热空气的方法，但预热空气的温度很低，介于 150~450℃ 之间，凭此来控制高于 1200℃ 温度带的宽度难度很高，料层实际流速增加反而使透气性恶化。因此，上述技术在烧结机上的应用并不广泛，因种种原因未能普及。

为大幅度减少烧结矿生产过程中 CO_2 的排放量，JFE 钢铁公司开发出往烧结机喷吹氢系气体燃料的超级烧结技术"Super-SINTER"（以节能为目的的二次燃料喷吹技术），并在世界上成功地应用于生产。该技术已于 2009 年 1 月在京滨第一烧结厂投入商业运行[5]，并持续稳定运行至今。结果，烧结过程的能源效率大大提高，而且在京滨第一烧结厂已实现二氧化碳排放量最多减少约 60000t/a。为了生产高品质的烧结矿，必须使烧结温度在 1200~1400℃ 维持一定的时间。采用"Super-SINTER"技术时，通过在烧结机原料上面喷吹氢系气体燃料替代部分焦粉，不会使燃烧时的最高温度升高，但能够长时间保持最佳烧结温度，因此，能够大幅度提高烧结工序的能源效率，每年可减少 CO_2 排放量达 6 万吨左右。喷吹天然气可促进烧结矿中石灰石、铁矿石的软化和气孔成长，使烧结矿强度提高 1%，烧结矿 RI（还原度指数）提高 3%，而烧结矿 RI 的增加可导致高炉 RAR 降低 3kg/t[6~8]。

2014 年 7 月 17 日，JFE 钢铁公司宣布，在世界上首次成功开发出在烧结矿生产过程中可根本性改善生产率的向烧结机复合喷吹氧和氢系气体（城市燃气）的超级烧结技术"Super-SINTER®"，并获得实用化。在此次新开发的技术中，组合了向烧结机喷吹氧的高氧富化作业和"Super-SINTER"技术，可大幅度改善焦粉和氢系气体的燃烧性，并通过控制燃烧位置，可使最佳烧结温度比"Super-SINTER"技术保持 2 倍以上的时间。这样，烧结矿强度将改善 2%，即使使用劣质原料，也可提高烧结矿的收得率，还有通过提高烧结反应速度，增加了单位时间的烧结矿产量。由此，烧结机的生产效率比原来提高 5%。作为高炉用原料，由于高品质烧结矿的使用率提高，所以可降低高炉焦比。而后新技术已在 JFE 钢铁公司的 2 台烧结机上得到应用，大大改善了高品质烧结矿的生产率。

7.1.2　工艺原理

烧结原料的主要成分是赤铁矿，其他的如复合铁酸钙（简称 SFCA），其组织结构强度与还原性较好，而玻璃相硅酸盐组织结构稍差。众所周知，这些矿物成分会影响烧结矿的强度与还原性，图 7-1 所示为在烧结工艺中形成的矿物成分示意图，高于 1200℃，会形成 SFCA；超过 1400℃，又会分解成为玻璃相硅酸盐。经过研究发现，保持 1200~1400℃ 的温度时间可有效控制 SFCA 组织的形成。为延长 1200℃ 以上的持续时间，传统方法是增加焦粉比例，但这会导致料层过热，温度超过 1400℃，最终 SFCA 分解为玻璃相硅酸盐组织，强度与还原性都会降低，传统方法对提高烧结矿的强度与还原性并非有效。在烧结料层中，气体燃料的燃烧位置不同于焦粉。如燃料点控制得当，会延长 1200~1400℃ 温度的持续时间。

"Super-SINTER"工艺的基本概念是将保温时间延长到 1200℃ 以上，既能促进石灰石和铁矿石的同化，又能促进烧结矿内部孔隙的生长，同时又不会过度提

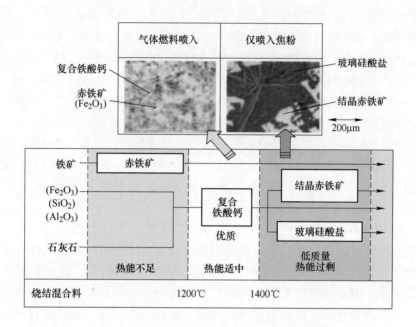

图 7-1 在烧结工艺中形成的矿物成分示意图

高峰值温度。在 Super-SINTER 工艺中，部分焦粉被替换成天然气，在点火后喷吹到烧结床表面，喷吹的天然气流过烧结块，并在烧结层的较低部分开始燃烧。焦炉煤气强化烧结的主要原理是，在负压的作用下将一定量的焦炉煤气吹入烧结料层中，并在烧结料层中的燃烧层进行高温燃烧，从而拓宽了烧结的燃烧层，使得烧结矿高温保持时间相对延长，并改善烧结矿的质量。不过，随着焦炉煤气喷吹量的加大，烧结过程中可能会出现燃烧不充分的现象[9]。

从宏观上来看，烧结的物理化学反应主要在氧化气氛中进行，固体燃料提供了一种适应于烧结成矿的温度场。当固体燃料的加入量少时，燃烧带温度不够，液相偏少，夹生矿占比增加，烧结矿以松散的骸晶状赤铁矿为主，多孔洞，烧结矿强度较差；当固体燃料加入偏多时，热量过剩，液相生成量过多，料层的透气性降低，形成大孔壁结构或致密的石头状磁铁矿，烧结矿产量低，还原性差。从微观角度来看，少数固体燃料颗粒镶嵌在多数矿粉颗粒中，绝大部分固体碳颗粒的燃烧，在周围不含碳的矿粉颗粒包围下进行。在靠近固体燃料颗粒附近，一方面由于烧结温度过高，促进了铁酸钙的分解；另一方面由于还原性气氛占优势，出现了 FeO，钙铁橄榄石液相和硅酸盐液相取代铁酸钙液相，影响烧结质量。因此，在满足烧结成矿温度条件下，碳占比越少越好，碳分布越均匀越好。

固体燃料产生的高温促使混合料中液相的产生，是烧结成矿的前提。液相的冷凝过程是决定成矿质量的重要因素之一：冷却速度较小时，液体黏度小，晶体生长速度大于晶核形成速度，一般可长成粗粒状、板状半自形晶；冷却速度较大时，液体黏度大，晶核形成速度大于晶体生长速度，则结晶晶核增多，一般为初生细小的针状、棒状、树枝状自形晶；冷却速度过大时，液相析出的矿物来不及结晶，易形成脆性大的玻璃质，已析出的晶体在冷却过程中发生晶型变化，例如正硅酸钙的同质异构体，造成相变应力。

研究表明，理想的冷却速度应低于 $100℃/min$，高温（大于 $1200℃$）时间保持在 $1.5 \sim 2.0min$。而目前常规烧结由于受纯固体燃料模式所限，烧结料表层高温保持时间只有 $1.17min$，冷却速度升至 $158℃/min$，而最下层的高温保持时间长达 $4.33min$，冷却速度降至 $71℃/min$。

蓄热效应是所有抽风生产工序的固有特性。在抽风烧结过程中，从料层表面抽入的低温空气在上部热烧结饼的加热作用下温度不断升高，当其到达燃烧带的最高温度层时，所形成的废气温度达到最高；在继续向下的运动过程中，高温废气与低温烧结料之间发生热交换，其热量被下部料层吸收，使下层物料获得比上层物料更多的热量，这就是蓄热现象。蓄热量来自热烧结饼，料层越高，蓄热效应就越严重。蓄热导致了烧结料层上下热量不均。研究表明，厚料层烧结时，表层和最下层燃烧带的最高温度相差达 $120℃$ 以上。为实现均热烧结，理想的燃料分布应是料层内从上到下依次递减的梯级偏析分布。为了实现该效果，国内外开发了不同原理的偏析布料技术（在实现粒度偏析的同时实现燃料偏析），取得了一定的技术效果，但受纯固体燃料模式所限，该技术仍难以达到理想状态[10]。

从以上分析可知，纯固体燃料供热模式虽然可为烧结成矿提供适宜温度场，保证合格矿生成，但不是一种完美的烧结供热模式。相比碳系固体燃料，氢系气体燃料的可燃性更好、燃烧产物更清洁。气体燃料烧结的关键，在于是否能够像固体燃料一样提供一个自上而下稳定移动的燃烧带热源。气-固燃料复合供热是在烧结总热耗不变，甚至降低的前提下，将气体燃料由点火炉后的料面喷入进行烧结，并减少固体燃料配比的方法。在抽风作用下，气体燃料与上层炽热的烧结矿带发生热交换，由于气体燃料的可燃性好，烧结气流介质中携带的可燃物在烧结矿带即发生燃烧，在固体燃料燃烧带的上部形成新的气体燃料燃烧带。

图 7-2[10] 中曲线②为气-固燃料复合供热模式下某时刻料层高度方向的温度曲线，料层分区 6 为气体燃料燃烧带区间。烧结料层供热的新模式：表层依靠固体燃料+点火煤气供热，中上层依靠气体燃料+固体燃料供热，下层依靠固体燃料+抽风蓄热供热，如图 7-3 所示。气-固燃料复合供热对延长上层液相冷凝结晶时间有利，可拓宽其熔体结晶区间（$1200 \sim 1400℃$），降低其冷却速度，有利于

优质铁酸钙的形成；液相结晶析出的晶型发展比较大而完整，相变热应力小，可提高烧结矿的强度和还原性。而且，气体燃料从烧结机前半段喷入，其燃烧放热很快向下传导并叠加至固体燃料燃烧带，可有效解决传统烧结上部料层热量不足、下部料层热量过剩的问题，可实现热量的精准供给。另外，气体燃料与烧结气流介质混为一体，只要达到燃烧条件，其在气流通过的区域均会提供热源，有助于实现均质烧结。

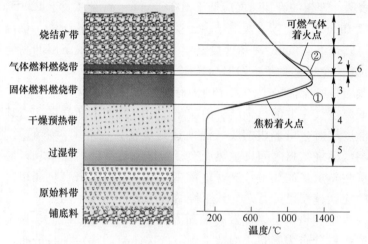

图 7-2   某时刻下沿料层高度方向烧结各带及温度分布
①—固体燃料供热曲线；②—气-固燃料复合供热曲线；
1—烧结矿带；2—冷却带；3—固体燃料燃烧带；4—干燥预热带；5—过湿带；6—气体燃料燃烧带

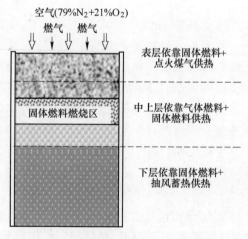

图 7-3   气-固燃料耦合复合分层供热新模式

从理论到实践都证明了喷入燃料气体技术的使用效果。保持 1200~1400℃ 的温度带，对生产高强度、高还原性的烧结矿至关重要，它能使合适的温度带变宽，液相率增加，提高 1~5mm 孔隙间的熔合并提升烧结矿强度。大于 5mm 的孔隙的烧结矿数量增多提高了料层的透气性，低温烧结工艺也抑制了铁矿石的自身熔化。而在未熔化的铁矿石中，小于 1μm 的微孔隙的存在也使烧结矿的还原性提高，从而改善烧结饼的孔隙结构，提高烧结矿质量。

图 7-4 为使用碳氢气体喷入烧结机的传热模式示意图。实际烧结机的应用结果如图 7-5[7,11] 所示，这是注烃气体烧结设备示意图，该设施包括喷吹喷嘴和专门设计的机罩，以实现均匀喷入天然气的浓度和防止意外发生的燃烧或爆炸。

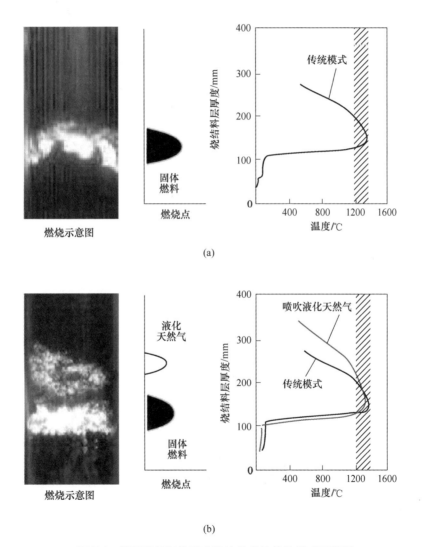

图 7-4 使用碳氢气体喷吹烧结技术的传热模式示意图
（a）传统模式；（b）喷吹液化天然气

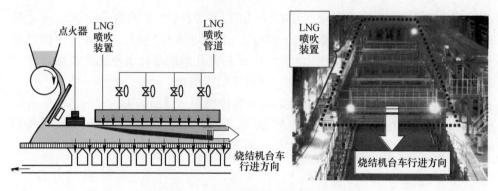

图 7-5　含烃气体喷入烧结设备

7.2　富氢对烧结过程影响的机理

7.2.1　气体燃料喷入方法对烧结性能的影响

传统方法与喷入 LNG（液化天然气）方法对料层燃烧状态、产能及烧结矿质量的影响见表 7-1[12]。观察结果证实了料层的红热层在采取喷入 LNG 方法后，厚度大幅增加。在该层中，燃烧区域与熔融区域并存。另外，在烧结时间相同的条件下，烧结矿强度提高，返矿率明显降低。JIS-*RI*（还原度）与 JIS-*RDI*（低温还原粉化指数）两个指标一般与烧结矿强度成反比，而喷入 LNG 时却增加。

表 7-1　传统方法与喷入 LNG 方法时料层燃烧反应、产量与烧结矿质量比较

项　目	焦炭质量 5.0%（传统方法）	焦炭质量分数 4.8% LNG 体积分数 0.4%（LNG 喷入方法）
石英玻璃坩埚红热区域微观成像	红热区宽度 =60mm	红热区宽度 =150mm
烧结时间/min	16.0	16.7
烧结产率/%	69.0	72.8（+3.8）
生产率/t·h⁻¹·m⁻²	1.56	1.64（+0.8）
粉碎指数/%	70.7	72.9（+2.2）
JIS-*RDI*/%	36.1	28.3（-7.8）
JIS-*RI*/%	64.5	70.4（+5.9）

表 7-1 中图像显示的是中间层的红热区域,其中认为存在燃烧/熔化区,证实了喷吹液化天然气的方法大大扩展了红热区。在烧结层的所有层中,红热区也得到了扩展。在烧结时间相近的情况下,烧结矿强度显著提高,回粉率显著降低。虽然 JIS-*RI* 和 JIS-*RDI* 通常与烧结矿强度呈负相关关系,但采用喷吹液化天然气的方法时,这两种性能都得到了改善。在喷吹丙烷气和 CO 气情况下,改善效果与 LNG 情况几乎相同。

7.2.2 气体燃料喷入方法对烧结料层温度分布的影响

表 7-2[12,13] 表明了喷入气体燃料对料层温度分布的影响,该温度是通过料层温度计测定的。可以看出,采用 LNG(液化天然气)喷入方法,在料层上部高于 1200℃ 的温度区会变宽,因为 LNG 是从料层顶部加入的,与焦粉在料层的燃烧位置不同,在到达焦粉前就已燃烧,温度在 650~750℃ 之间,这是 CH_4 的燃烧温度(占 LNG 成分 90%)。因料层不易冷却,因此超过 1200℃ 的料层宽度在上部会扩展。

表 7-2 气体燃料喷入方法对料层温度分布的影响

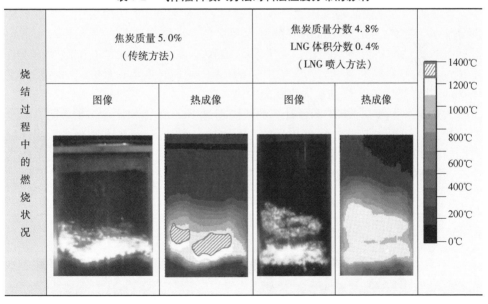

图 7-6 为采用气体燃料喷入方法,通过红外测温仪得到的温度分布变化。可看出在传统烧结工艺中,超过 1200℃ 的温度区狭窄,最高温度大于 1400℃。通过比较发现,采用气体燃料喷入方法可使料层的最高温度下降,超过 1200℃ 的温度带宽明显增厚。用热电偶测得距顶部料层 200mm 超过 1200℃ 的料层持续时间从 144s 增至 376s。

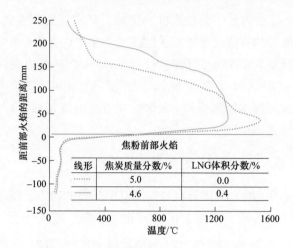

图 7-6　喷入气体燃料后料层温度分布变化

7.2.3　气体燃料喷入对料层中孔隙的影响

使用热相 X 射线 CT 扫描的烧结试验证实了气体燃料对烧结料层中孔隙的影响。图 7-7[12] 为全焦法与气体燃料喷射法烧结饼 X 射线 CT 图像对比。图中固体部分显示为白色，超过 1mm 的孔隙显示为黑色。从结果来看，喷入 LNG（液化天然气）方法与传统方法相比，大于 5mm 孔隙增多，1~5mm 的孔隙减少，延长了超过 1200℃ 料层的持续时间，增加了 SFCA 的液相转换率；最终，后者提高了 1~5mm 孔隙熔合率，烧结矿强度随之提高。

表 7-3[12] 为 X 射线 CT 图像计算的孔隙超过 1mm 的面积比。结果表明，与全焦法相比，气相喷煤法在 5mm 以上的孔隙增加，在 1~5mm 的孔隙减少。当保温时间超过 1200℃ 时，液相比的增加促进了气孔（1~5mm）的结合，增加了作为空气通道的渗透气孔（超过 5mm）；同时，气孔的组合（1~5mm）提高了烧结

表 7-3　传统方法与 LNG 喷入方法的 X 射线 CT 图像比较

项目	焦炭质量 5.0%	焦炭质量分数 4.6% LNG 体积分数 0.4%
CT 图像		

矿的强度。图 7-7 为每种条件下支路宽度的变化。从图中可以看出，随着烧结反应的进行，支路宽度开始同时增加，在烧结反应完成之前停止增加。喷吹方式加快了支路宽度的增长速度，最终支路宽度也增大了 30%。虽然焦炭含量的增加也促进了分支宽度的增长，分支宽度增加了 16%，但比 LNG 喷吹法要小。最高温度虽有所提高，但 1200℃ 以上保温时间随煤粉比的增加而延长不大。结果表明，焦炭比的增加对液相比的增加作用不大，对孔径在 1mm 以上的生长速率影响不大。

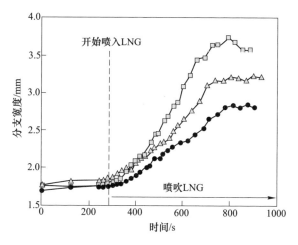

图 7-7　每个条件的分支宽度随时间的变化

图 7-8[12] 为喷入 LNG 后由水银孔率仪测定的孔隙尺寸分布。由图可以看出，喷入 LNG 方法与传统方法相比，小于 1μm 的微孔的烧结矿数量更多。喷入 LNG 后，BAR（黏结剂比例）会降低，最高温度会下降，最终铁矿石密度降低，未溶

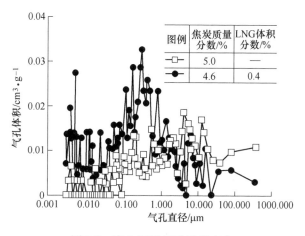

图 7-8　喷入 LNG 后孔隙的变化

铁矿石中存在着大量的小于 $1\mu m$ 的微小孔隙,因此,*JIS-RI*(还原度指数)强度增加。

7.2.4 气体燃料喷入对透气性的影响

图 7-9[12]为烧结过程中压降的变化。全焦法和液化天然气喷射法的压降在点火后 500s 压降达到最大值,且全焦法与注气法的压降差异显著。

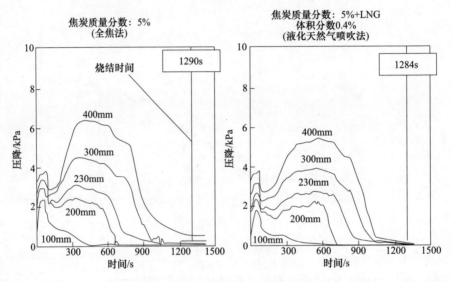

图 7-9 各位置烧结时压降的变化

点火后 500s 压降最大,喷入 LNG 方法与传统方法相比有明显不同,通过比较可研究点火后 500s 喷入气体燃料对透气性的影响。料层分为 4 个区域(烧结饼层、熔融层、燃料层与过湿层),每层厚度可采用 SHIBATA 方法测量的温度分布图来确定。图 7-10 为喷入 LNG、点火 500s 后各层压降变化。图中,两种方法在过湿带并无明显不同。与传统方法相比,喷入 LNG 可减少 32% 的燃烧/熔融带压降。因此,与传统方法相比,采用喷入 LNG 方法会使整个烧结料层中减少 15% 压降。

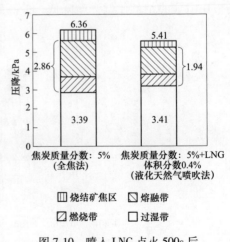

图 7-10 喷入 LNG 点火 500s 后
各层压降变化

7.3 烧结过程氢碳行为对比

7.3.1 烧结料层影响

京滨 1 号烧结机评估了喷入气体燃料对料层温度分布的效果[12]。图 7-11（a）所示为料层上部温度分布，图 7-11（b）所示为料层下部温度分布。如图 7-11（a）所示，喷入 LNG 后，料层上部热量较低，但超过 1200℃ 的持续时间从 134s 增至 258s，也不会达到最高温度。料层下部更易过热。但从图 7-11（b）可以看出喷入 LNG（液化天然气）后，料层最高温度从 1437℃ 降至 1370℃，燃料减少了 3.00kg/t，这是最高温度下降的原因。喷入 LNG 后，原较弱的料层上部强度会增加，因燃料用量减少，料层下部的 JIS-*RI* 会提高。在"低温烧结工艺"中考虑喷入 LNG，在烧结过程中最高温度不会升高，会延长料层超过 1200℃ 的持续时间。

图例	LNG喷入量 /m³·h	焦炭质量分数 /%
——	0	5.3
---	250	5.0

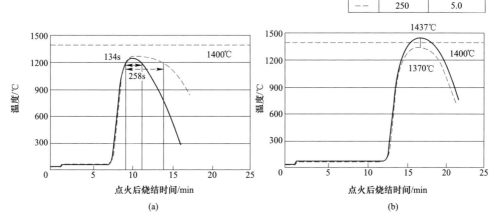

图 7-11　喷入 LNG 后京滨 1 号烧结机烧结料层温度分布
（a）料层上部；（b）料层下部

图 7-12[12] 所示为喷入 LNG 方法与传统方法操作结果与烧结矿质量的比较。图中，产量相同，喷入 LNG 后的烧结矿转鼓强度提高近 1%。强度提高，京滨 1 号烧结机的燃料使用量减少了 3.0kg/t，减少 CO_2 排放近 6 万吨/年。JIS-*RI*（还原度指数）也逐渐提高，最后证实提高了 4%。

7.3.2 烧结矿矿相

图 7-13 为京滨 1 号烧结厂烧结锅试验中喷入 LNG 后锅内矿物结构的变化。

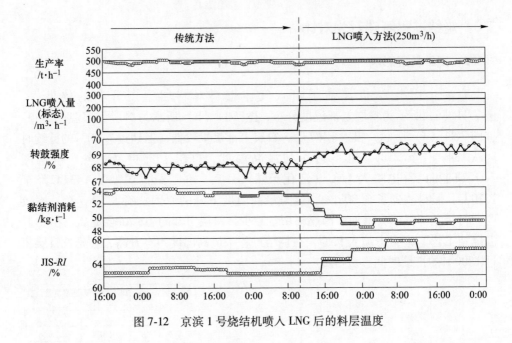

图 7-12 京滨 1 号烧结机喷入 LNG 后的料层温度

从结果来看，喷入 LNG，烧结 SFCA 转化率增加 1.6 倍，并降低了玻璃相硅酸盐比例。

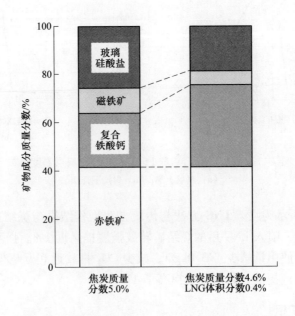

图 7-13 在烧结锅中喷入 LNG 后的矿物成分变化

　　喷入 LNG 后，可延长烧结料层 1200~1400℃ 的持续时间，从 144s 延长到 376s。延长料层适当温度区间的持续时间可减少 SFCA（复合铁酸钙）分解成玻璃相硅酸盐。喷入 LNG 后，SFCA 比例增加，玻璃相硅酸盐比例减少。SFCA 有良好的强度和还原性，而玻璃相硅酸盐在这两方面皆要逊色。因此，增加 SFCA、降低玻璃相硅酸盐比例是喷入 LNG 后提高烧结矿强度与还原性的原因之一。

　　韩凤光等[14] 在 300mm 烧结杯上进行试验，所用原、燃料及配比参照梅钢炼铁厂生产配比（表 7-4）。烧结混合料水分探索试验阶段为（6.8±0.1)%；一次混合时间 3min，二次混合 8min；铺底料粒度 10~12.5mm，重量 3kg，厚度约 25mm；点火负压 8kPa，点火温度 1050℃，点火时间 2min；烧结负压 16kPa，到达烧结终点后抽风冷却负压为 8kPa，待炉箅下温度达到 250℃ 时冷却阶段结束。倒出杯中烧结矿，进行相关质量检测。实验过程中全部使用梅钢自产焦炉煤气，其主要燃烧成分为氢气，发热值为 16.79MJ/m³，见表 7-5。

表 7-4　原燃料化学成分　　　　　　　　　　　　　（%）

原料名称	TFe	SiO_2	CaO	MgO	Al_2O_3	P	H_2O	Ig
梅精	57.20	5.38	3.88	1.00	1.19	0.170	6.90	8.20
混匀矿	57.12	3.46	0.70	1.57	1.54	0.083	7.50	7.64
外返矿	57.90	4.59	8.90	1.96	1.77	0.094	0.00	0.29
内返矿	57.90	4.80	8.72	1.53	1.66	0.098	0.00	0.29
灰石	0.00	3.80	51.56	0.63	0.70	0.026	2.30	41.53
生石灰	0.00	2.59	92.59	1.21	0.62	0.000	0.00	1.40
焦粉	0.00	6.09	0.74	0.45	3.90	0.020	1.39	85.17

表 7-5　试验用焦炉煤气的成分　　　　　　　　　　（%）

CO_2	C_nH_m	C_2H_6	C_3H_6	O_2	CO	H_2	CH_4	N_2	H_2O	发热值 /MJ·m⁻³
2.86	1.89	0.78	0.20	0.44	7.94	54.68	24.13	4.78	2.31	16.79

　　按照预定方案进行焦炉煤气强化烧结试验，结果见表 7-6。

表 7-6　焦炉煤气强化烧结试验结果

试验编号	固体燃料配比	气体流量	补充热量比例	添加时间	烧结时间	垂速	利用系数
	%	m³/h	%	min	min	mm/min	t/(m²·h)
0	A	0	0	0	31.92	21.93	1.588
1		0.825	33.3	15	30.75	22.76	1.715
2		0.619	25.0	15	31.35	22.33	1.710
3		0.464	25.0	20	32.38	21.62	1.591

续表 7-6

试验编号	固体燃料配比	气体流量	补充热量比例	添加时间	烧结时间	垂速	利用系数
	%	m³/h	%	min	min	mm/min	t/(m²·h)
4		0.495	20.0	15	30.48	22.97	1.711
5		1.225	33.3	10	33.75	20.74	1.563
6	B	0.928	25.0	10	33.97	20.61	1.566
7		0.742	20.0	10	32.97	21.23	1.635
8		0.619	16.7	10	32.48	21.55	1.613
9		0.557	15.0	10	31.42	22.28	1.711
10		0.289	12.5	10	27.28	25.66	1.907

　　基准试验是按照梅钢 3 号烧结机现有原料结构进行，其固体燃料配比为 A 水平。焦炉煤气强化烧结试验期间，在基准料比的基础上，将固体燃料配比从 A 水平降至 B 水平，然后按照焦粉和焦炉煤气的热值差异，将减少焦粉后所损失的热值折算成一定比例的焦炉煤气进行补偿，即表 7-6 中"热量补充比例"，从而观察补偿不同热量比例的焦炉煤气对烧结矿质量的影响。选取试验 0 和试验 7 样品进行矿相观察和分析。在莱兹偏光显微镜 200 倍目镜下采用数点法得到的检测结果，见表 7-7。

表 7-7　烧结矿矿物组成检测结果　　（%）

试样编号	磁铁矿	赤铁矿	铁酸钙	硅酸二钙	玻璃相	脉石、熔剂和残余
0	36.1	30.0	27.5	2.5	2.5	1.4
7	35.6	28.2	28.9	3.1	3.6	0.6

　　从表 7-7[14]可以看出，试验 7 的矿物组成与基准相比并没有发生大的变化，铁酸钙含量略有增加，由基准时的 27.5% 提高到 28.9%，提高了 1.4 个百分点。从矿物结构来看，基准样中铁酸钙多以与磁铁矿共熔形式存在，针状铁酸钙较少（图 7-14（a））。而在试验 7 中针状铁酸钙较多（图 7-14（b）），喷吹焦炉煤气后，烧结矿中铁酸钙的结构更趋合理。

　　图 7-15[15]所示为富氢注气对烧结矿微观结构的影响，可以发现使用 5.60% 焦炭形成了更大的孔隙和更多的赤铁矿（图 7-15（a）和（b）），它的机械强度弱于未喷吹富氢气体。从图 7-16[15]中还可以看出，喷吹富氢气体情况下赤铁矿含量由 29.28% 增加到 35.47%，铁酸钙含量由 38.47% 减少到 32.50%。烧结矿微观结构和主要矿物组成的变化与烧结矿的弱化质量基本一致，证实了在适当的焦炭吹风率下喷吹富氢气体是不合理的。使用 5.30% 焦炭的情况下，富氢气喷吹后的大孔隙较少；产生更多具有较高机械强度的针状铁酸钙，并与磁铁矿形成互锁结构，是具有较高机械强度和较好的冶金性能的理想烧结组织。从图 7-16 矿物

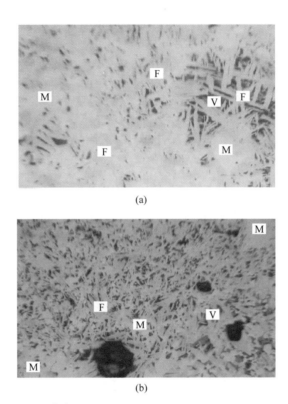

(a)

(b)

图 7-14[14]　基准组（试验 0，试验 7）铁酸钙结构

M—磁铁矿；F—铁酸钙；V—硅酸盐相

组成也可以看出，铁酸钙的含量由 35.13% 增加到 39.11%，而机械强度较弱的黏结矿物硅酸盐的含量由 13.33% 减少到 9.20%。喷吹富氢气体后烧结矿的显微组织和矿物成分改善说明了烧结矿质量的提高。

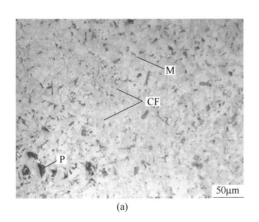

(a)

(b)

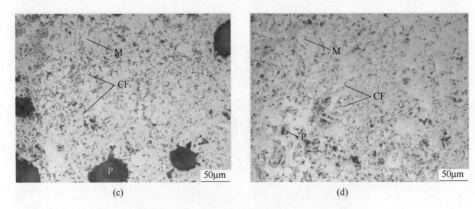

(c)   (d)

图 7-15 喷吹富氢气体对烧结矿微观结构的影响
(a)（c）未喷吹富氢气体；(b)（d）喷吹富氢气体
M—磁铁矿；H—赤铁矿；P—孔隙；CF—铁酸钙

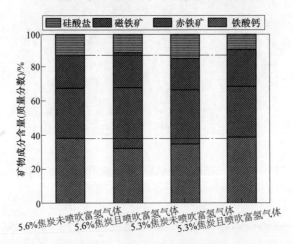

图 7-16 喷吹富氢气体对烧结矿矿物组成的影响

7.3.3 烧结经济技术指标

　　LNG（液化天然气）吹入法与全焦法烧结各项指标的对比见表 7-8。技术优势：LNG 吹入法与全焦法相比，烧结矿转鼓强度提高，*JIS-RI*（还原度指数）和 *JIS-RDI*（低温还原粉化指数）都得到了改善，返矿率明显降低，焦粉用量减少约 8%，单位热耗下降，而烧结时间与全焦法基本相同。技术劣势：应用 LNG 吹入法需要在喷吹段加装数排喷嘴和必备的流量控制阀，这些设备以及后期的日常维护都需要一定的资金投入；此外，由于烧结厂内没有 LNG，必须外购并在烧结厂内铺设 LNG 输送管线，也需要一定的费用。这两项费用加起来，也是一笔不小的数目。

表 7-8 **LNG 吹入法与全焦法烧结各项指标的对比**

工艺	烧结矿产量 /t·h⁻¹	烧结时间 /min	成品率 /%	利用系数 /t·h⁻¹·m⁻²	转鼓强度 /%	JIS-RDI/%	JIS-RI/%	单位热耗 /MJ·t⁻¹
全焦法 （焦粉 5.0%）	500	16.0	69.0	1.56	68	36.1	63	1544
LNG 喷吹法	500	16.7	72.8	1.64	69	28.3	67	1481
改善效果 （两者比较）	保持不变	+0.7	+3.8	+0.8	+1.0	−7.8	+4.0	−63

含水率和焦炭风量是实现烧结平稳的两个重要操作参数。含水率与细粒铁矿成大颗粒的造粒效应和烧结床的透气性密切相关，且焦炭风量与驱动水蒸发、碳酸盐分解、矿物熔化等的适当供热有关。这些因素最终决定了烧结矿产品的质量。在基本情况下，无富氢气喷吹时，适宜的含水率为 7.00%，适宜的焦炭风率为 5.60%。在此条件下，喷吹富氢气体有降低烧结速度、降低成品率、降低转鼓指数和生产率的趋势，特别是当喷吹浓度从 0.2% 增加到 0.6% 时。因此，在适当的基础情况下，烧结产品的产量和机械强度都受到了影响。

季志云等[16] 在进行富氢喷射试验时，采用了 4 种标准气体模拟焦炉煤气的组成，其体积比例见表 7-9，其流量由质量流量计控制。为了保证试验的安全性，单向阀是必不可少的。选取 3 个富氢气体喷吹区，从区域 1 到区域 3 分别为烧结时间 5~13min、8~16min、12~20min，覆盖区域由烧结前期向后期过渡，如图 7-17 所示。

表 7-9 **焦炭和富氢气体的特征**

燃料种类	体积分数/%						热值 /MJ·m⁻³
	CH_4	CO	H_2	N_2	固定碳	灰分	
焦炭	—	—	—	—	75.68	19.54	28.69
富氢气体	25	8	60	7	0.85	—	18.61

图 7-18[16] 所示为富氢气体喷吹浓度对烧结质量的影响，注射时间为 8min，注射面积为 8~16min。结果表明，随着进样浓度从 0 增加到 0.6%，产率、转鼓指数和产率均呈上升趋势。分别由 68.8%、64.9% 和 1.34t/(h·m²) 增加到 70.7%、66.5% 和 1.41t/(h·m²)；当注射剂浓度进一步提高到 0.8% 时，这些因素逐渐升高，当注射剂浓度进一步提高到 1.0% 时出现明显下降。因此，推荐的含 H_2 气体的注射浓度为 0.6%~0.8%。

图 7-19[16] 所示为富氢气体喷吹时间对烧结质量的影响，注射浓度为 0.6%，

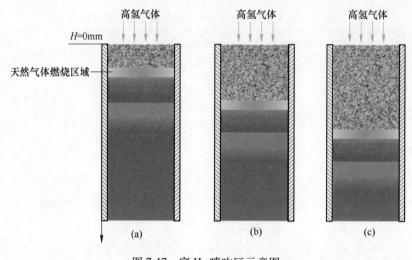

图 7-17　富 H$_2$ 喷吹区示意图

(a) 区域 1；(b) 区域 2；(c) 区域 3

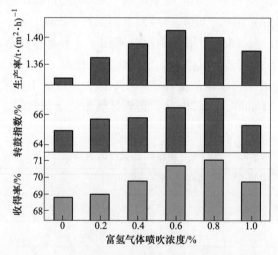

图 7-18　富氢气体喷吹浓度对烧结矿质量的影响

喷吹时间为 8~16min。结果表明，随着喷吹时间从 0~8min 的增加，生产率、转鼓指数、收得率均有上升趋势。当喷吹时间延长至 8min 时，生产率和利用系数均有提高，转鼓指数明显下降。因此，建议喷吹时间是 8min。

富氢注气区域烧结质量的影响如图 7-20[16] 所示，喷吹浓度为 0.6%，喷吹时间为 8min。可以发现，与基本情况相比，每个喷吹例实现了烧结质量的改进。在喷吹区域 1(5~13min)，产能、转鼓指数和生产率均显著高于其他喷吹情况，分别从基本情况下的 68.8%、64.9% 和 1.34t/(m² · h) 提高到 71.8%、68.4% 和

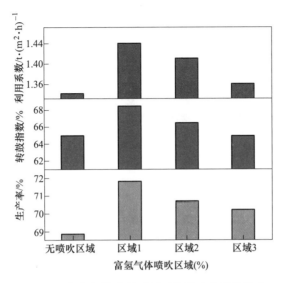

图 7-19　富氢气体喷射时间对烧结矿质量的影响

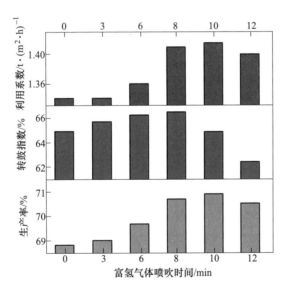

图 7-20　富氢气体喷吹区对烧结矿质量的影响

1.44t/(m² · h)。说明在烧结早期喷吹富含氢的气体有助于获得更好的烧结质量，推荐使用喷吹区域 1。

　　图 7-21[15]为整个烧结过程中喷吹富氢气体对吸入压力变化的影响。在基本情况下，随着烧结过程的进行，吸入压力呈逐渐减小的趋势，这是实验室烧结锅试验中众所周知的变化规律。在富氢注气情况下，压力在进入持续降低期之前呈

现出逐渐增加的趋势。这一现象表明，喷吹富氢气体增加了烧结料层的压力，增强了气体向下通过的阻力。潜在的原因可以描述为富氢气体的燃烧增加了烧结床的过湿程度，形成额外的水分。此外，气体燃烧过程中会产生大量热量，可能导致烧结过程中矿物过度熔化，阻碍烟气向下顺畅流动，是增加烧结床阻力的另一个因素。综合考虑后，含水率和焦炭风量分别由 7.00% 和 5.60% 降至 6.75% 和 5.30%，在此条件下吸入压力呈逐渐下降趋势，烧结指标达到了与基本情况相当的注射浓度为 0.6% 时的水平。因此，在喷吹富氢气时，适当降低水分和焦炭风量，在一定程度上有利于低成本烧结生产。

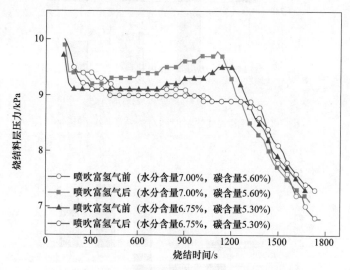

图 7-21　富氢气体喷吹对烧结床吸入压力的影响

图 7-22[15] 为富氢气体喷吹浓度对烧结矿质量的影响，其中含水率为 6.75%，碳含量 5.30%。结果表明，随着喷吹浓度从 0 增加到 0.80%，产率和转鼓指数分别从 68.81% 和 64.93% 增加到 71.05% 和 67.50%，呈现出不断增加的趋势。但当喷吹浓度超过 0.80% 时，产率和转鼓指数明显下降。图 7-23 为富氢喷吹的影响成品烧结矿的粒度分布，可以发现喷吹浓度从 0 增加到 0.80%，烧结矿的粒度范围小于 5mm 和 5~10mm 显示逐渐减少趋势，分别从 27.80% 和 21.04% 降低到 25.65% 和 18.02%。当喷吹浓度进一步增加到 1.00% 时，这些粒度范围内的烧结矿得到增强。相应地，在喷吹浓度超过 0.80% 之前，烧结矿大于 10mm 的比例有所增加。这些现象说明，只要控制在适当的浓度范围内，在烧结床中喷吹高浓度氢气体有利于烧结质量的提高，此富氢气体喷吹试验中不应超过 0.80%。烧结矿粒度范围的提高降低了烧结矿细粉的含量，烧结矿粒度在 5~10mm 范围内的减少有利于高炉的平稳运行，因为烧结矿细粉的生成减少了。

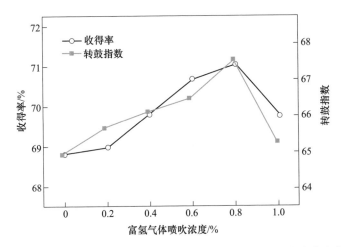

图 7-22　富氢气体喷吹浓度对烧结质量的影响（基本情况下的含水率和焦炭气量
分别为 7.00% 和 5.60%，喷吹氢气体时的含水率和焦炭气量分别为 6.75% 和 5.30%）

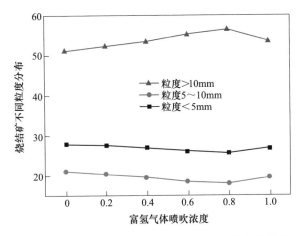

图 7-23　富氢气体喷吹浓度对烧结矿粒度分布的影响

7.3.4　富氢气氛下含铁炉料的还原行为

以国内某钢铁厂现场用多种含铁炉料为研究对象，针对其富氢条件下的还原行为进行研究，比较了不同含铁炉料的低温还原粉化以及中温还原特性，并利用 SEM 对还原后不同含铁炉料的微观结构及形貌进行分析，解释富氢条件下不同含铁炉料的还原规律[17]。试验过程中采用两种配气方式：（1）保持还原气体 CO 30%+N$_2$ 70% 不变的条件下，改变 H$_2$ 加入量，减少 N$_2$ 通入量；（2）保持还原气体（CO+H$_2$）30%+N$_2$ 70% 不变，改变 H$_2$ 加入量，减少 CO 通入量。低温粉化与中温还原试验过程中还原气体的通入总量为 15L/min，具体配气方案见表 7-10 和表 7-11。

表 7-10　粉化试验的配气方案　　　　　　　　　　　　（%）

试验组	H_2	N_2	CO	CO_2
1	0	60	20	20
2	10	60	10	20
3	20	60	0	20

表 7-11　还原试验的配气方案　　　　　　　　　　　　（%）

方案	试验组	H_2	N_2	CO
基准方案	0	0	70	30
方案 1	1	10	60	30
	2	15	55	30
	3	20	50	30
	4	25	45	30
	5	30	40	30
方案 2	6	10	70	20
	7	20	70	10
	8	30	70	0

富氢气氛下不同含铁炉料粉化试验结果如图 7-24 所示。由图可知，块矿试验组 3 较试验组 1 条件下 $RDI_{>3.15mm}$ 提高了 11.08%。球团矿由于自身还原产物致密且互联性强，因此 H_2 对其粉化指标影响不明显，仅在试验组 3 的还原气体时，其 $RDI_{>3.15mm}$ 有所改善，较试验组 1 增加了 6.13%。相比块矿和球团矿，富氢条件对烧结矿的粉化指标影响显著，试验组 3 条件下还原时，其 $RDI_{>3.15mm}$ 较试验组

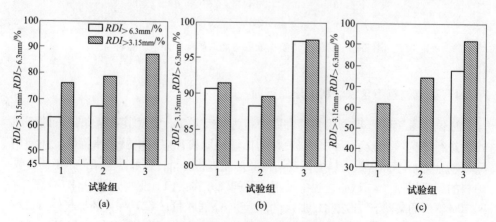

图 7-24　富氢气氛下不同含铁炉料的粉化指标

（a）块矿；（b）球团矿；（c）烧结矿

1 条件下提高了 30.23%，分析其原因，主要是由于烧结矿孔隙率高和 H_2 小分子结构的双重作用，使得还原过程中反应界面增大，还原效率提高。同时，对比不同含铁炉料的 $RDI_{>6.3mm}$ 指标可以看出，试验组 3 条件下，块矿的颗粒粒度大于 6.3mm 所占比例减少，粒度大于 3.15mm 所占比例增加，颗粒粒度集中分布在 3.15~6.3mm，这说明富氢还原可以使块矿粒度更趋于均匀化；由于球团矿本身粒度较均匀，其粒度分布与富氢条件的关系不明显；烧结矿随着 H_2 体积分数的增加，大于 6.3mm 颗粒的比例有所增加。综上所述，富氢条件可以改善不同含铁炉料的粉化性能，特别是对块矿和烧结矿的影响更为明显，有利于不同含铁炉料粒度的均匀化。

方案 1 富氢气氛下各含铁炉料的还原度（RI）如图 7-25 所示。由图可知，在方案 1 保持 30%CO 通入量不变的条件下，随着富氢比例的增加，球团矿和烧结矿的还原度都呈现先增加后减少的趋势，且在试验组 4 中 H_2 添加体积分数为 25%时还原度改善最为明显，相较于试验组 0 未富氢时分别提高了 10.16% 和 6.65%；而 H_2 对块矿的还原度影响不大，在试验组 1 中 H_2 添加体积分数为 10% 时还原度提高了 6.00%。

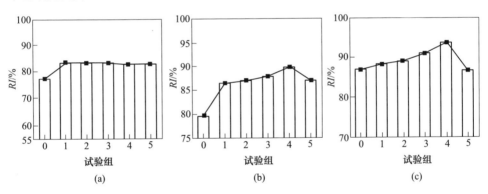

图 7-25　方案 1 富氢气氛下含铁炉料的还原度（RI）

(a) 块矿；(b) 球团矿；(c) 烧结矿

方案 2 富氢气氛下各含铁炉料的还原度（RI）如图 7-26 所示。由图 7-26 可知，在保持还原气体（$CO+H_2$）体积分数 30%不变的条件下，各含铁炉料在富氢体积分数高于 20%时还原度均高于 90%；球团矿的还原度呈先升高后降低的趋势，且试验组 7 中 H_2 体积分数为 20%条件下的还原度最高，较试验组 0 未富氢时提高了 13.52%；块矿和烧结矿的还原度均随着 H_2 体积分数的增加而提高，且试验组 8 中 H_2 添加体积分数为 30%条件下还原度最高，较试验组 0 未富氢时分别提高了 14.36% 和 10.57%。该结果产生的原因为 H_2 作为小分子结构，分子尺寸为 0.289nm（碰撞直径为 $2.90×10^{-10}$m），CO 分子尺寸为 0.376nm（碰撞直径为 $3.59×10^{-10}$m），且温度为 1000K 时 H_2-H_2O 的互扩散系数为 7.330cm²/s，CO-

CO_2 的互扩散系数为 1.342cm^2/s，相比 CO 而言，H$_2$ 更容易通过矿石结构中孔隙进行扩散，因此，含铁炉料的还原度随着 H$_2$ 体积分数的增加而增加；随着 H$_2$ 体积分数的进一步增加，含铁炉料尤其是球团矿中铁相生成量增加导致其黏结情况加剧，阻止了还原反应进一步进行，导致其还原度有所降低。

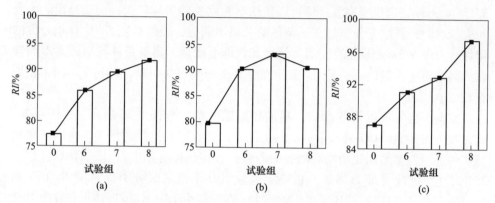

图 7-26 方案 2 富氢气氛下含铁炉料的还原度（RI）

（a）块矿；（b）球团矿；（c）烧结矿

通过扫描电镜分析了不同含铁炉料还原后的微观形貌，结果如图 7-27 ~ 图 7-29 所示。方案 1 条件下，块矿中铁相生成量增加，球团矿中出现良好的赤铁矿相与磁铁矿相，且铁相间互联状况良好，烧结矿出现良好的铁相并呈树枝状交

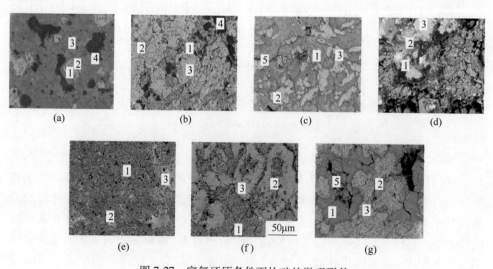

图 7-27 富氢还原条件下块矿的微观形貌

（a）方案 1 试验组 0；（b）方案 1 试验组 1；（c）方案 1 试验组 3；（d）方案 1 试验组 5；

（e）方案 2 试验组 6；（f）方案 2 试验组 7；（g）方案 2 试验组 8

1—Fe$_2$O$_3$；2—Fe$_3$O$_4$；3—Fe；4—渣系；5—裂缝

联；方案 2 条件下，随着 H_2 体积分数的增加，块矿生成了明显的渣相和铁相，烧结矿则呈"针状铁酸钙相-磁铁矿相-铁相"的分层现象。

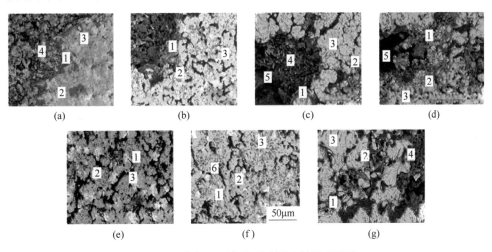

图 7-28　富氢还原条件下球团矿的微观形貌

（a）方案 1 试验组 0；（b）方案 1 试验组 1；（c）方案 1 试验组 3；（d）方案 1 试验组 5；

（e）方案 2 试验组 6；（f）方案 2 试验组 7；（g）方案 2 试验组 8

1—Fe_2O_3；2—Fe_3O_4；3—Fe；4—渣系；5—裂缝

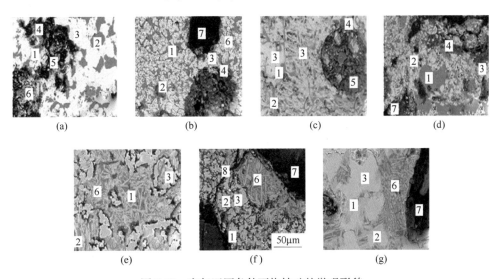

图 7-29　富氢还原条件下烧结矿的微观形貌

（a）方案 1 试验组 0；（b）方案 1 试验组 1；（c）方案 1 试验组 3；（d）方案 1 试验组 5；

（e）方案 2 试验组 6；（f）方案 2 试验组 7；（g）方案 2 试验组 8

1—Fe_2O_3；2—Fe_3O_4；3—Fe；4—渣系；5—裂缝

方案 1 未富氢条件下，块矿内部矿相呈规则的块状结构；在试验组 8 的还原条件下，块矿还原后呈现部分孔洞和裂缝，这主要是由于块矿成分主要以赤铁矿和针铁矿为主，富氢条件下 Fe_2O_3 被快速还原为 Fe_3O_4 以及铁相，各相间的互联程度加强，导致矿石内部结构进一步收缩形成大量的开气孔和闭气孔。尽管可以看到明显的铁相与渣相，但是随着温度的升高，水煤气反应加剧，导致块矿内部气孔受应力作用发生崩解，产生较多的裂纹，这也是块矿还原后发生粉化现象的原因之一。

相较于块矿，球团矿的矿物组成以 Fe_2O_3 为主，Fe_2O_3 结晶较好，晶粒粗大、互联成片且连接紧密、分布均匀。由图 7-28 可知，在方案 1 条件下，球团矿在试验组 4 还原条件下还原效果较好，生成大量磁铁矿相和铁相，且还原后的铁相凝聚长大，互联效果良好。方案 2 中，在试验组 7 还原条件下，球团矿呈现均匀的赤铁矿相、磁铁矿相和渣相，还原效果提高明显，这主要是由于 H_2 扩散能力强，在球团内部出现多点位同时扩散还原，从而出现较多 Fe_3O_4 相以及 Fe_3O_4 包裹铁相的现象；当 H_2 体积分数进一步增加，还原后的铁相聚集长大，且出现部分铁橄榄石相，降低了还原效率，与前述试验结果一致。

方案 1 还原条件下，烧结矿内部孔隙大多呈现出规则的圆形，孔隙周围的矿物主要由 SFCA、硅酸盐、赤铁矿和磁铁矿组成，并且随着 H_2 体积分数的增加液相的生成状况逐渐趋于良好。方案 2 还原条件下，试验组 6 的烧结矿局部已有针状铁酸钙相生成，并且在其中夹杂了部分磁铁矿相和铁相；在试验组 8 还原条件下，烧结矿内出现了"针状铁酸钙相-磁铁矿相-铁相"分层现象。由此可见，富氢条件更有利于烧结矿中铁相的增加，同时能够促使未完全反应的渣系和熔剂进一步反应，进而有效地提高烧结矿的还原性能。

7.4 烧结过程富氢实践

7.4.1 国内烧结富氢实践

7.4.1.1 宝武集团试验

宝武集团梅钢公司于 2013 年成功研发了在烧结机上喷入焦炉煤气强化烧结的烧结新技术，即"焦炉煤气强化烧结技术"。该技术工艺和设备简单，技术应用效果明显。该技术自 2014 年 1 月起在梅钢 3 号烧结机进行工业性试验，实验结果达到了预期目标[18,19]。

气体燃料辅助烧结技术原理：在烧结料面喷入一定量的可燃气体，在烧结负压的作用下，可燃气体被抽入烧结料层并在料层中的燃烧层上部燃烧放热，拓宽了烧结的燃烧层，延长了高温保持时间；同时，由于减少了烧结固体燃料比例，一方面使得烧结最高温度降低，更适合于强度和还原性能更优的复合铁酸钙组分的生成，从而改善烧结矿质量；另一方面大大降低了 CO_2 排放。基于以上情况，梅钢公司在实验室分别开展了向烧结料面喷吹 LNG 和 COG 的烧结杯试验研究。

A　喷吹 LNG（液化天然气）试验

烧结杯试验重点研究不同固燃配比、不同气体流量、不同通气时间等情况下喷吹 LNG 对烧结指标的影响。试验结果表明，固体燃料配比由基准期 5.4% 降至 4.9%，喷吹 LNG 后，对改善烧结矿转鼓指数、成品率、利用系数和固体燃耗等指标有积极作用。

B　喷吹 COG（焦炉煤气）试验（H_2 占比 54.68%）

在喷吹 LNG 试验基础上，烧结杯试验重点考察不同固燃配比、不同喷吹时间、不同 COG 流量（即不同补充热量比例等）情况下喷吹 COG 对烧结矿指标的影响。试验结果表明，在烧结过程中喷吹一定量的 COG 后，不但可以降低烧结矿固体燃耗，而且对于提高烧结矿转鼓强度、成品率和利用系数等均有积极影响；烧结矿还原度指数 RI、还原粉化指数 $RDI_{+3.15}$ 指标均提高 1.3% ~ 2.0%。

喷吹 COG（焦炉煤气）后，烧结矿转鼓指数较基准期提高 0.31%。运用 Minitab 工具对数据过程能力进行检验分析，P 值 = 0.024 < 0.05，说明试验期转鼓指数与基准期存在明显差异，转鼓指数过程能力指数提高 0.40，说明烧结过程均匀性得到改善。这主要是由于喷吹 COG 后，COG 在烧结料层的燃烧层上部燃烧放热，降低了上部烧结矿的冷却速度，延长了适合烧结温度的持续时间及扩大了该温度带的宽度，有利于铁酸钙组分的生成；同时，使热量不足的烧结料层上部得到了热量补偿，获得的热量高于烧结过程的平均热量和原工艺料层上部获得的热量，烧结料层下部的热量和冷却速度适宜，烧结料层上下部温度更趋向均匀，保证了上层烧结矿足量的熔融液相的生成，对固相有良好的浸润与矿化作用。

喷吹 COG 对烧结矿 5~10mm 比例的影响：喷吹 COG 后，烧结矿 5~0mm 比例较基准期降低 2.11%。运用 Minitab 工具对数据过程能力进行检验分析，P 值 = 0.005 < 0.05，说明试验期 5~10mm 比例与基准期存在明显差异，510mm 比例过程能力指数提高 0.48，说明烧结过程均匀性得到改善。

喷吹 COG 对烧结矿平均粒径的影响：喷吹 COG 后，烧结矿平均粒径较基准期提高了 1.08mm。运用 Minitab 工具对数据过程能力进行检验分析，P 值 = 0.001 < 0.05，说明试验期平均粒径与基准期存在明显差异，平均粒径过程能力指数提高 0.60，说明烧结过程均匀性得到改善。这主要由于喷吹 COG 后延长了超过 1200℃ 料层的持续时间，提高了 SFCA 的液相转换率及 1~5mm 孔隙熔合率，降低了烧结矿玻璃相硅酸盐及烧结矿小粒径比例。

喷吹 COG 对固体消耗的影响：喷吹 COG 后，烧结矿固体单耗较基准期降低了 4.68kg/t。运用 Minitab 工具对数据过程能力进行检验分析，P 值 = 0.000 < 0.05，说明试验期固体消耗与基准期存在明显差异，喷吹 COG 后，固体消耗降低的主要原因是喷吹的 COG 在燃烧带上部放热，减少了烧结原料中固体燃料的

配入量。

喷吹 COG 对内返矿率的影响：喷吹 COG 后，与基准期相比，试验期烧结矿内返矿率均值上升了 0.13%，但 P 值 $=0.440>0.05$，说明试验期内返矿率与基准期无明显差异。

喷吹 COG（焦炉煤气）对槽下返回率的影响：喷吹 COG 后，与基准期相比，试验期烧结矿槽下返回率均值降低 0.48%，但 P 值 $=0.507>0.05$，说明试验期槽下返回率与基准期无明显差异。

喷吹 COG 对综合成品率的影响：喷吹 COG 后，与基准期相比，试验期烧结矿综合成品率均值提高了 0.90%，但 P 值 $=0.337>0.05$，说明试验期综合成品率与基准期无明显差异。喷吹 COG 前后，烧结矿内返矿率、槽下返回率、综合成品率差异性不明显，可能与统计数据量少有关（以班次生产数据为统计单位）。

7.4.1.2　中天钢铁试验

2019 年江苏中天钢铁公司对烧结喷吹天然气工艺进行了论证，与中冶长天合作实施了国内首台（套）烧结机料面喷吹天然气工艺，2020 年 5 月在 $550m^2$ 烧结机上实施后，在天然气喷吹量约 $0.4m^3/t$ 的条件下，取得了固体燃耗降低 2.9kg/t 和转鼓指数提高 0.3%的效果[20]。

中天 $550m^2$ 烧结喷吹天然气装置示意图和现场图分别如图 7-30 和图 7-31 所示。在烧结机长度方向上安装喷吹装置，将天然气从顶部分区域喷入料层内部。天然气喷吹后相应降低燃料配比，天然气参与烧结料层内的燃烧，最终获得了节能降耗和改质的效果。

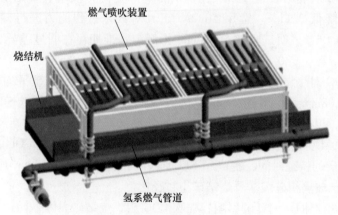

图 7-30　$550m^2$ 烧结机喷吹天然气装置

表 7-12 为考核期内喷吹前后 $550m^2$ 烧结机固体燃耗情况。考核期内，未喷天然

图 7-31 550m² 烧结机喷吹天然气装置

气时的烧结燃料配比为 4.3%，固体燃耗为 61.4kg/(t·s)（湿基）；喷吹 300m³/h（标态）天然气后的烧结燃料配比降为 4.1%，固体燃耗降为 58.5kg/t（湿基），燃耗降幅为 2.9kg/t。300m³/h 的天然气折算吨矿喷吹量约为 0.4m³/t（标态）。

表 7-12 550m² 烧结喷吹天然气工业试验数据

第一阶段试验		基准期（天然气喷吹不投用）					喷吹期（天然气喷吹 300m³/h（标态））				
		6.2	6.3	6.4	6.5	6.6	6.6	6.7	6.8	6.9	6.1
实测	燃料配比/%	4.3	4.3	4.3	4.3	4.3	4.1	4.1	4.1	4.1	4.1
	转鼓指数/%	78.17	78.5	78.66	78.66		78.5	78.5	79.34	78.66	
第二阶段试验		喷吹期（天然气喷吹 300m³/h（标态））			基准期（天然气喷吹不投用）		
		6.10	6.11	6.12	6.12	6.13	6.14
实测	燃料配比/%	4.1	4.1	4.1	4.3	4.3	4.3
	转鼓指数/%	78.84	79.73(实验室)		78.50	79.4(实验室)	
综合减碳		喷吹期（天然气喷吹 300m³/h（标态））			基准期（天然气喷吹不投用）		
固体燃耗/kg·t⁻¹		58.5			61.4		

6 月 2~6 日和 6 月 12~14 日天然气未投用期间，平均转鼓指数为 78.49%，6 月 6~12 日天然气投用期间，平均转鼓指数为 78.77%，转鼓指数提升了 0.28%；在第二阶段考核试验期间，分别对天然气投用前后取样，在铁前实验室各做一批转鼓指数，实验室取样测试转鼓指数提高 0.33%。可见，料面喷吹天然气后转鼓

指数提高约 0.3%，升高幅度没有达到日本提高 1% 的程度。认为这可能是喷吹装置的位置过于靠后的缘故。

表 7-13 为 2020 年 5~7 月在 550m² 烧结机喷吹天然气的消耗和降低固体燃耗情况，以及经济效益。

表 7-13 550m² 烧结机喷吹天然气工业应用分析

月份	天然气使用量/m³	原煤减少量/%	降耗效益/万元·月⁻¹	使用时间/d
5 月	128246.8	0.2	19.6	17.8
6 月	117446.9	0.2	16.0	16.3
7 月	89480.9	0.2	11.4	12.4

自 2020 年 5 月该工艺投入使用后，进行了多次喷吹与不喷吹的对比试验。由于处于雨季，除了燃料水分波动大的情况以外，550m² 烧结均正常使用该工艺。2020 年 5~7 月 3 个月中分别使用了 17.8d、16.3d 和 12.4d，总共使用 46.5d，按使用时降低 0.2% 的烧结固体燃料计算，根据二者价格，可知替代固体燃料后的总效益为 47 万元，平均日效益为 1.01 万元，吨矿降耗的直接效益约 0.56 元。值得注意的是，550m² 烧结采用原煤，价格比焦粉低，若使用焦粉则效益应该更高。

7.4.2 烧结用氢最新发展

7.4.2.1 气体燃料均匀性的可视化技术

在烧结机前部料层表面喷入气体燃料，可改善烧结料层的表层因铁矿石熔化温度不够和高温保持时间不足容易生成脆弱性结构的现象，能够提高烧结矿质量，减少焦粉或煤粉的使用量，有利于烧结工序的二氧化碳和二氧化硫、氮氧化物的减排，是一项烧结节能环保技术。此项技术的关键在于气体燃料的喷加方式，它不仅要满足稀释气体燃料总量大、混匀稀释效果好、速度快等要求，同时还要保证气体燃料在混合过程中快速安全跨过易爆炸浓度区域。因此采用喷加方式混匀稀释效果的可视化技术，从众多的气体喷加方式中快速筛选出最优的方案[22,23]。

（1）采用自主开发的可视化筛选技术，可以大大缩短气体燃料喷加方式及技术参数的筛选时间，能够直观地表现出不同喷加参数条件下气体燃料与空气混匀稀释的效果。

（2）利用可视化技术验证了采用旋管喷射方式喷加气体燃料的混匀稀释效果好、速度快，气体燃料在混合过程中可快速安全地跨过易爆炸浓度区域，以基本实现气体燃料的均匀、安全喷加。

（3）通过可视化模拟喷加试验，发现旋管喷射方式在试验区域内中心部位的喷加量有待加强、上部侧向风对喷加效果影响较大，需要采用进一步的措施消除。

7.4.2.2 基于焦炉煤气强化烧结的富氧喷吹技术

焦炉煤气强化烧结的主要原理是，在负压的作用下将一定量的焦炉煤气抽入到烧结料层中，并在烧结料层中的燃烧层进行高温燃烧，从而在一定程度上拓宽烧结的燃烧层，使得烧结矿高温保持时间相对延长，同时改善烧结矿的质量。但是，随着焦炉煤气喷吹量的加大，烧结过程中可能会出现燃烧不充分的现象。为了解决这一问题，在焦炉煤气强化烧结的基础上喷吹一定量的氧气进行烧结，观察其对烧结矿质量的影响。

基于焦炉煤气强化烧结的富氧技术利用氧气强化烧结料层上部的燃烧速度，提高燃烧温度提高烧结矿强度，提高烧结矿产量；同时，利用煤气补充燃烧层热量不足，延缓高温烧结矿的冷却过程，提高上层烧结矿强度、降低固体燃耗和改善烧结矿还原性，达到强化烧结的目的。

通过梅钢在烧结台车上的一定面积范围内喷洒焦炉煤气的基础上喷吹氧气[23]，观察其对烧结矿质量的影响。设定喷洒焦炉煤气的量为 0.51m³/h，喷吹焦炉煤气 10min。在进行基于焦炉煤气强化烧结的富氧工艺研究时，氧气流量分别设定两个水平，分别为 2m³/t 和 3m³/t，每个水平分别喷吹 12min、6min、4min、3min 和 2min。烧结矿还原度指数（RI）和低温还原粉化指数（RDI）见表 7-14，并得出以下结论：

（1）当进行不同的总氧量为 2.0m³/t 和 3.0m³/t，喷吹总时间为 2~4min 时，烧结矿各项指标最优，并且随着喷吹流量的增强改善更加明显。

（2）基于焦炉煤气的强化烧结富氧后，烧结矿还原性能指标略有改善。进行富氧后，烧结矿的氧化气氛得到一定的增强，烧结还原性能得到一定改善。RI的改善程度随富氧量的增加而增加。

（3）研究结果表明，基于焦炉煤气的强化烧结富氧工艺可以进一步有效提高烧结矿的转鼓强度和成品率，在一定程度上改善烧结矿的还原性。

表 7-14 基于焦炉煤气强化烧结的富氧冶金性能试验结果

组号	条件	氧气流量	氧气喷吹时间	COG 喷出时间	COG 流量	RI	RDI
		m³/h	min	min	m³/h	%	%
1	基准	0	0	—	—	80.79	55.17
2	点火后 2min 吹煤气，氧量为 2m³/t	0.51	12	12	0.51	81.35	52.36
6		3.05	2			80.22	54.26
7	点火后 2min 吹煤气，氧量为 3m³/t	0.76	12			78.42	57.88
11		4.58	2			84.27	52.37

7.4.2.3 烧结燃气顶吹关键装备技术的研发与应用

在超级烧结矿"Super SINTER"工艺技术工业化实施应用中，先后发现很多影响其生产效果的装备技术瓶颈点，比如燃气逃逸、燃气着火、料层吸入燃气不均匀、侧风干扰罩内流场等。针对存在的问题，周浩宇[24]以工艺机理为基础，通过多相流仿真分析对喷吹罩内流场进行模拟研究，提出了多项装备结构新方案，形成了具有自主知识产权的全套燃气喷吹先进装备技术，并将其在韶钢5号烧结机上成功实现了工业化应用[21]。

喷吹管高度是喷吹装置中的一项重要参数，高度太低易导致煤气没有足够时间与罩内大气混合均匀而直接冲入料层，高度太高易导致煤气无法受到料面负压影响稳定下行。仿真实验表明，当喷吹管距离料面高度为650mm时，燃气全部被抽入烧结料层；同时，燃气在进入料层之前具有足够的时间与环境气体扩散混合，在料层附近各处燃气浓度已趋于均匀，燃气喷吹效果最好。

烧结生产中，负压波动是常见事件，为了减小料面负压波动对料层吸收效果的负面影响，周浩宇[24]设计了一种喷吹管用翼型防逃逸板装置，可有效避免当料面负压变小导致料面对喷吹气体抽力不足时，喷吹气体向上逃逸从而引发的燃气逃逸现象，增强了喷吹装置运行的安全性和稳定性。

在燃气喷吹技术生产中，由于罩内要求是稳定有序的下行流场，故对于喷吹罩体抗外界侧风干扰的能力要求较高，特别是一些沿海工厂，在强风量、高风速的海风影响下，会在喷吹罩内侧壁面附近产生涡流，扰乱罩内流场，引起罩内燃气逃逸，从而影响喷吹装置运行效果。针对此问题，周浩宇[24]设计了防侧风用罩顶半渗透式挡风板装置。

为了确保生产时燃气喷吹罩内流场稳定有序，且喷吹至料面上方的燃气浓度值均匀合理，周浩宇[24]设计了一种稳流用顶部百叶窗板装置，并对装置安装前后的罩内流场效果进行了模拟比对分析。在稳流、导流的同时可有效将罩内下部区域流场均匀化，从而强化喷吹装置运行的烧结辅助效果。

通过装置结构技术的研究，周浩宇[24]设计以上一整套均匀化、安全化、高效化的燃气喷吹先进装备技术，投运前后运行数据表明，在韶钢5号烧结机（360m²）料种和工况条件下，平均每喷入1m³ 焦炉煤气，可减少烧结焦粉用量1.5~1.7kg，提高成品率0.3%左右，烟气多污染物排放量均有小幅度降低，该技术具有较好的经济效益。

除此之外，提高净减碳比、实现高配比富氢燃料烧结技术的工业应用，还面临着不同密度气体的混匀及喷加、燃烧带厚度及移动速度控制、料内过湿层控制等三大技术难题，对此，须攻克以下五大关键技术。

（1）多源气体耦合喷加及快速混匀技术。针对大幅度减碳后料层内碳颗粒分布稀疏、着火难度大导致燃烧带下行速度变慢、烧结时间延长的问题，宜从改善碳颗粒着火环境入手，采取多源气体耦合喷加来强化碳颗粒着火燃烧，加快层内燃烧带下行速度。

（2）富氢燃料喷加制度及燃烧带控制技术。在烧结机生产中，不同料厚、矿种、固体燃料均具有其各自不同燃烧、成矿及蓄热特性，宜根据这些特性建立数学模式，并制定个性化的梯级喷加制度和交替喷入技术，避免料层内燃烧带过厚而使烧结过程恶化。

（3）料面精准点火及温度控制技术。针对料面点火板结时易造成燃气吸入受限、点火不均时易造成燃气吸入均匀性变差的问题，应开发多斜带式聚焦精准点火技术与料面机器视觉识别控制技术，实时保障最优点火质量；同时应开发"点火深度"控制策略，通过点火与保温时间的最优化配比在料层内形成合格稳定的燃烧带。需要研究冷凝成矿最佳温度曲线，既保证有效的冷凝成矿，少产生脆性的玻璃质，又能使炽热烧结矿迅速降温，为及时喷加气体燃料创造条件。

（4）混合料低水混匀及制粒技术。针对富氢烧结中富氢燃料燃烧后产生的水分易引起料内过湿层恶化从而导致料层负压上升、烧结速度变慢、烧结利用系数变低等问题，应开发烧结强化混匀技术，通过强化混合效率提高混合料中水分的混匀效果；同时应开发低水分强化制粒技术，通过高速扰动强化原料的制粒效果有效降低料内含水量，达到有效降低烧结前端料内水分的目的。

（5）机尾断面烧结状态稳健识别技术。针对大配比富氢燃料烧结工况中需要对料层内燃烧带进行实时监测与控制的问题，应从机器视觉角度入手，开发机尾断面烧结状态稳健识别技术，实时监测料层内有无出现两条燃烧带与燃烧带超厚等异常工况，对点火深度和燃气喷加量实施闭环反馈控制。

7.5　小结

基于前述机理分析和实验研究可知，以氢代碳的占比越高，越有利于烧结工序的减排，但其占比也并非无上限，而是受多因素制约影响。首先，以氢代碳占比达到某个阈值时，一方面烧结过程气流介质中的燃气体积分数容易超过其爆炸下限；另一方面会在烧结料层上部某个高度形成一条固定燃烧带，即使在抽风作用下，燃烧带仍然难以下移，导致上层物料已过熔，而下层物料始终难以形成液相。其次，随氢代碳占比的增加，喷吹罩内烧结过程气流介质中燃气的体积分数越高，气体燃料着火温度越低，这样可能在远离固体燃料燃烧带，在烧结矿带低温区即发生燃烧。而气体燃料燃烧热大部分被用于加热烧结矿带，并不能快速有效地传递给固体燃料燃烧带，导致固体燃料燃烧带最高温度下降，高温区厚度加宽，料层透气性变差，烧结时间延长。再者如果燃气喷加体积分数固定不变，随氢代碳占比的增加料面喷加范围变宽，若往前延伸过度，则燃气容易被高温料面点燃；若往后延伸过度，由于下部料层热量已经满足要求，因此可能效果并不明显。最后，无论烧结过程气流介质中气体燃料的体积分数高低，气体燃料形成的燃烧带总是位于固体燃料燃烧带的上部，要关注此时料层内的高温区间向上拓宽，从而导致料层透气性有变差的趋势。富氢气体燃料燃烧产物为水汽，下移过程中遇到冷态物料会加重过湿带，也会对料层透气性不利。

近年来，作为应对全球变暖的对策，减少二氧化碳排放已成为钢铁行业亟待解决的问题，大约60%的钢铁工业排放是在烧结和高炉过程中产生的。在世界"氢冶金"与中国低碳战略大背景下，开发可实现低碳冶炼的"高配比富氢燃料烧结"技术，是我国钢铁可持续发展的必然趋势。采用混合料中配碳与料面喷加燃气的气固燃料复合供热模式，是发展"高配比富氢燃料烧结"技术的可行手段。通过减碳配气，可实现烧结料层内顶部依靠点火配加焦粉供热，上中部依靠燃气配加焦粉供热，下部依靠焦粉与热风蓄热组合供热，实现理想化均热烧结。可以认为，这种超级烧结矿技术，将使得烧结过程的能源效率大大提高，促进烧结矿产量增加和质量提高。虽然从经济性方面考虑，确实需要投入一定的费用，但能够减少焦粉用量和提高烧结矿质量，大有裨益；特别是还能够实现 CO_2 的大幅度减排，而且烧结矿产能越大，效果越明显。综上所述，超级烧结矿技术具有广阔的应用前景，尤其适用于采用厚料层烧结技术的大型烧结机。

参 考 文 献

[1] 王素平. 铁矿石烧结节能与环保的研究 [D]. 武汉：武汉科技大学，2013.

[2] 蔡九菊. 中国钢铁工业能源资源节约技术及其发展趋势 [J]. 世界钢铁，2009，9 (4)：1~13.

[3] 周文涛，胡俊鸽，郭艳玲，等. 日韩烧结技术最新进展及工业化应用前景分析 [J]. 烧结球团，2013，38 (3)：5~8, 15.

[4] 烧结矿生产中喷辅助燃料降低能耗的技术 [J]. 烧结球团，2012，37 (2)：5.

[5] The Technical Society, The Iron and Steel Institute of Japan. Production and Technology of Iron and Steel in Japan during 2009 [J]. ISIJ International, 2010, 50 (6)：777~796.

[6] 朱文英. JFE 钢铁开发出新型烧结矿生产技术 [J]. 世界钢铁，2014，14 (4)：32.

[7] 李晟. JFE 开发出可大幅削减烧结矿生产过程中 CO_2 排放量的技术 [J]. 世界钢铁，2009，9 (4)：18.

[8] JFE 开发出烧结喷吹氢系气体燃料技术 [J]. 烧结球团，2012，37 (5)：5.

[9] Nobuyuki Oyama, Yuji Iwami, 何海良，等. 烧结工艺使用气体燃料喷入技术减少 CO_2 排放 [J]. 世界钢铁，2013，13 (1)：16~22.

[10] 叶恒棣，周浩宇，王兆才，等. 高配比富氢燃料烧结技术研究及展望 [J]. 烧结球团，2020，45 (5)：1~7.

［11］Kanji Takeda，Takashi Anyashiki，徐万仁，等．日本炼铁近期和中长期 CO_2 减排项目进展［J］．世界钢铁，2012，12（6）：1~7.

［12］Nobuyuki Oyama，Yuji Iwami，Tetsuya Yamamoto，et al．Development of Secondary-fuel Injection Technology for Energy Reduction in the Iron Ore Sintering Process［J］．ISIJ International，2011，51（6）：913~921.

［13］Hongtao Wang，Wei Zhao，Mansheng Chu，et al．Current status and development trends of innovative blast furnace ironmaking technologies aimed to environmental harmony and operation intellectualization［J］．Journal of Iron and Steel Research International，2017，24（8）：751~769.

［14］韩凤光，许力贤，吴贤甫，等．焦炉煤气强化烧结技术研究［J］．梅山科技，2016（3）：35~40.

［15］Xiaoxian Huang，Xiaohui Fan，Zhiyun Ji，et al．Investigation into the characteristics of H_2-rich gas injection over iron ore sintering process：Experiment and modelling［J］．Applied Thermal Engineering，2019，157.

［16］Zhiyun Ji，Haoyu Zhou，Xiaohui Fan，et al．Insight into the application of hydrogen-rich energy in iron ore sintering：Parameters optimization and function mechanism［J］．Process Safety and Environmental Protection，2020，135（C）：91~100.

［17］王煜，何志军，湛文龙，等．富氢气氛下不同含铁炉料的还原行为［J］．钢铁，2020，55（7）：34~40，84.

［18］李和平，聂慧远，韩凤光，等．焦炉煤气强化烧结技术在梅钢的应用［J］．烧结球团，2015，40（6）：1~3，35.

［19］杨海莲．梅钢烧结机焦炉煤气辅助烧结改造工艺设计［J］．科技资讯，2016，14（34）：88，90.

［20］张俊杰，裴元东，周晓冬，等．550m² 烧结机喷吹天然气工艺实践［N］．世界金属导报，2021-02-02（B02）．

［21］武轶，周江虹，李小静，等．烧结料面均匀喷加可燃性气体方式的研发［J］．烧结球团，2020，45（3）：13~16，66.

［22］武轶，李小静，张晓萍．烧结喷加气体燃料均匀性的可视化技术研究［C］//第十二届中国钢铁年会，北京，2019.

［23］韩凤光，李和平，许力贤，等．基于焦炉煤气强化烧结的富氧喷吹技术研究［C］//第十一届中国钢铁年会，北京，2017.

［24］周浩宇，李奎文，雷建伏，等．烧结燃气顶吹关键装备技术的研发与应用［J］．烧结球团，2018，43（4）：22~26，32.

8 未来展望

当前钢铁生产工艺是由碳基主导的冶炼工艺，在传统钢铁行业快速发展的同时，也带来了大量的碳排放。2020 年 9 月 22 日，中国政府在第七十五届联合国大会上提出："中国将提高国家自主贡献力度，采取更加有力的政策和措施，二氧化碳排放力争 2030 年前实现 CO_2 排放达到峰值，努力争取 2060 年前实现碳中和。"在全球"脱碳"背景下，以减少碳足迹、降低碳排放为中心的传统钢铁冶金工艺技术变革已成为钢铁行业绿色发展的新趋势。碳排放、碳达峰与碳中和愿景的提出为我国低碳/零碳发展明确了新方向，也对科技创新发展提出了新要求。世界各国均将科技创新作为实现碳中和目标的重要保障。我国要实现碳中和目标归根结底也需要依靠科技进步。"十四五"时期是碳达峰与碳中和目标实现的关键时期，应全面加强相关脱碳、零碳、负排放技术发展的全局性部署，加快开展研发以及建设示范工程。为了更好地推动面向碳中和愿景的科技发展，需要强化顶层设计、完善保障机制与加强国际合作。传统钢铁行业的碳排放一直居高不下，碳达峰与碳中和愿景也使得传统钢铁行业必须进行技术革新。氢能作为清洁能源，近年来也开始有或多或少应用于钢铁行业中，这就使得"十四五"期间氢冶金工艺的实验和投产的重要性逐日升高。

制氢和运输氢技术的发展大大提高了氢冶金工业生产的可行性。现有主要制氢方式较为成熟的技术路线有三种，即使用煤炭、天然气等化石能源的重整制氢，以醇类裂解制氢技术为代表的化工原料高温分解重整制氢，以及电解水制氢。光解水和生物质气化制氢等技术路线仍处于实验和开发阶段，相关技术难以突破，尚未达到规模化制氢的需求。虽然化石能源制氢工艺成熟且原料价格低廉，但是会排放大量的温室气体，对环境造成污染，因此环境成本极高；而电解水制氢工艺几乎无碳排放，符合绿色发展及可持续发展的环保理念。

天然气制氢技术中，蒸汽重整制氢较为成熟，是国外主流制氢方式。其原理是：先对天然气进行预处理，甲烷和水蒸气在转化炉中反应生成一氧化碳和氢气等；经余热回收后，在变换炉中，一氧化碳和水蒸气反应生成二氧化碳和氢气。该技术是在天然气蒸气转化技术的基础上实现的。目前，国内天然气重整制氢、高温裂解制氢主要应用于大型制氢工业。天然气制氢过程的原料气也是燃料气，无需运输，但天然气制氢投资比较高，不适合大规模工业化生产。一般制氢规模在 5000m³/h 以上时选择天然气制氢工艺更经济。此外，天然气原料占制氢成本的 70% 以上，天然气价格是决定氢价格的重要因素，而我国富煤、缺油、少气的能源特点，制约了天然气制氢在我国的实施。煤气化制氢是工业大规模制氢的首选，也是我国主流的化石能源制氢方法。该制氢工艺通过气化技术将煤炭转化为合成气（CO、CH_4、H_2、CO_2、N_2 等），再经水煤气变换分离处理以提取高纯度的氢气，是制备合成氨、甲醇、液体燃料、天然气等多种产品的原料，广泛应用于石化、钢铁等领域。煤制氢技术路线成熟高效，可大规模稳定制备，是当前成本最低的制氢方式。化石能源重整制氢、甲醇水蒸气重整制氢过程均有含碳化合物的排出，不符合可持续发展和绿色发展的环保理念。电解水制氢过程为水电解生成氢气和氧气，无含碳化合物的排出，绿色环保。目前，我国正处于能源转型的关键阶段，将可再生能源（太阳能、风能等）转化为氢气或者含氢燃料的能源载体，有助于推进我国能源转型进程，促进我国能源多元化发展。碱性电解水制氢技术是目前市场化最成熟、制氢成本最低的技术；质子交换膜电解水制氢技术较为成熟，具有宽范围的运行电流密度，可以更好地适应可再生能源的波动性，是国外发展的重要方向，我国应加大质子交换膜电解水制氢技术的研发力度，加强与国外高校、企业单位的合作研发；固体氧化物电解水制氢技术是能耗最低、能量转换效率最高的电解水制氢技术。因此，根据区域资源特点选择合适的制氢技术是获得稳定氢气来源的重要手段。

除此之外，必须要提到的重点是，2021 年 3 月 20 日，在由国务院发展研究中心主办的"中国发展高层论坛 2021"上，南方科技大学校长、中国科学院院士薛其坤分享了关于对太阳能高效利用与可持续循环的观点。薛其坤表示，太阳上每时每刻都在聚变产生巨大的能量，太阳能造就了地球上的万物，植物、动物经过长达几亿年的演化，造就了我们今天的化石能源，但化石能源不能再生，人类在过去 250 多年时间里经历了三次工业革命，这三次工业革命的一个共同的特点就是依靠化石能源，但现在人类从地球能继承的能源已经寥寥无几，可能 50 年以后石油和天然气按照目前的发展水平和用量将会用光，为了保持目前的工业发展水平，保持现在的高科技，用氢气来代替煤和石油、天然气等将是最科学的答案。薛其坤认为人类的唯一的答案就是要开发用之不竭的太阳能。太阳能制氢技术是基于太阳能的光电效应——太阳能的高效利用和"可持续循环"，将光用最高效的太阳能电池收集起来变成电，用最好的储能技术变成像化石能源一样方便可用的，然后用收集的电源源不断地把水分解变成氢气。这将是很多科学家要做的研究，比如下一代的电池材料、光能转化率等，这就需要材料科学、量子科学等长期的科学研究回答这个问题。

氢的储存方式主要有高压气态储氢、低温液态储氢、有机液态储氢和固态储氢。我国目前储存氢能的方式有高压气态储氢和低温液态储氢两种，并采用管束车、槽车等交通运输工具的方式实现配送，有机液态储氢和固态储氢尚处于示范阶段。氢的储存和运输高度依赖技术进步和基础设施建设，是产业发展的难点。我国目前高压气态储运氢技术相对成熟，但实现大规模、长距离、商业化的储运技术仍需要解决成本与技术的平衡问题，整体技术仍落后于国际先进水平。在储运氢方面，氢能储运将按照"低压到高压""气态到多相态"的技术发展方向，逐步提升氢气的储存和运输能力，预计 2050 年我国储氢密度可达到 6.5%（质量分数）。高压气态储氢是目前的主要储氢方式，具有成本低、能耗低、充放速度快的特点，但储氢量较小，储氢重量仅为瓶重的 1%（质量分数），只能适合小规模、短距离的运输场景。低温液态储氢将冷却至−253℃的液化氢气储存于低温绝热液氢罐中，密度可达 70.6kg/cm³，为气态氢的 800 倍以上，储运简单、体积比容量大，但存在液化和运输过程中能耗大的缺点。有机液体储氢是利用有机液体（环己烷、甲基环己烷等）与氢气进行可逆加氢和脱氢反应，实现氢的储存。这种储氢方式的优势在于储氢密度比较高（可达到 18%（质量分数）的储氢密度）、安全性高，但往往需要配备相应的加氢或脱氢装置，流程烦琐、效率较低，抬高储氢成本，影响氢气纯度。

一方面，国内近几年来氢冶金发展迅速，2019 年 1 月，中国宝武与中核集团、清华大学签订《核能—制氢—冶金耦合技术战略合作框架协议》，核能制氢将核反应堆与采用先进制氢工艺耦合，进行氢的大规模生产，并用于冶金和煤化工。以世界领先的第四代高温气冷堆核电技术为基础，开展超高温气冷堆核能制氢的研发，并与钢铁冶炼和煤化工工艺耦合，依托中国宝武产业发展需求，实现钢铁行业的二氧化碳超低排放和绿色制造。2020 年 5 月 8 日，京华日钢控股集团有限公司工作人员来访中国。京华日钢与中国钢研院签订了《年产 50 万吨氢冶金及高端钢材制造项目合作协议》。2019 年 11 月，河钢集团与意大利特诺恩集团（Tenova）签署谅解备忘录（MOU）商定双方在氢冶金技术方面开展深入合作，利用世界最先进的制氢和氢还原技术，联合研发、建设全球首例 120 万吨规模的氢冶金示范工程。总投资超过 10 亿元的内蒙古赛思普科技有限公司年产 30 万吨氢基熔融还原法高纯铸造生铁项目已经建成并于 2021 年 4 月份投产。赛思普绿色冶金技术是北京建龙集团联合北京科技大学等国内知名院校联合开发的，它不但可以取消传统钢铁冶炼中烧结、球团、焦化等污染严重的造块工艺，而且可以生产高纯金属，优化钢铁生产结构，提高产品质量和附加值。该项目运用富氢熔融还原新工艺，强化对焦炉煤气的综合利用，推动传统"碳冶金"向新型"氢冶金"转变，将带动传统产业以及上下游相关行业同步调整和变革，实现冶金产业向绿色化、精深化、高端化转型，对于减少工业污染排放具有重要意义。

2021 年 3 月 4 日，中冶京诚与晋城钢铁控股（集团）有限公司在晋钢集团举行"碳达峰及减碳行动方案"战略合作协议签约仪式。该行动方案是中冶集团为钢铁企业提供的首个"碳达峰及减碳行动方案"项目，晋钢也是山西省率先启动碳达峰及低碳发展行动的钢铁企业。中冶京诚和晋钢集团双方以创新为引领，充分发挥清洁能源区位优势，扎实落实，稳步实现低碳转型，努力早日实现"碳达峰"，并向"碳中和"迈进。中冶京诚作为冶金建设国家队排头兵，一直致力于低碳冶金领域的研究，作为国内首家氢冶金开发利用工程设计单位，氢能直接还原是中冶京诚技术战略布局的一个环节，基于氢冶金的钢铁制造短流程研究是这一战略布局的系统工程。中冶京诚将结合晋钢实际，为晋钢集团建立适合于自身特点的减碳技术体系，规划适宜的碳达峰及减碳实现路径，并逐步转化为可行的实施方案，助力晋钢构建绿色低碳、协同高效的示范工厂。在钢铁行业2025年提前达峰的目标引领下，国内钢铁大型集团已先行先动，低碳发展压力已向民营企业传导。晋钢集团有勇气、有信心加速碳达峰进程，希望在中冶京诚强有力的专业支撑下，通过对全厂原料结构、能源结构、装备结构及节能技术与管理优化，提出系统减碳方案。

2017年初，由奥钢联发起的H2FUTURE项目，旨在通过研发突破性的氢气替代焦炭冶炼技术，降低钢铁生产中的 CO_2 排放，最终目标是到2050年减少80%的 CO_2 排放。德国主要钢铁企业迪林根（Dillinger）和萨尔钢公司（Saarstahl）计划投资1400万欧元，研究将联合钢铁企业产生的富氢焦炉煤气输入萨尔炼铁公司的2座高炉中，用氢取代部分碳作为还原剂的工艺技术。该项目已于2020年8月底在德国迪林根（Dillinger）投产。蒂森克虏伯集团与液化气公司合作，计划到2050年投资100亿欧元开发将氢气大量喷入高炉的氢炼铁技术。

2018年6月HYBRIT项目在瑞典Lulea建设中试厂，预计2021~2024年运行，每年生产50万吨直接还原铁。该中试厂可方便地利用瑞典钢铁公司现有炼钢设施和Norrbotten铁矿。到2024年，该中试厂的建造和运营成本预计为10亿~20亿瑞典克朗，目标是在2035年之前形成无碳解决方案。

2019年11月11日，蒂森克虏伯正式将氢气注入杜伊斯堡厂9号高炉进行氢炼铁试验。氢气通过其中一个风口注入了9号高炉，这标志着该项目一系列测试的开始。如果进展顺利，蒂森克虏伯计划逐步将氢气的使用范围扩展到9号高炉全部的28个风口。此外，蒂森克虏伯还计划从2022年开始，使该厂其他3座高炉都使用氢气进行钢铁冶炼，降低生产中的 CO_2 排放，降幅可高达20%。此外，液化气公司将通过其位于莱茵-鲁尔区全长200km的管道确保稳定的氢气供应。

针对国内氢冶金工艺的发展，笔者建议注重以下三方面：

（1）尽早制定技术路线图，编制氢冶金战略和规划；

（2）氢冶金应得到与氢能源同样的政策支持和鼓励；

（3）做好风险评估，拓展氢能和氢冶金产业链，实现产业合作共赢。

第一，当前，国内氢冶炼技术还处于研发起步阶段，多数企业仍处于项目规划、签订合作协议的阶段，只有少数企业设立了以清洁能源生产氢气作为冶炼能源的目标，多数企业还是以利用焦炉煤气、化工副产品等作为氢源冶炼项目目标。因此，应尽早制定技术路线图，编制氢冶金战略和规划。国内氢冶金项目研究可以分阶段进行，2025 年前，建立中试装置研究大规模工业用氢能冶炼的可行性；到 2030 年，实现以焦炉煤气、化工等副产品中产生的氢气进行工业化生产；2050 年，实现绿色经济氢气的工业化生产，并进行钢铁高纯氢能冶炼，其中氢能以水电、风电及核电电解水为主。

第二，"十四五"时期是流程制造业技术创新和转型升级的重要时期。响应国家资源节约型、环境友好型的两型社会的呼吁和炼铁行业寻求改革创新的趋势，未来钢厂智慧制造的总体目标是"绿色""智慧""创新""精品""成本"均达世界领先水平，成为全球钢铁业引领者。绿色发展的根本途径是氢能源的循环经济。氢冶金是实现低碳近零排放的终极冶金技术，未来氢冶金的社会性和经济性将实现统一，钢铁行业将为之改变。因此，在"十四五"重要时期，氢冶金应得到与氢能源同样的政策支持和鼓励。

第三，当前，低成本制取"绿氢"、储氢和加氢等关键技术还未实现重大突破，制氢成本下降空间有限，相关支持政策还未确定，钢铁企业开展氢能产业、氢冶金工艺项目投资时应进行充分调研评估，重点关注项目政策风险、技术风险、安全风险、市场风险、知识产权风险以及项目经济效益、社会效益等。建议钢铁企业投资前积极借力包括专业咨询机构在内的外部资源，做好项目技术调研、经济分析、风险评估等基础论证工作。氢冶金不仅是氢气还原炼铁这一个环节，从氢气的制备、存储、运输、生产、尾气处理，包括这过程中的安全问题是重中之重，因此，打造产氢、储氢、还原、安全一体化的现代氢冶金工艺流程不可忽视。面对国内氢能产业发展热潮，要警惕各地"一窝蜂"开展项目，避免在方向不明、定位不清、技术未突破、成本过高、商业化不成熟的情况下盲目投资。对于国内钢铁企业而言，可涉足跨行业氢循环经济。港口地区大型钢铁企业及联产焦化企业，使得副产氢来源有保障，可实现氢源供应的经济效益。对港口交通发达地区，可以开创氢能重卡时代，优先发展氢能源商用物流车。物流密集的港口区适合建立柴改氢示范区。

习总书记在全国生态环境大会上强调，加大力度推进生态文明建设、解决生态环境问题，坚决打好污染防治攻坚战，推动中国生态文明建设迈上新台阶。生态环境是关系党的使命宗旨的重大政治问题，也是关系民生的重大社会问题。多年以来，环境保护受重视的程度越来越高。氢能产业和氢冶金属于朝阳产业，将有力推动我国绿色低碳社会的建设。为了营造氢能品牌发展良好氛围，搭建氢能品牌发展交流平台，宣传和展示自主氢能品牌，相关方在产业发展的初期就需要树立品牌意识，重视品牌宣传和品牌建设，打造中国自主氢能产业品牌和榜样。只有实现氢冶金流程的安全、低耗、高效，才能使运行成本达到最佳，才能具有竞争力、生命力，确保我国钢铁行业实现低碳、绿色发展。